图灵教育

站在巨人的肩上

Standing on the Shoulders of Giants

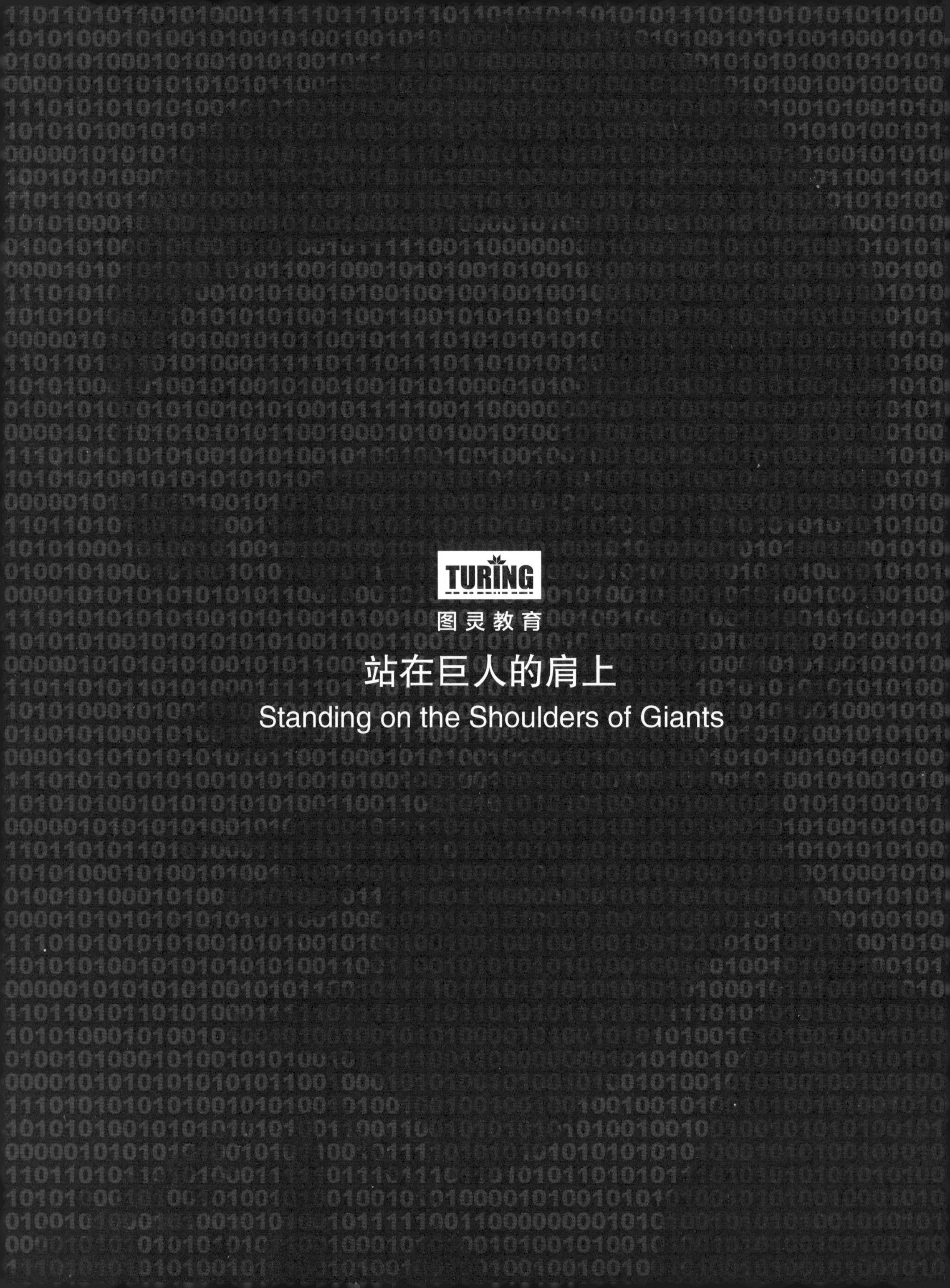
TURING
图灵教育
站在巨人的肩上
Standing on the Shoulders of Giants

TURING 图灵程序设计丛书

# shell 脚本基础教程

[日]三宅英明——————著　刘斌——————译

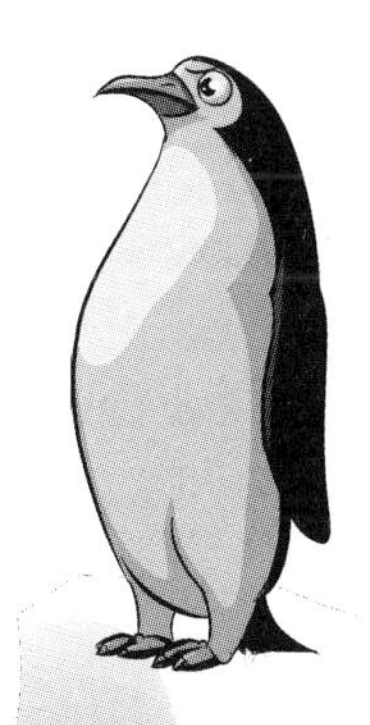

『新しいシェルプログラミングの教科書』

人民邮电出版社
北京

**图书在版编目（CIP）数据**

shell脚本基础教程 /（日）三宅英明著；刘斌译.
-- 北京：人民邮电出版社，2021.12
（图灵程序设计丛书）
ISBN 978-7-115-57356-8

Ⅰ.①s… Ⅱ.①三… ②刘… Ⅲ.①Linux操作系统
—程序设计 Ⅳ.①TP316.85

中国版本图书馆CIP数据核字(2021)第192391号

## 内 容 提 要

本书是以 Linux 下的 bash 为对象讲解 shell 脚本编程的入门书。全书从 shell 的概念入手，内容全面、结构清晰，不仅讲解了 shell 的基本语法和命令，还通过各种各样的示例介绍了如何编写实用的 shell 脚本，shell 脚本的测试和调试，以及 shell 脚本编程中容易出错的关键点。通过阅读本书，读者能够轻松地编写 shell 脚本，更加灵活地使用 UNIX 和 Linux。

本书适合具备 Linux 基本操作技能的初学者，以及对 shell 脚本编程感到头痛的程序员阅读。

◆ 著　　　[日] 三宅英明
　译　　　刘　斌
　责任编辑　高宇涵
　责任印制　周昇亮
◆ 人民邮电出版社出版发行　　北京市丰台区成寿寺路11号
　邮编　100164　　电子邮件　315@ptpress.com.cn
　网址　https://www.ptpress.com.cn
　北京天宇星印刷厂印刷
◆ 开本：800×1000　1/16
　印张：24.25　　　　2021年12月第1版
　字数：573千字　　　2021年12月北京第1次印刷

著作权合同登记号　图字：01-2018-4241号

定价：99.80元

**读者服务热线：(010)84084456-6009　印装质量热线：(010)81055316**

**反盗版热线：(010)81055315**

**广告经营许可证：京东市监广登字20170147号**

# 前言

shell 是用户和操作系统之间的一个接口程序。要想熟练使用 UNIX 或 Linux，shell 操作是不可或缺的。

shell 的作用不仅限于此。它还具备函数和控制结构等功能，也具有编程语言的特性。使用 shell 编写的程序称为 shell 脚本。通过 shell 脚本我们可以集中处理复杂的工作，也可以结合已有的命令创建新命令。

但是，shell 脚本的语法比较复杂，不仅难以理解，还很容易出错——掌握 shell 脚本并不是一件容易的事情。即使是掌握了其他编程语言的程序员，也有很多人对 shell 脚本感到头痛。本书就是面向这些人编写的 shell 编程入门书。本书将以在 Linux 下运行的 bash 为对象，介绍如何进行 shell 编程。具体来说，本书将先讲解基本语法和命令，再讲解如何编写实用的 shell 脚本，以及如何对 shell 脚本进行测试和调试。除了单纯的语法知识，本书还会讲解一些即使阅读了技术文档也很难理解的用法、技巧，以及容易出错的地方。只要理解了本书的内容，在编写 shell 脚本时就可以游刃有余，而且在操作 UNIX 和 Linux 时也会更方便、更轻松。

本书的读者需要具备 Linux 基本操作技能，因此掌握命令行操作、一般文件操作，以及使用文本编辑器编辑文件等基本操作是阅读本书的前提。如果是 Linux 初学者，推荐先阅读一下大角祐介和我共同编写的《新 Linux 教科书》[①]。

另外，本书使用的 Linux 发行版是 CentOS 7（1611）。在通过安装新软件包来添加命令时，本书还会在 CentOS 的基础上增加对 Ubuntu 16.10 场景的说明。如果使用其他的 Linux 发行版或者 UNIX 操作系统，本书内容也基本适用。在阅读的时候请不要拘泥于它们细微的差别，而要将重点集中在 shell 编程本身上。

此外，本书内容针对 bash 4.2 版本。该版本发布于 2011 年 2 月。如果使用的版本早于这个版本，可能会无法正常运行书中介绍的一些功能。特别是，bash 4.0 版本增加了关联数组等 shell 功能和语法。如果你使用的还是旧版本的 bash，那么最好升级到新版本。

最后，借此机会对在本书执笔过程中给予我帮助的各位表示感谢。大角祐介先生给了我很多建议和想法。没有他的帮助，恐怕本书也不可能完成。西村友裕先生审读了本书，给了我很多宝贵的意见。我想在这里对所有帮助过我的人表示感谢。

三宅英明<br>2017 年 10 月

① 原书名为《新しいLinuxの教科書》，2015 年由日本 SB Creative 出版社出版，尚无中文版。——编者注

## 关于示例代码

本书中介绍的 shell 脚本文件可以从下面的网址下载（点击随书下载）。

URL ituring.cn/book/2637

如果觉得自己编写书中的示例代码非常麻烦，可以使用上面网址中的文件。

另外，示例代码为 tar.gz 格式的压缩文件。对于解压缩，在 GUI 环境下可以使用环境提供的解压缩工具，如果是命令行，则可使用下面的 `tar` 命令。

▼ 进行解压缩操作

```
$ tar xzf sample.tar.gz
```

示例代码按章保存在不同的目录下。正文中明确记载了脚本的文件名，读者可以通过文件名在目录中找到相应的文件。

# 目录

## Chapter 04 变量 27

# Chapter 05 展开和引用

## Chapter 06 控制结构 91



## Chapter 07 重定向和管道 117

Chapter 01

# 关于 shell

在使用 Linux 的时候，shell 是最基本的工具，它不仅可以用来实现各种各样的命令，而且是实现 shell 脚本的基本组成部分。

因此，在入门 shell 脚本之前，要先通过本章学习一下 shell 的基础知识。

# 1.1 什么是 shell

各位读者平常就在通过 shell 来使用 Linux 吧？毕竟不管是编程，还是系统管理、文件整理或者构建服务器，它们的入口都是 shell。

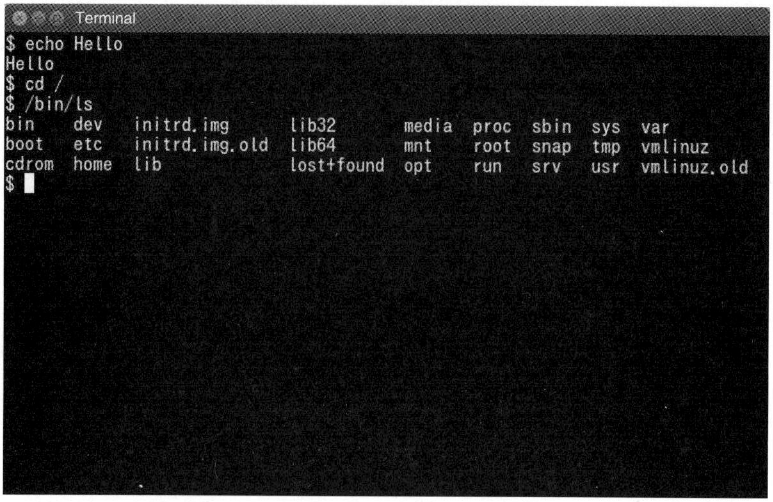

```
Terminal
$ echo Hello
Hello
$ cd /
$ /bin/ls
bin    dev   initrd.img      lib32       media  proc  sbin  sys  var
boot   etc   initrd.img.old  lib64       mnt    root  snap  tmp  vmlinuz
cdrom  home  lib             lost+found  opt    run   srv   usr  vmlinuz.old
$
```

图 1.1 shell（bash）的使用示例

图 1.1 是使用 bash 执行 echo 和 cd 等命令的示例。bash 是 Linux 的标准 shell。shell 有时被戏称为“黑屏”。使用它进行操作时不能使用鼠标，所以需要牢记很多命令，这就导致它很容易被人们敬而远之。

但是在命令行中，使用 shell 进行操作拥有很多优点，比如效率很高且容易实现自动化等。关于这一点，这里无须多说。

那么，我们平时不假思索使用的 shell 到底是什么呢？下面，就一起来看一看 shell 在 Linux 内部是如何工作的。

## 启动 shell

通过 ssh 登录 Linux 或打开模拟终端，shell 就会自动启动。由于 Linux 的标准 shell 是 bash，所以如果没有进行特殊配置，bash 就会像下面这样启动，提示符也会显示出来。

▼ 启动 bash 显示提示符[①]

```
[miyake@localhost ~]$
```

如上所示，在默认配置下，提示符中会显示用户名和主机名。但是，总是显示用户名和主机名会显得比较烦琐，因此本书后文将只使用一个 $ 符号表示提示符。

这种登录之后自动启动的 shell 称为登录 shell（login shell）。/etc/shells 中记录了系统可以使用的登录 shell。我们可以通过 cat 命令查看该文件的内容。在我的环境中，该文件内容如下。可以看到，登录 shell 中包含了 /bin/bash。

▼ 系统中注册的登录 shell

```
$ cat /etc/shells
/bin/sh
/bin/bash
/sbin/nologin
/usr/bin/sh
/usr/bin/bash
/usr/sbin/nologin
```

大家可以根据自己的喜好，通过 chsh 命令将登录 shell 替换为 zsh 或 tcsh 等 shell。虽然本书中使用的 shell 脚本基于 bash，但大家使用 zsh 等 shell 也没关系，选择自己用起来方便的即可。

另外，由于 shell 本身也是一条命令，所以可以像下面这样以启动命令的方式启动 bash。

▼ 在使用 zsh 时切换到 bash

```
% bash  ←—— 在使用 zsh 时执行 bash 命令
$       ←—— bash 命令启动，shell 变成 bash
```

如果平常使用的登录 shell 是 zsh，但有时也想使用一下 bash，就可以像上面一样临时切换 shell。如果各位读者使用的是 bash 以外的 shell，那么在执行本书中基于 bash 的示例时，可以临时切换到 bash。然后，通过 exit 命令就能终止当前 shell，返回到之前的 shell 中。

① 代码中的 miyake 为本书作者的姓氏“三宅”的罗马拼音。——编者注

# 1.2 为什么使用 shell

虽然前面说的是使用 shell 执行命令，但是在 Linux 中，关于执行命令，准确的说法应该是通过 shell 让 Linux 内核执行命令。也就是说，用户在输入命令并执行的时候，并不是对 Linux 内核直接进行操作，而是如图 1.2 所示，通过在 shell 中输入命令来委托 Linux 内核执行命令。

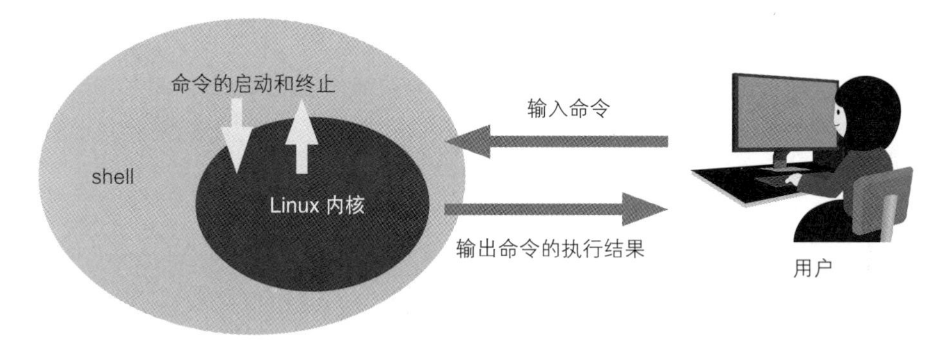


图 1.2 shell 是用户和 Linux 内核之间的桥梁

如上所示，shell 会对输入的命令进行解析，然后传递给 Linux 内核，因此它也被称为命令解释器。

## shell 和 Linux 内核的分离

那么，用户在使用 Linux 的时候，为什么不直接操作 Linux 内核，而需要通过 shell 呢？原因就在于，人们希望将 Linux 内核和作为其接口的 shell 分开，让 shell 仅专注于命令输入这一个任务。

大家可以回想一下平常使用 Linux 时的操作。在多数情况下，应该是像下面这样使用的吧？

1. 输入命令 A，然后执行命令
2. 获得 A 的输出结果
3. 根据 A 的输出结果，输入下一个将要执行的命令 B
4. 执行命令 B

这种“执行命令，然后获得命令执行结果”的循环就是 Linux 的基本操作模式。

一方面，Linux 中有各种各样的 shell，但开发 shell 时人们注重的是命令行的编辑以及自动补全、历史记录等便于执行命令的功能；另一方面，Linux 内核的功能则包括硬件的抽象化和进程管理等，这些都是操作系统的核心部分。

因此，人们将命令解释器的功能从 Linux 内核中分离了出来，让它以 shell 程序的形式独立存在。这样做的思路是“不要让一个程序这也做那也做，而是让它集中完成好一件事”。Linux 内核专注于其本来目标，shell 则专注于命令输入接口。采用这种设计后，如果想修改命令输入的接口，那么只需要修改 shell 就可以了，不必修改 Linux 内核。

而且，将 shell 从 Linux 内核分离出来后，即使 shell 因为某些原因异常退出，也不会对 Linux 内核造成任何影响。出现异常时只需要重新启动 shell，这样就能避免整个系统的死机。

不过，从命令执行接口的角度来看，shell 并不是 Linux 独有的。如图 1.3 所示，Windows 就提供了显示文件并通过鼠标进行操作的 shell——文件资源管理器（explorer）。

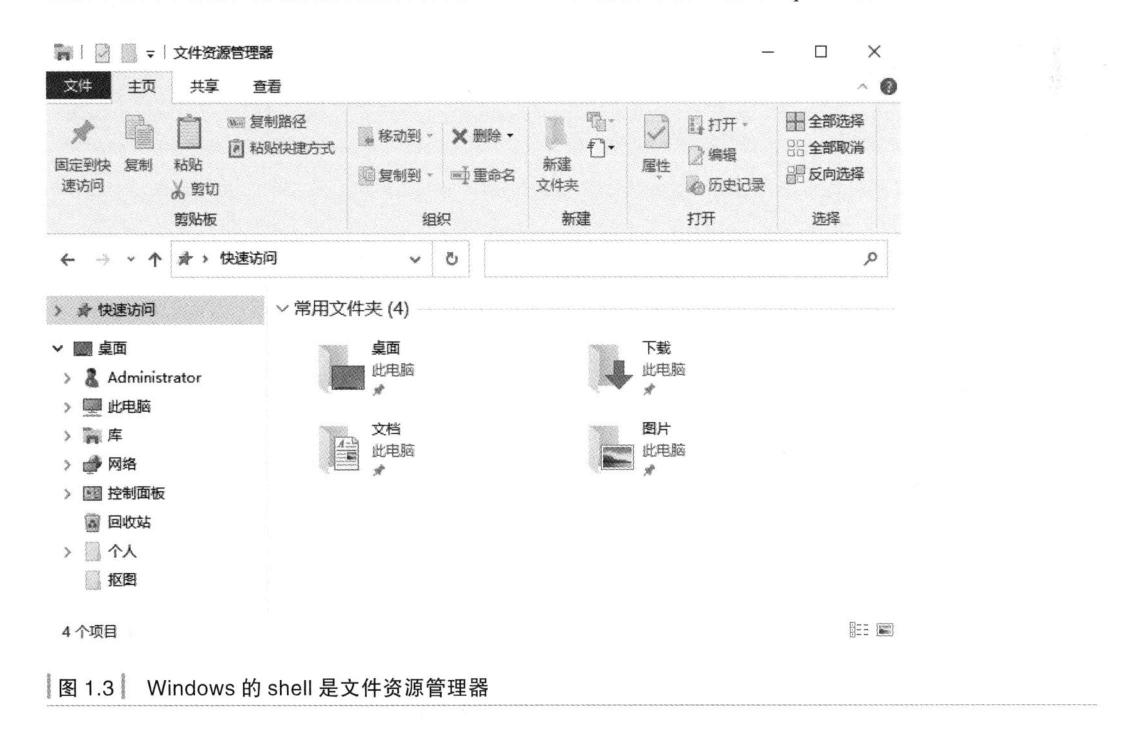


图 1.3 Windows 的 shell 是文件资源管理器

在文件资源管理器中，双击文件就可以让操作系统执行命令，因此它也可以称为 shell。

# 1.3 执行命令的示例——ls 命令

下面，我们通过具体示例——ls 命令的执行过程来研究一下 shell 内部是如何工作的。虽然可能会有点复杂，但 shell 如何解析命令、如何执行命令是编写 shell 脚本的必备知识，所以请务必对 shell 的基本机制理解透彻。

假设当前目录下有三个文件：abc.txt、10a.txt、aaa.txt。我们来看一下 ls 命令是如何被执行的。

▼ 执行 ls 命令

```
$ ls a*
aaa.txt  abc.txt
```

* 代表任意字符串（详见第 5 章），因此这里的 a* 会匹配到 aaa.txt 和 abc.txt 这两个文件。

在 shell 中输入这条命令并按回车键，shell 就会对输入的命令行进行组装，然后执行 ls 命令（图 1.4）。

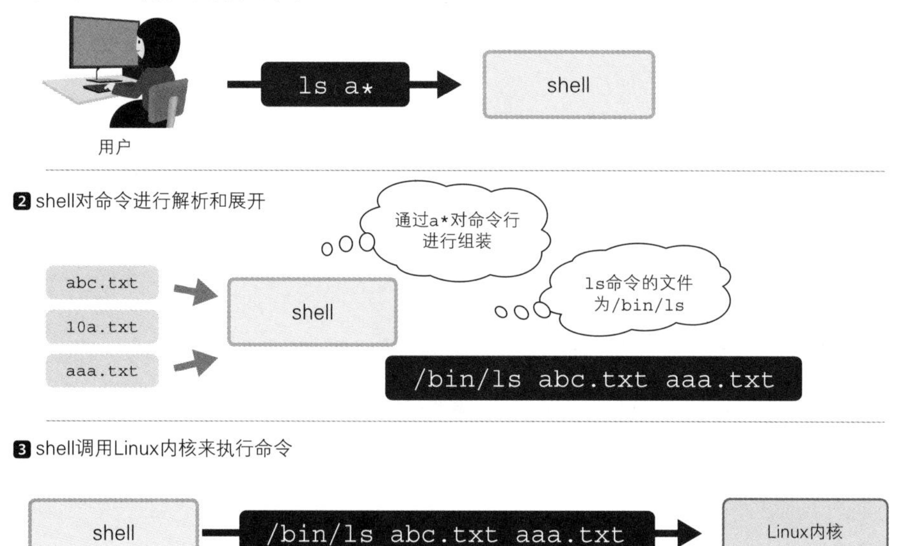


图 1.4 shell 解析并执行输入的命令

shell 就是这样作为命令解释器工作的，它充当了用户和 Linux 内核之间的中介角色。

## 深入了解命令执行过程

前面简单讲解了 shell 解析命令行并执行命令的机制，其实在 Linux 执行命令的时候，shell 实际进行的工作要更复杂。这虽然是深入到细节的话题，但也是利用 shell 脚本进行并行处理等场景所需的基础知识，因此在本章的最后，我们来简单说明一下这个机制。

shell 在执行一条命令时，首先会使用 `fork` 系统调用。系统调用是用于调用内核功能的机制。程序可以使用系统调用进行各种操作，如创建进程、执行网络操作、对文件进行读写等。虽然 shell 脚本并不会直接操作系统调用，但是 shell 在执行脚本中编写的处理时，会进行系统调用。我们可以通过 syscalls 手册页（man page）查看当前使用的 Linux 上支持的系统调用。

`fork` 是通过复制自己所在的进程来创建子进程的系统调用（图 1.5）。

由于子进程是父进程的一个副本，所以使用 `fork` 系统调用就会创建一个只有进程标识（为每条命令分配的唯一标识）不同的新 shell。原始 shell 的各种设置，比如第 4 章中讲解的环境变量等，都会被这个子进程的 shell 继承。

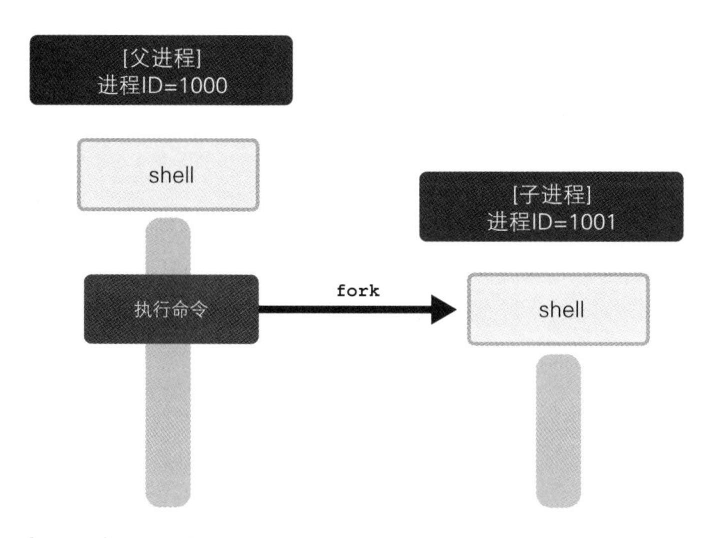


图 1.5　shell 会在执行命令之前先 fork 自己

子进程随后使用 `exec` 系统调用将自己替换为 `ls` 命令——`exec` 系统调用是 `exec` 系列系统调用的总称，实际上使用更多的是 `execve` 系统调用——而调用者的父进程所在 shell 会使用 `wait` 系统调用等待子进程的退出，子进程在退出时会执行 `exit` 系统调用（图 1.6）。

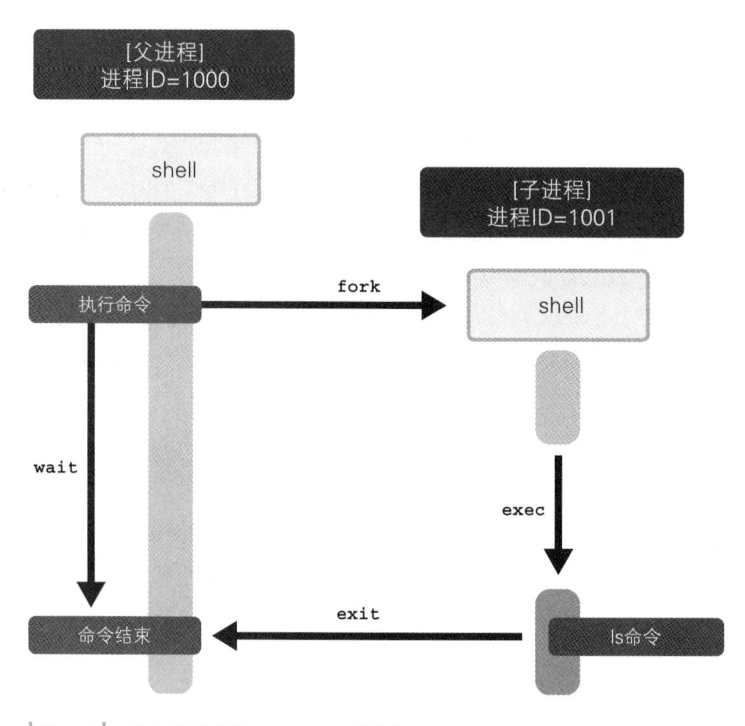


图 1.6 命令的执行和 fork-exec 模型

在子进程中执行的命令结束之后，父进程的 shell 就可以执行下一条命令了。

看完上面关于在 shell 中执行命令的内部机制的介绍，也许大家会认为 Linux 的实现方式实在是太绕弯子了。但是，`fork-exec` 模型其实有很多优点，只不过由于本书是 shell 脚本的入门书，所以这里就不进行深入的解释了。在现阶段，各位读者只需要理解“shell 中存在父进程和子进程”，以及“具体命令在 shell 进程的副本中执行”这两点即可。

**小 结**

本章介绍了编写 shell 脚本所需的 shell 的基础知识。下一章将讲解 shell 脚本的基本思路。

Chapter 02

# 关于 shell 脚本

第 1 章介绍了 shell 作为命令解释器的功能。本章将讲解 shell 脚本的概要和 shell 作为编程语言的特性。

# 2.1 什么是 shell 脚本

如同在第 1 章中介绍的那样，shell 会通过解析命令行执行命令。当时，命令是通过键盘来输入然后再执行的，但是命令并不是只能通过键盘输入，还可以通过文件的方式指定。

这里以简单的 echo 命令为例进行介绍。执行这条命令行后，就会输出如下所示的 Hello, world! 字符串。

▼ 通过键盘输入命令并执行

```
$ echo 'Hello, world!'
Hello, world!
$
```

上面这样的命令行可以预先保存在文件中，这样就无须用键盘输入了。用于预先记录 shell 中执行的命令行的文件就叫作 shell 脚本。

下面我们试着创建一个 shell 脚本。请使用 Vim 等编辑器，将代码清单 2.1 的内容保存为文本文件，并将文件命名为 hello.sh。这是一个只有两行代码的简单文件。

**代码清单 2.1** 以文件的方式记录用键盘输入的命令行（hello.sh）

```
#!/bin/bash
echo 'Hello, world!'
```

该文件第 1 行的字符串 #!/bin/bash 也被称为 shebang。这一语法由 #!（井号和叹号）开头，表示“这个 shell 脚本会采用 bash 来执行”。关于 shebang，我会在第 3 章中详细介绍。这里大家只需要知道“这个文件原封不动地记录了前面的 echo 命令”即可。

下面我们尝试执行上面的 shell 脚本。要想执行 shell 脚本，需要确保该文件具有可执行权限。可以通过 chmod 命令的 +x 选项为文件添加可执行权限。此外，在命令行中需要在文件名前面添加 ./（点号和分隔号），用于明确表示将要执行的文件在当前目录下。

▼ 执行 shell 脚本

```
$ chmod +x hello.sh
$ ./hello.sh
Hello, world!
$
```

无论 shell 执行的是这种含有命令的文件，还是通过键盘输入的命令，得到的结果都是一样的（图 2.1）。

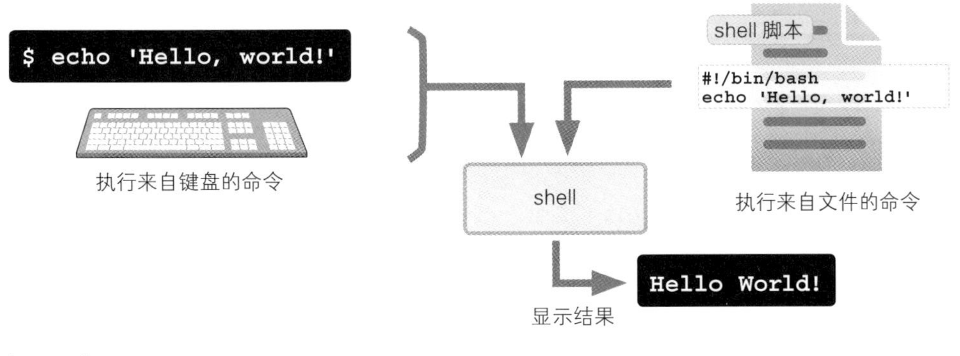


图 2.1 在 shell 中执行命令

从 shell 的角度来看，在使用 shell 脚本时，区别只在于命令的输入方式从键盘变成了文件，根本的执行方式没有任何变化。这是因为，不管输入的命令来自键盘还是文件，第 1 章介绍过的 shell 作为解释器的运行机制都是不变的。

但是对于用户来说，使用 shell 脚本和使用键盘输入的区别还是很大的。如果能从概念上掌握 shell 所具备的如下两个特性，理解起来应该更容易一些。

- 作为命令解释器的 shell：通过键盘输入要执行的命令。
- 作为脚本语言的 shell：以 shell 脚本的方式执行文件。

shell 脚本可以编写任意多行的命令，而且可以像其他编程语言一样，在编写时使用变量、控制结构（`if` 或 `for` 等）以及函数等。所以，我们也可以将编写 shell 脚本理解为在 shell 中进行编程。

shell 可以使用很多命令，并通过这些命令的组合完成各种各样的处理。我想各位读者在使用 Linux 时都用过 `echo`、`sort` 或者 `uniq` 等命令。shell 脚本可以组合使用这些命令，也就是说具有“将多条命令组合成新命令”的功能。为了能够灵活组合，人们在设计 Linux 命令时特意让每条命令都只实现简单的单一功能。将命令作为零件组合使用，就可以完成各种复杂的处理。

如此一来，要想编写 shell 脚本，就需要具备各种命令的知识和根据情况组合使用各种命令的能力。但是，组合命令的方法多种多样，所以在打算从头编写 shell 脚本时，很多人会因为不知从何入手而放弃。

因此，本书前半部分讲解 shell 脚本的语法，后半部分则介绍不同的 shell 脚本的示例。目标就是让各位读者结合 shell 脚本示例，掌握编写脚本的能力。

# 2.2 为什么要使用 shell 脚本

虽然通过键盘输入各种命令也可以直接操作 Linux 系统，但是如果使用 shell 脚本，还能充分利用 shell 脚本的各种优势。其中，最大的一个优势就是任务自动化。

## 任务自动化的优点

在使用 Linux 的时候，有很多场景需要重复执行相同的命令或相近的命令（只有文件名的日期部分不一样等）。在这些场景下，每一条命令都由手工输入会非常耗费时间，而且还可能出现输入错误。

使用 shell 脚本就可以解决这些问题。如果事先将要执行的命令行保存到文件中，那么之后只需要执行这个文件就可以了。不管命令行有多长，或者命令有多复杂，都没有问题。像这样将手工输入的命令通过 shell 脚本实现自动化后，就可以大幅度减少操作时间。而且，编写 shell 脚本还可以防止打错字导致的命令输入错误。

通过将 shell 脚本文件分享给其他人使用，还可以实现 shell 脚本的复用。如果将复杂的处理都保存到 shell 脚本文件中，那么不管是谁来执行，都可以获得相同的结果，工作的交接也会变得非常容易。和编写复杂的操作手册相比，编写 shell 脚本显得更实用。

## shell 脚本的应用场景

如 2.1 节所述，shell 脚本可以“将多条命令组合成新命令”。若是一上来就说创建新的命令，大家可能会有些摸不着头脑。那么，到底在什么场景下才需要创建新的命令呢？

最容易理解的例子就是通过 shell 脚本实现日常工作的自动化。比如，将读取大量文件、抽取和替换字符串，以及进行计算之后输出报表等任务的 shell 脚本保存到 `report.sh` 文件中，那么之后只需要执行这一条命令，就可以创建出复杂的报表。

此外，shell 脚本的诞生并不单单是为了方便用户。实际上，Linux 本身也是由很多 shell 脚本构成的。Linux 具体的实现方式根据发行版的不同会有所差异，这里以 Ubuntu 为例进行说明。

在 Ubuntu 中，服务的启动脚本都保存在 `/etc/init.d` 目录下。这个目录下大多是脚本文件。这里，我们以管理 Ubuntu 软件防火墙的文件 `/etc/init.d/ufw` 为例，通过 `file` 命令确认一下它是不是 shell 脚本。

▼ Ubuntu 系统中的 /etc/init.d/ufw 文件是 shell 脚本

```
$ file /etc/init.d/ufw
/etc/init.d/ufw: POSIX shell script, ASCII text executable
$
```

file 命令的执行结果显示 ufw 文件是一个 shell 脚本（shell script）。感兴趣的读者可以通过 cat 命令或者 Vim 编辑器查看该文件的内容，这样也能确认该文件的内容为 shell 脚本。可见，Linux 系统的一部分内容也是由 shell 脚本组成的。

除此之外，一些 Linux 命令也是由 shell 脚本实现的。通过下面的示例，可以看到 gunzip 命令和 ldd 命令也是 shell 脚本。

▼ 由 shell 脚本构成的 Linux 命令

```
$ file /bin/gunzip /usr/bin/ldd
/bin/gunzip:  POSIX shell script, ASCII text executable
/usr/bin/ldd: Bourne-Again shell script, ASCII text executable
$
```

这里的 ldd 命令是程序员或者 Linux 系统管理员用于查看共享库依赖关系的工具。比如，下面的示例就显示了 ls 命令都依赖于哪些共享库。

▼ ldd 命令的执行示例

```
$ ldd /bin/ls
        linux-vdso.so.1 =>  (0x00007ffe20bfe000)
        libselinux.so.1 => /lib/x86_64-linux-gnu/libselinux.so.1 (0x00007f57f0277000)
        libc.so.6 => /lib/x86_64-linux-gnu/libc.so.6 (0x00007f57efeae000)
        libpcre.so.3 => /lib/x86_64-linux-gnu/libpcre.so.3 (0x00007f57efc3d000)
        libdl.so.2 => /lib/x86_64-linux-gnu/libdl.so.2 (0x00007f57efa39000)
        /lib64/ld-linux-x86-64.so.2 (0x000055c311437000)
        libpthread.so.0 => /lib/x86_64-linux-gnu/libpthread.so.0 (0x00007f57ef81c000)
$
```

这么重要的命令也是采用 shell 脚本实现的。由此可知，shell 脚本的应用场景非常丰富，既可以用于创建命令以方便自己使用，也可以用于 Linux 系统本身的实现上。

### shell 脚本的缺点

shell 脚本当然也有它的不足之处。

第 1 个缺点是，shell 脚本直接使用了 shell 命令行的语法，所以和其他编程语言相比，有很多特殊的语法和规则。因此，对具有编程经验的人来说，shell 脚本有时候反而难以编写和阅读。但是，掌握那些语法可以加深对 shell 的理解，从而在日常的工作和学习中更加熟练地使用 shell，所以大家没有必要抵触 shell 脚本，放松心情积极学习即可。在第 15 章中，我会总结一下编写容易阅读的 shell 脚本的诀窍。

第 2 个缺点是，和其他编程语言相比，shell 脚本的开发环境和调试环境比较缺乏。因此，shell 脚本并不适用于由多人协作且耗时很长的大型项目的开发。当然，shell 脚本的测试和调试也有秘诀，我会在第 14 章中介绍。

## 2.3 编程语言与 shell

前面说明了作为编程语言的 shell。现在，有编程经验的读者可能会疑惑 shell 脚本与 Ruby 或 Python 等常见编程语言之间有哪些区别。这里我来说明一下。

编程语言大体上可以分为解释型和编译型两种类型。最近又出现了一些在运行时进行编译的语言，不过我们可以先忽略这种情况，暂且认为编程语言主要就分为两种。

解释型语言逐行读取源代码并执行，编译型语言则由编译器对源代码进行编译，并在将其转换为机器语言之后由 CPU 直接执行（图 2.2）。典型的解释型语言包括 Ruby 和 Python。此外，shell 脚本也属于解释型语言。而编译型语言的代表是 C 语言。

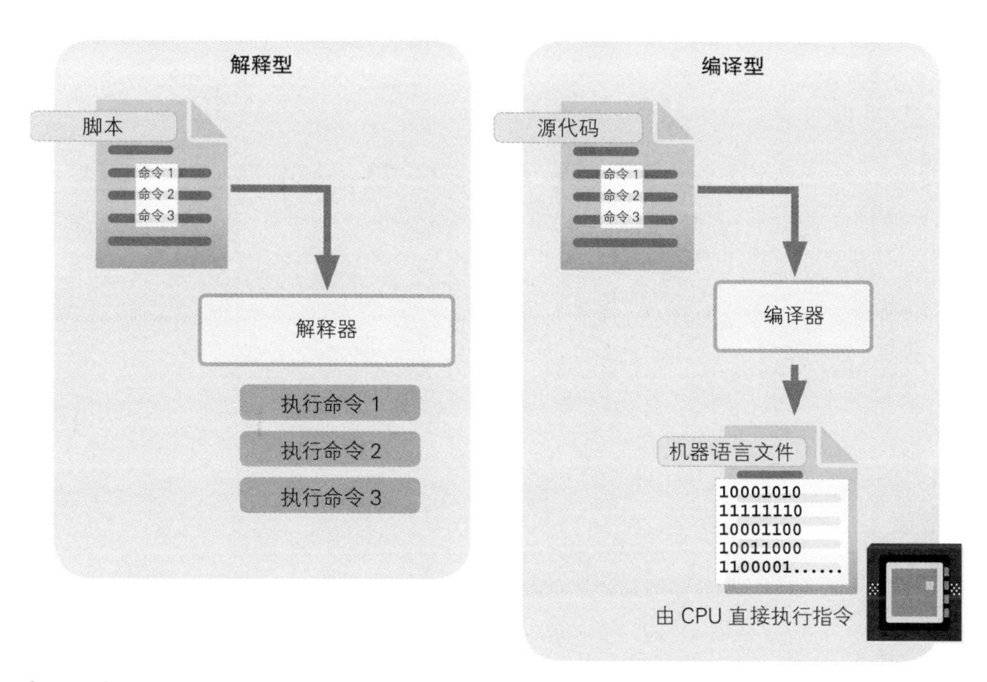


图 2.2 解释型语言和编译型语言

在解释型语言中，程序的源代码也称为脚本。查一下词典就会发现，脚本就是剧本的意思。因此在计算机领域，那些保存了发送给计算机的一系列处理指令的文本文件，其实就是指示计算机如何去"演出"的剧本。而 C 语言需要转换为机器语言，因此它的源代码并不会被称为"C 语言脚本"。

解释型语言可以直接执行源代码，无须进行显式的编译操作。因此，它的优点是编写之后可以立即执行。下面是执行 Ruby 脚本文件 `hello.rb` 的示例。

▼ Ruby 脚本的执行示例

```
$ ./hello.rb
```

shell 脚本在本质上和这个示例是一样的。编写 shell 可以理解并执行的脚本的过程，就称为 shell 编程。不同的是，shell 脚本可以直接执行 Linux 的命令，因此它可以直接使用 Linux 中的管道或重定向等非常强大的功能。这一点使得 shell 脚本和其他编程语言具有显著差异，是 shell 脚本独有的优点。

**小 结**

本章介绍了 shell 脚本的概要和 shell 作为编程语言的特性。下一章将讲解 shell 脚本的语法。

# Chapter 03

# shell 脚本的基础知识

在学习 shell 脚本的语法时，要先从 shell 脚本的基本结构入手。要想学会编写和阅读 shell 脚本，首先需要掌握 shell 脚本的基础知识。

# 3.1 shell 脚本的基本结构

我们再来看一下上一章中创建的 `hello.sh` 文件的内容（代码清单 3.1）。

**代码清单 3.1　输出 Hello, world! 的 shell 脚本（hello.sh）**

```
#!/bin/bash
echo 'Hello, world!'
```

这个 shell 脚本只有两行代码，我们来看一下它的基本结构。

## 文件名和扩展名

这个 shell 脚本的文件名是 `hello.sh`，扩展名是 `.sh`。其实从设计上来说，shell 脚本可以使用任意扩展名，也可以不使用扩展名。因此，即使将文件名改为 `hello`，这个脚本也可以正常工作。

▼ shell 脚本可以没有扩展名

```
$ cp hello.sh hello     ←通过复制 hello.sh 生成文件 hello
$ ./hello
Hello, world!     ←文件 hello 一样可以执行
$
```

但是，将 `.sh` 作为 shell 脚本文件的扩展名是惯例，大家最好也遵循这个惯例。这样一来，只看文件名就知道那是一个 shell 脚本。因此，本书也会使用 `.sh` 作为 shell 脚本文件的扩展名。

有时，为了明确表示这是一个 bash 的 shell 脚本，也可以使用 `.bash` 代替 `.sh`，将文件命名为 `hello.bash`。虽然很少有人这么做，但是这一点可以作为常识了解一下，以免在以后遇到这种风格的项目或者软件时感到疑惑。

## 文件结构

代码清单 3.1 中第 1 行的 `#!/bin/bash` 称为 shebang。正如第 2 章所述，该行表示这个 shell 脚本将以 bash 的方式执行。

shebang 在脚本文件的第 1 行，以 `#!` 开头，后面紧跟 shell 的全路径。这个示例中的全路径

为 /bin/bash，表明这个 shell 脚本指定了以 /bin/bash 执行。

当然，很多 shell 脚本是以 /bin/sh 执行的，所以大家可能会看到周围人编写的 shell 脚本是以 #!/bin/sh 作为 shebang 的。但是，本书的 shell 脚本都将以 /bin/bash 执行，所以 shebang 均为 #!/bin/bash。

从 shell 脚本的第 2 行开始就是要执行的脚本的主体。与使用键盘在命令行中输入命令一样，在脚本中输入想要执行的命令之后，这些命令就可以像在命令行中一样被执行。shell 脚本中可以记录的命令没有行数限制，因此如果想执行别的命令，就在下一行继续编写想要执行的下一条命令。

我们来看一下如何在脚本中执行多条命令。代码清单 3.2 的示例依次执行了 echo、pwd 和 ls 这 3 条命令。

**代码清单 3.2　依次执行 3 条命令的 shell 脚本（echo-pwd-ls.sh）**

```
#!/bin/bash
echo 'Hello, world!'
pwd
ls
```

执行该脚本之后，我们可以看到上面这 3 条命令被依次执行后的输出结果。

**▼ 包含 3 条命令的 shell 脚本的执行示例**

```
$ ./echo-pwd-ls.sh
Hello, world!  ◀---------- echo 命令的执行结果
/home/miyake  ◀---------- pwd 命令的执行结果
abc.txt   echo-pwd-ls.sh  ◀---------- ls 命令的执行结果
$
```

像这样将命令写到同一个 shell 脚本中，就可以执行任意多条命令。

## shell 脚本和换行

如前所示，在编写 shell 脚本时，基本上是一行编写一条命令。在使用 shell 时，通过键盘输入一条命令后需要按下回车键。在 shell 脚本中也类似，换行符起到了分隔命令的作用。

另外，有一些编程语言支持在代码中间插入换行符，但是在 shell 脚本中，换行符具有特殊的意义，因此不能那样做（代码清单 3.3）。

**代码清单 3.3** 不能像这样在命令中间插入换行符（newline.sh）

```
#!/bin/bash
echo
'Hello, world!'
```

如果执行上面的脚本，会出现如下错误。

▼ 命令中间插入了换行符的脚本的执行示例

```
$ ./newline.sh

./newline.sh: 行 3: Hello, world!: 未找到命令
$
```

这段代码会先执行 echo 命令，输出一个空行。接下来，shell 会认为下一条命令是 'Hello, world!' 并尝试去执行，但实际上这条命令是不存在的，所以会输出错误。

如果命令行太长而需要换行，可以如代码清单 3.4 所示在命令行的末尾输入 \（反斜线号）。

**代码清单 3.4** 在命令行中间插入换行符（newline2.sh）

```
#!/bin/bash
echo \
'Hello, world!'
```

像上面这样在行尾插入 \ 之后，即使分两行来写，实际执行时也会将其看作一条命令。如果命令名或选项过长，强行放到一行里会让代码难以阅读，这时就可以分多行来写。行尾的 \ 可以出现任意多次，所以无论插入多少个换行符，都会作为一条命令执行（代码清单 3.5）。

**代码清单 3.5** 可以插入任意多个换行符（newline3.sh）

```
#!/bin/bash
echo \
'Hello, world!' \
'This is my shell script.' \
'Good bye.'
```

相反，如果想在同一行中编写多条命令，则可以将这些命令并排写到同一行，以“;”符号分隔（代码清单 3.6）。

代码清单 3.6 在同一行中编写 3 条命令（echo-pwd-ls2.sh）

```
#!/bin/bash
echo 'Hello, world!';pwd;ls
```

但是，在同一行中编写多条命令会导致该行过长，影响阅读，因此并不推荐过多使用这种方式。一般每行只编写一条命令。

此外，在 shell 脚本中，空行是被忽略的，所以可以在不同的处理前后加入空行，以提高代码的可读性。经常有人在 shebang 的后面加入空行，比如代码清单 3.7 这个例子，在 shebang 的后面以及两段不同的处理之间都加了空行。这样一来，不同处理之间的界限一目了然。

代码清单 3.7 在 shell 脚本中加入空行可以提高代码的可读性（blank-line.sh）

# 3.2 注释

从 # 开始到行尾的内容是注释。所谓注释，就是不会被执行的备注。在执行脚本时，注释中的内容全都会被忽略。如果某一行以 # 开头，那么整行都会被视为注释（代码清单 3.8）。

代码清单 3.8 加入注释可以提高代码的可读性（comment.sh）

```
#!/bin/bash

# 显示根目录下的文件列表
cd /
ls
```

```
# 显示用户主目录下的文件列表
cd
pwd
ls -l # 显示详细信息
```

在上面的示例中，最后的 ls -l 命令所在行的中间加入了 # 符号，用于插入注释。也就是说，注释也可以像这样不从行首开始，而是从一行的中间开始。此时，直到该行末尾为止的内容都会被视为注释。因为 # 之后的内容都会被忽略，所以即使写成下例这样，# 后面的内容也不会显示出来。

▼ 在行的中间加入注释

```
$ echo This is # comment test.
This is ◀——注释之后的内容被忽略了，所以不会显示出来
$
```

shell 脚本中的注释可以提高代码的可读性，它和具体的命令部分一样重要。其他人可能会阅读或者使用我们编写的 shell 脚本文件，而且即使是自己编写的代码，也会在几周之后忘记具体的内容。因此，为了方便阅读，我们要有意识地编写有意义的注释。特别是在 shell 脚本中编写很难的命令或者复杂的处理时，为了以后也能理解处理的内容，最好通过注释将处理的概要写到代码中。

## 注释掉命令

注释不仅能用于给 shell 脚本添加说明，如果将某一行的命令变为注释，还能临时跳过该行的处理。

代码清单 3.9 的示例是将第 3 行的 echo 命令变成注释。这样一来，在执行脚本时，echo 命令就不会被执行。

代码清单 3.9 | 将命令变成注释

```
#!/bin/bash

# echo "root directory"
cd /
ls
```

在编写 shell 脚本时，有时我们不想让某些命令被执行，这时就可以在这条命令前加上注释符号。这种操作通常被称为“注释掉”（comment out）。

此外，与其他编程语言不同，bash 没有提供可以让多行代码同时变为注释的方法。因此，要想让多行代码变为注释，我们只能在每一行前面都加上 #。代码清单 3.10 的示例就是在最后 3 行的行首都插入 #，才将这 3 行作为整体注释掉了。

代码清单 3.10　多行注释

```
#!/bin/bash

cd /
ls

# cd
# pwd
# ls -l # 也显示详细信息
```

# 3.3 shell 脚本的执行方法

执行 shell 脚本的方法有几种。第 1 种是将 shell 脚本的文件名指定为 shell 命令的参数。

比如，像下面这样操作就可以通过 bash 执行文件 hello.sh。

▼ 将 shell 脚本的文件名指定为 shell 命令的参数

```
$ bash hello.sh
```

在这种情况下，要执行的脚本文件本身不需要具有可执行权限。因为 bash 在接收作为参数被传递过来的文件名后，会把它当作 shell 脚本读取并执行。此时，不管该脚本文件是否具有可执行权限，脚本都会被正常执行。因此，如果你讨厌出现由文件执行权限所导致的错误，就可以使用这种方法。但是有一点需要注意，那就是用户必须要自己判断这个脚本文件是使用什么 shell 来编写的，然后再指定相应的 shell 命令来运行。

此外，如前所述，如果在 shell 脚本文件的第 1 行明确指定想要使用的 shebang，并为该文件添加可执行权限，那么就可以像下面这样直接执行该脚本文件。

▼ 直接执行 shell 脚本文件本身

```
$ ./hello.sh
```

这时，shell 脚本会使用在 shebang 中指定的命令（本书中为 /bin/bash）执行。在通常情况下，shell 脚本是像这样直接执行的。

在直接执行脚本文件时，即使我们不知道将要执行的文件是 bash 脚本还是二进制的可执行文件等，也可以保证命令成功执行。

假设有一个由 C 语言编写的可执行文件 hello，而我们误以为它是 shell 脚本，所以将其作为参数并使用 shell 命令执行，那么就会出现下面这样的错误。

▼ 将二进制文件作为参数并使用 bash 执行时的错误

```
$ bash hello
hello: hello: 无法执行二进制文件
$
```

如 3.1 节所述，即使采用 shell 脚本的方式编写命令，命令文件的扩展名也并非一定为 .sh。要执行的命令是否是使用 shell 脚本编写的，仅凭文件名是无法判断出来的，因此直接使用文件名本身来执行非常方便，同时这也是最常用的方式。此外，还有使用 source 命令执行 shell 脚本的方法。这种方法稍微有些特殊，我会在第 11 章进行介绍。

前面的示例都是以 hello.sh 文件保存在当前目录下为前提的执行方法。不过，即使 shell 脚本文件在其他路径下，我们也可以通过相对路径或者绝对路径的方式指定脚本文件的路径，从而执行 shell 脚本。

假设文件的结构如下所示，当前路径为 /home/miyake（图 3.1）。

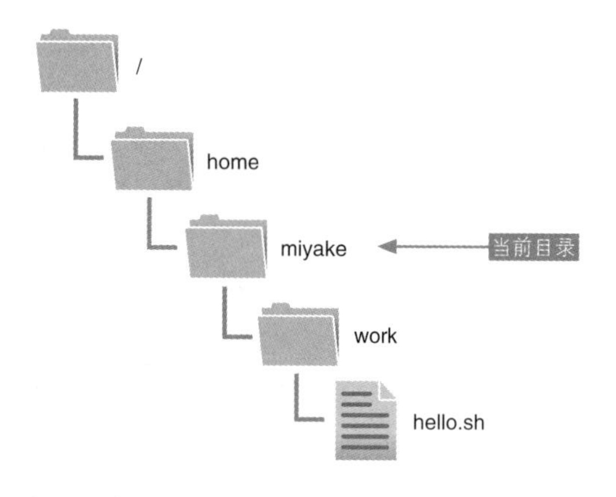


图 3.1 指定 shell 脚本的路径

在这种情况下，可以使用相对路径的方式指定脚本文件的位置并执行 shell 脚本。

▼ 使用相对路径指定并执行

```
$ ./work/hello.sh
```

也可以像下面这样使用绝对路径的方式指定并执行。

▼ 使用绝对路径指定并执行

```
$ /home/miyake/work/hello.sh
```

到底应该使用相对路径还是绝对路径呢？这需要根据具体的情况决定，两种方式并无优劣之分。但是，我们一般在当前编写脚本的目录下运行脚本，所以使用相对路径的情况更多一些。

Column

## shell 脚本的换行符

Linux 使用 LF 作为换行符，而 Windows 环境使用 CR+LF 作为换行符。

一般的编辑器同时支持上面两种换行符，所以两种换行符的代码看上去是一样的。但是，shell 脚本不会正常执行包含 CR+LF 换行符的代码，这一点需要特别注意。

比如，有如代码清单 3.11 所示的使用了 CR+LF 作为换行符的 shell 脚本。

**代码清单 3.11　使用 CR+LF 作为换行符的 shell 脚本（hello_crlf.sh）**

```
#!/bin/bash<CR><LF>
echo 'Hello, world!'<CR><LF>
```

尝试执行这个脚本，就会出现下面的错误。

▼ 不能执行包含 CR+LF 的 shell 脚本

```
$ ./hello_crlf.sh
-bash: ./hello_crlf.sh: /bin/bash^M: bad interpreter: 没有那个文件或目录
```

Linux 的换行符是 LF，因此 shebang 中从开头的 #! 到 LF 之间的内容都会被当作命令执行。如果换行符是 CR+LF，/bin/bash<CR> 就会被当作命令执行。当然，这样的命令是不存在的，所以会执行失败。因此，在 Linux 下执行的 shell 脚本需要使用 LF 作为换行符。

在 Windows 下编写 shell 脚本很容易发生这样的错误，需要注意一下。

**小 结**

本章介绍了 shell 脚本的基本结构。下一章将讲解 shell 脚本中的变量和变量的使用方法。

# Chapter 04

# 变量

本章将讲解 bash 中的变量。bash 除了有和通常的编程语言一样的变量，还有和 shell 有关的特殊变量。本章也会介绍这些变量的使用方法。

# 4.1 什么是变量

和多数编程语言一样，bash 中也可以使用变量。这里所说的变量是这样一种机制：为字符串或数值等值赋予一个名称并将其保存在内存中，以便在其他地方使用这个名称访问其所代表的值。

bash 中的变量名可以组合使用大写字母、小写字母、数字以及下划线。但是，变量名的第 1 个字符不能使用数字。表 4.1 中列举了实际可以使用的变量名。

表 4.1 bash 中的变量名示例

| | |
|---|---|
| 可用作变量名 | my_app |
| | dir1 |
| | _temporary |
| | APPNAME |
| | MyName |
| 不能用作变量名 | my-app（不能使用连字符“-”） |
| | 1st_name（第 1 个字符不能是数字） |

shell 脚本中的变量名一般组合使用小写字母和下划线。由大写字母和小写字母组合而成的变量名（MyName 等）在 Java 等编程语言中比较常见，但是 shell 中没有这种命名习惯。

## 声明变量

在 bash 中变量并不需要提前声明。使用语句“变量名 = 值”为变量赋值的同时，变量就会自动创建。有的编程语言要求在为变量赋值时在变量名前面加上前缀 $ 等，但是 bash 中并没有此规定，直接写上变量名即可。

下面的示例创建了一个名为 directory 的变量，并将字符串 /home/miyake 赋给了该变量。

▼ 在 bash 中声明变量

```
$ directory=/home/miyake
```

和其他编程语言不同的是，这里的 =（等号）前后都不能有空格或者制表符，这一点需要特别注意。如果在声明变量时像下页这样在 = 前后加入空格，脚本就会报错。

▼ 在声明变量时输入空格会报错

```
$ directory = /home/miyake
bash: directory: 未找到命令
$
```

这是因为 bash 会将这样的命令行解释为“执行 `directory` 命令，并将 `=` 和 `/home/miyake` 作为参数传递给该命令”。

在 bash 中，如果不使用 `declare`（→第 45 页），而是使用最简单的“变量名 = 值”这种方式声明变量，变量的类型会固定为字符串类型。因此，和常见编程语言不同，使用这种方式时并不需要使用 `''` 或 `""` 将字符串引起来。但是，如果字符串中包括空格或者制表符，那就需要使用 `''` 或 `""` 将整个字符串引起来。

下面的示例定义了一个变量 `file`，并将包含空格的值 `Document files` 赋给了该变量。

▼ 包括空格或制表符的字符串需要使用引号引起来

```
$ file='Document files'
```

此外，我们还可以将空字符串赋值给变量。这种方法用于对变量进行初始化。下面的两个示例都是将空字符串赋给变量 `empty1`。

▼ 将空字符串赋给变量

```
$ empty1=
```

```
$ empty1=''
```

虽然这两种写法都可以，但是像 `empty1=` 这样将赋值部分留空的写法更受欢迎。

## 引用变量

在引用变量的值时，需要在变量名前面加上前缀 `$`。下面的示例是使用 `cd` 命令切换到变量 `directory` 指定的目录中。

▼ 变量的引用

```
$ directory=/home/miyake
$ cd $directory      ←会被解释为 cd /home/miyake
$ pwd
/home/miyake
```

请注意，只有在引用变量的值时才需要加 `$`。为变量赋值的时候不需要加 `$`，否则脚本会报出如下所示的错误。

▼ 为变量赋值时不需要加 $

```
$ $directory=/home/miyake
-bash: =/home/miyake: No such file or directory
```

此外，在 bash 中即使引用了从来没有被赋值过的变量，脚本也不会报错，只会输出空字符串作为该变量的值。

▼ 没有被赋值过的变量的值为空字符串

```
$ echo For Whom the $x Tolls
For Whom the Tolls  ◀------只是变量的部分不输出任何内容而已，脚本并不会报错
```

有些编程语言在引用没有声明过的变量时会报错，但在 bash 中不会这样。这虽然有它方便的一面，但是在引用时也有一些问题需要特别注意，比如即使出现了输入错误，弄错了变量名，脚本也会正常执行而不会报错。

另外，在将一个字符串直接连接到变量后面时，有时需要显式地设置变量名和字符串之间的分隔符。下面是想要在变量 `item` 的后面加上字符串 `s` 的示例。

▼ 变量名和字符串之间的分隔符

```
$ item=pen
$ echo I have many $items
I have many  ◀------由于并不存在 items 变量，所以输出为空字符串
```

但是，上面语句中的 `items` 会被当成一个变量处理。由于我们并没有创建变量 `items`，所以输出的并不是我们期待的 pens，而是一个空字符串。

要想避免这种问题，可以在引用时，将变量名用 {} 括起来，显式地指定变量名。

▼ 使用 {} 明确区分变量名和字符串

```
$ item=pen
$ echo I have many ${item}s  ◀------显式地指定变量名 item
I have many pens
```

# 4.2 环境变量

## 什么是环境变量

如果在已经定义了一些变量的状态下启动新的命令，则新命令会从 shell 中继承一些变量。这些变量被称为环境变量。

如第 1 章所述，shell 在调用一条命令时，会通过 `fork` 系统调用从现在的 shell 进程中创建一个子进程。这时，子进程从父进程继承的内容之一就是环境变量。如图 4.1 所示，在父进程中设置的环境变量会被复制到子进程，并被子进程中的命令使用，但是子进程中的命令不能访问 shell 中的普通变量。

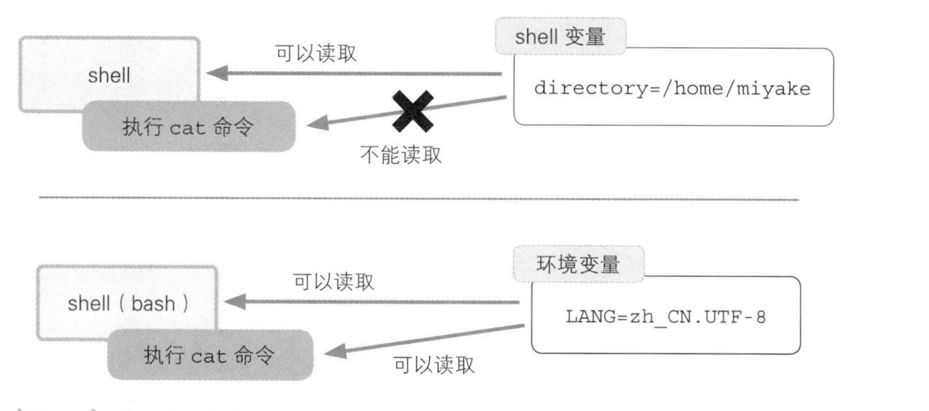


图 4.1 在子进程中也可以使用环境变量

环境变量主要用于保存一些可以在不修改程序自身代码的情况下，控制命令内部执行的配置参数。这里以典型的环境变量 `LANG` 为例进行说明。环境变量 `LANG` 主要用于设置语言和国家 / 地区等地域相关信息。很多命令会根据环境变量 `LANG` 的设置控制输出信息的语言。

下面的示例是将 `LANG` 设置为简体中文（`zh_CN.UTF-8`），然后显示 `cat` 命令的帮助信息。

▼ 将环境变量 LANG 设置为简体中文后执行 cat 命令

```
$ LANG=zh_CN.UTF-8
$ cat --help
用法：cat [选项]... [文件]...
Concatenate FILE(s) to standard output.
```

```
如果没有指定文件，或者文件为 "-"，则从标准输入读取。

  -A, --show-all           equivalent to -vET
  -b, --number-nonblank    number nonempty output lines, overrides -n
……以下省略……
```

在这种环境下，输出的就是中文的信息。这是因为，cat 命令读取了当前 LANG 的设置，然后根据 zh（中文）将输出的帮助信息转换为中文。如果像下面这样将 LANG 设置为英文（en），那么输出的信息也会变为英文。

▼ 将环境变量 LANG 设置为英文后执行 cat 命令

```
$ LANG=en_US.UTF-8
$ cat --help
Usage: cat [OPTION]... [FILE]...
Concatenate FILE(s), or standard input, to standard output.

  -A, --show-all           equivalent to -vET
  -b, --number-nonblank    number nonempty output lines, overrides -n
……以下省略……
```

包括 cat 在内的很多 Linux 命令支持根据 LANG 的设置显示不同语言的信息。

像上面这样在自己的环境中设置环境变量，就能控制命令的执行过程。大家在编写 shell 脚本时，可能会希望语言、文件格式或配置文件路径等能够根据具体的情况修改。这时，就可以选择使用环境变量来实现。

我们可以使用 printenv 命令查看当前系统中的环境变量列表。

▼ 当前的环境变量列表

```
$ printenv
XDG_SESSION_ID=2
HOSTNAME=localhost.localdomain
TERM=xterm-256color
SHELL=/bin/bash
……以下省略……
```

## 设置环境变量——export 命令

自己定义的变量并不会自动成为环境变量。要想设置环境变量，需要使用 export 命令。

export 命令可以将指定的变量设置为环境变量。

下面就是通过 export 命令，将普通变量 CONFIG_FILE 设置为环境变量的示例。另外，如前面的环境变量 LANG 所示，环境变量名一般采用大写字母的形式。

▼ 设置环境变量

```
$ CONFIG_FILE=/home/miyake/conf.txt    ◄── 定义变量 CONFIG_FILE
$ export CONFIG_FILE                   ◄── 使用 export 将其设置为环境变量
```

上面的命令也可以像下面这样合成一行。这样就可以在为变量赋值的同时将变量设置为环境变量。

▼ 将设置环境变量的代码写在一行

```
$ export CONFIG_FILE=/home/miyake/conf.txt
```

接着，为了确认环境变量是否已经正确设置，我们来编写一个脚本，尝试读取这个环境变量。首先如代码清单 4.1 所示，在要执行的 shell 脚本的源文件 main.sh 中定义环境变量，然后像代码清单 4.2 这样以子进程的方式启动 config.sh 脚本。在 config.sh 脚本中，变量 CONFIG_FILE 的值将通过 echo 命令被输出（图 4.2）。

代码清单 4.1　在首先执行的脚本中定义环境变量 (main.sh)

```
#!/bin/bash

CONFIG_FILE=/home/miyake/conf.txt
export CONFIG_FILE
./config.sh
```

代码清单 4.2　从 main.sh 中以子进程的方式执行 (config.sh)

```
#!/bin/bash

echo $CONFIG_FILE
```

图 4.2 环境变量和子进程的示例代码

在 shell 脚本中读取环境变量的方法和读取普通变量的方法一样，只需要像 `$CONFIG_FILE` 这样在变量名前面加上 `$` 即可。

接下来，看一下环境变量是否能正常工作。执行上面的 `main.sh` 脚本，我们会看到子进程 `config.sh` 中继承了 `main.sh` 中设置的环境变量。

▼ 环境变量 CONFIG_FILE 的执行示例

```
$ ./main.sh
/home/miyake/conf.txt
```

此外，可以尝试将 `main.sh` 中的 `export` 命令那一行注释掉再执行。这时，`CONFIG_FILE` 不会成为环境变量，所以它不会被继承到子进程中，也就没有任何内容被输出。

▼ CONFIG_FILE 不是环境变量时的执行示例

如果在执行命令时，如下所示在命令前面进行变量赋值操作，那么这些变量在该命令执行时可以临时作为环境变量使用。注意，这时变量赋值和命令之间需要使用空格分隔，而不是使用 ;（分号）。

▼ 设置在命令执行期间有效的环境变量

```
$ CONFIG_FILE=/home/miyake/conf2.txt ./config.sh
/home/miyake/conf2.txt
$ echo $CONFIG_FILE
                         ← 变量的值已经被清除

$
```

在使用这种方法时，无须显式调用 export 命令，也可以把变量 CONFIG_FILE 当作环境变量使用。但是，在这种情况下，环境变量只在该命令执行期间有效。如果在这条命令执行之前已经为 CONFIG_FILE 设置了其他的值，那么在该命令结束之后，该变量的值会恢复为原先的值。

# 4.3 特殊的 shell 变量

一部分在 bash 中使用的变量具有特殊的含义或者作用，这里介绍一下其中具有代表性的几个。这些变量很多会被预先设置为环境变量，但这一点也根据具体的操作系统发行版而有所不同。关于具体有哪些变量变成了环境变量，可以使用 printenv 命令来查看。

## HOME

变量 HOME 保存的是当前登录用户的用户主目录的全路径。

▼ 显示用户主目录

```
$ echo $HOME
/home/miyake
```

## PWD

变量 PWD 保存的是当前目录。

在使用 cd 命令切换目录时，bash 会自动更新变量 PWD 的值。这个值和使用 pwd 命令输出的值相同。

▼ PWD 变量和 pwd 命令的结果相同

```
$ echo $PWD
/home/miyake/work
$ pwd
/home/miyake/work
```

此外，还有一个与它类似的变量 OLDPWD。这个变量保存的是通过 cd 命令切换目录之前的目录。在想要使用上一次所在的目录时，用它会非常方便。和 PWD 一样，OLDPWD 的值会在每次通过 cd 命令切换目录时自动更新。

## SHELL

变量 SHELL 保存的是当前登录用户的登录 shell 的全路径。具体来说，该变量的值是 /etc/passwd 文件中记载的登录 shell 的路径（字符串）。

▼ 显示 SHELL 变量

```
$ echo $SHELL
/bin/bash
```

## BASH

变量 BASH 保存了 bash 命令的全路径。如果在执行中的 bash 中启动了一个位于不同目录下的新 bash，那么这个变量里保存的就是后来启动的 bash 命令的全路径。

▼ 显示 BASH 变量

```
$ echo $BASH
/bin/bash
```

## BASH_VERSION

变量 BASH_VERSION 保存了当前 bash 命令的版本信息。

▼ 显示当前执行的 bash 的版本信息

```
$ echo $BASH_VERSION
4.2.46(1)-release
```

## LINENO

LINENO 保存的是当前所执行的脚本文件的行号。在调试脚本时，可以使用 LINENO 输出“当前执行到了哪一行”等信息，非常方便。

代码清单 4.3 的示例在文件的第 4 行使用了变量 LINENO，输出的结果是 4。

代码清单 4.3 输出当前执行到了哪一行 (lineno.sh)

```
#!/bin/bash

echo LINENO test
echo $LINENO
```

▼ 由于是在 shell 脚本的第 4 行引用了变量 LINENO，所以输出的是 4

```
$ ./lineno.sh
LINENO test
4
```

## LANG

如前所述，变量 LANG 主要用于设置当前的国家 / 地区和语言等信息。在 Linux 中，国家 / 地区、语言等因地域而异的信息称为 locale。因此，更正确的说法是 LANG 是用于设置 locale 的变量。

如果安装 Linux 时选择的是中文环境，那么变量 LANG 的值通常会被设置为 zh_CN.UTF-8。

▼ 中文环境下的变量 LANG

```
$ echo $LANG
zh_CN.UTF-8
```

如果想将系统设置为美国的英文环境，那么可以像下面这样将 LANG 设置为 en_US.UTF-8。

▼ 将 LANG 设置为美国的英文环境

```
$ LANG=en_US.UTF-8
```

如果命令的实现已经考虑到了对不同 locale 的支持，那么该命令在输出消息时就会根据 LANG 的设置，将结果转换为相应的语言和日期格式等。

要想查看当前的地区设置，可以使用 locale 命令。

▼ 查看当前地区设置

```
$ locale
LANG=zh_CN.UTF-8
LC_CTYPE="zh_CN.UTF-8"
LC_NUMERIC="zh_CN.UTF-8"
LC_TIME="zh_CN.UTF-8"
```

```
LC_COLLATE="zh_CN.UTF-8"
LC_MONETARY="zh_CN.UTF-8"
LC_MESSAGES="zh_CN.UTF-8"
LC_PAPER="zh_CN.UTF-8"
LC_NAME="zh_CN.UTF-8"
LC_ADDRESS="zh_CN.UTF-8"
LC_TELEPHONE="zh_CN.UTF-8"
LC_MEASUREMENT="zh_CN.UTF-8"
LC_IDENTIFICATION="zh_CN.UTF-8"
LC_ALL=
```

locale 命令输出的内容中除了 LANG 以外，还有一些以 LC_ 开头的变量。这些变量分别用于设置语言、时间和货币单位等。比如，LC_MESSAGES 用于设置输出的消息，LC_MONETARY 用于指定货币单位的地区信息。另外，如果没有为 LC_ 设置值，那么这些变量将默认使用 LANG 的值，因此一般只设置变量 LANG 就可以了。

另外，LC_ 变量中的 LC_ALL 是一个特殊的变量，它比其他的 LC_ 变量和变量 LNAG 优先级都高。一般来说，需要显式设置变量 LC_ALL 的场景不是特别多，但是如果想忽略所有已经单独设置的 LC_ 变量，就可以使用变量 LC_ALL 强制覆盖已经设置的个别项。

下面再来介绍一个 LC_ 变量的使用场景。使用 LC_ 变量设置的 locale，优先级要高于 LANG。因此，可以先使用变量 LANG 做一般性的配置，然后使用 LC_ 变量覆盖一些特定的属性。比如，中国用户到了美国，在很多配置上依然想使用中文，但是货币单位想使用美国当地的美元、美分，这时就可以使用下面的命令进行配置。

▼ 在中文环境中使用美国的货币单位

```
$ LANG=zh_CN.UTF-8
$ export LC_MONETARY=en_US.UTF-8
```

我们可以使用 locale -a 命令查看当前 Linux 系统中可以使用的地区信息列表。

▼ 系统中可以使用的地区信息列表

```
$ locale -a
C
POSIX
aa_DJ
aa_DJ.iso88591
aa_DJ.utf8
aa_ER
aa_ER.utf8
```

```
aa_ER.utf8@saaho
aa_ER@saaho
aa_ET
……以下省略……
```

## PATH

变量 PATH 保存的是 shell 启动命令时的目录。目录以字符串的形式指定，不同的目录位置通过冒号来分隔。

▼ PATH 变量示例

```
$ echo $PATH
/usr/local/bin:/bin:/usr/bin:/usr/local/sbin:/usr/sbin
```

比如，输入 ls 命令后，shell 会从 PATH 中指定的目录开始，按照从左向右的顺序在每个目录中查找 ls 命令。这时，shell 会执行从 PATH 中最先找到的 /bin/ls 命令。PATH 中设置的路径也被称为命令搜索路径，我会在第 11 章中对此进行详细说明。

在创建用于保存命令的新目录等时，需要向搜索路径中添加新的目录。这时就可以使用 PATH 变量。下面的示例在现有搜索路径的基础上，将用户主目录下的 bin 目录也添加到了命令搜索路径中。

```
PATH=$HOME/bin:$PATH
```

## IFS

IFS 是 Internal Field Separator（内部字段分隔符）的缩写，用于设置 shell 中的分隔符。bash 在将字符串拆分为单词的时候，会使用这个变量中设置的分隔符。常见的分隔符为空格、制表符和换行符。

▼ 查看 IFS 变量

```
$ echo "$IFS" | od -a
0000000  sp  ht  nl  nl
0000004
```

由于空格、制表符和换行符在屏幕上看不到，所以这里使用管道（→第 134 页）将 echo 命令的输出发送给 od 命令。od 命令一般以 8 进制的方式输出文件，但指定 -a 选项后则可以将控制字符显示为名称。sp 表示空格，ht 表示制表符，nl 表示换行符。这里之所以有两个 nl，是因为加上了 echo 命令默认输出的一个换行符。

# 4.4 位置参数

shell 脚本也可以像普通命令一样接收参数。在脚本中用于读取命令行参数的变量被称为位置参数。

位置参数是像 $1、$2、$3 这样，以从 1 开始的整数作为变量名的变量。第 10 个及以后的参数需要像 ${10} 这样用 { } 将变量名括起来。位置参数的赋值操作发生在脚本执行时，因此不能通过普通的赋值操作来覆盖位置参数的值。

让我们来看一下命令行参数和位置参数。编写如代码清单 4.4 所示的 args.sh 脚本文件。

**代码清单 4.4 输出位置参数 (args.sh)**

```
#!/bin/bash
echo arg1 : $1
echo arg2 : $2
echo arg3 : $3
```

将 aaa 和 bbb 作为这个脚本的两个输入参数，然后执行脚本。其结果如下所示。

**▼ 在有两个输入参数时输出的位置参数信息**

```
$ ./args.sh aaa bbb
arg1 : aaa
arg2 : bbb
arg3 :  ←———— $3 为空
```

这里没有输出位置参数 $3 对应的内容。也就是说，由于没有给位置参数赋值，所以对应位置参数的值为空。

变量 $0 和位置参数类似，它保存的是执行中的 shell 脚本的名称。让我们在前面的 args.sh 脚本文件中增加一行用于输出 $0 的代码（代码清单 4.5）。

代码清单 4.5 输出当前正在执行的脚本的名称 (args.sh)

```
#!/bin/bash
echo $0
echo arg1 : $1
echo arg2 : $2
echo arg3 : $3
```

执行这个 shell 脚本，就会输出 shell 脚本执行时的文件名 `./args.sh`。

▼ 执行后输出的文件名

```
$ ./args.sh aaa bbb
./args.sh ◄──────── 输出 $0 的值
arg1 : aaa
arg2 : bbb
arg3 :
```

要想获取所有位置参数的值，可以使用 `$*` 或者 `$@`（代码清单 4.6）。这两种方法都会将位置参数从头到尾展开为字符串的格式。

代码清单 4.6 输出所有命令行参数 (args-all.sh)

```
#!/bin/bash
echo $*
echo $@
```

在执行这个脚本的时候指定 3 个参数，则输出结果如下所示。

▼ 显示所有输入参数

```
$ ./args-all.sh aaa bbb ccc
aaa bbb ccc
aaa bbb ccc
```

从上面的结果来看，`$*` 和 `$@` 这两种方式基本上是一样的。但是，在使用 `"` 将它们引起来后，结果将大不相同。

如果位置参数有 $N$ 个，`"$@"` 会将位置参数展开为 `"$1" "$2" ··· "$N"` 这样一个个独立的字符串。

`"$*"` 则会使用空格将所有位置参数连接成一个 `"$1 $2 ··· $N"` 这样的字符串。实际上，在使用 `"$*"` 连接位置参数时，将使用环境变量 `IFS` 中的第 1 个字符进行分隔，第 1 个字符通常是空格，因此位置参数之间会使用空格连接。

在多数场景下，各个位置参数需要作为单独的参数，因此我们较多使用 `$@` 这种形式。只要显式修改 IFS，就可以通过 `$*` 使用空格之外的字符将位置参数连接为一个字符串，但是修改 `IFS` 的副作用比较大，有可能带来意想不到的结果。因此，`$*` 的使用场景并不是太多。

# 4.5 特殊参数

在 bash 中有很多由 shell 自动赋值的变量，这些变量都具有特殊的意义，被称为特殊参数。前面介绍的 `$0`、`$*`、`$@` 就是特殊参数的一种。对于这些特殊参数，只能读取，不能赋值。

我们再来看一下前面没有介绍的一些有代表性的特殊参数（表 4.2）。

表 4.2 有代表性的特殊参数

| 变量名 | 说　明 |
|---|---|
| `$#` | 位置参数的个数 |
| `$?` | 上一条命令退出时的状态码 |
| `$$` | 当前进程的进程 ID |
| `$!` | 最后启动的后台命令的进程 ID |

## 位置参数的个数——$#

变量 `$#` 保存的是位置参数的个数，即脚本执行时指定的命令行参数的个数（代码清单 4.7）。

代码清单 4.7 显示命令行参数的个数 (arg-count.sh)

```
#!/bin/bash
echo $#
```

▼ 有 3 个命令行参数

```
$ ./arg-count.sh aaa bbb ccc
3
```

## 命令退出时的状态码——$?

变量 $? 保存的是前一条命令退出时的状态码。

在 Linux 中执行一条命令时，命令在结束后会返回一个在屏幕上看不到的整数值——退出状态码。多数命令会在执行成功时返回 0，在执行失败时返回 0 以外的值。要想获取这个退出状态码，可以使用变量 $?。

▼ 输出 ls 命令的退出状态码（成功时）

```
$ ls /usr
bin  etc  games  include  lib  lib64  libexec  local  sbin  share  src  tmp
$ echo $?
0
```

▼ 输出 ls 命令的退出状态码（失败时）

```
$ ls /xxx
ls: 无法访问 '/xxx': 没有那个文件或目录
$ echo $?
2
```

从上面的结果可以看出，ls 命令在正常结束时返回的是 0，在找不到指定的文件时返回的是 2。

由于 echo 命令也有自己的退出状态码，所以如果像上面那样使用 echo 命令读取 $? 的值，$? 的值会被 echo 命令退出时的状态码覆盖。因此，如果想在后续处理中使用某一命令的退出状态码，就需要在该命令结束之后将 $? 的值保存到另一个变量中。

▼ 将退出状态码保存到变量中供后续使用

```
$ ls /usr
bin  etc  games  include  lib  lib64  libexec  local  sbin  share  src  tmp
$ result=$?   ←保存退出状态码
$ ls /xxx
ls: 无法访问 '/xxx': 没有那个文件或目录
$ echo $result
0             ←保存的 ls /usr 命令的退出状态码
```

## 进程 ID——$$ 和 $!

变量 `$$` 保存了当前执行中的 shell 进程的进程 ID。进程 ID 指的是在 Linux 内核中为不同进程分配的唯一的数值。

我们来看一个示例。代码清单 4.8 的 `pid.sh` 脚本在执行时会输出进程 ID。

**代码清单 4.8 输出进程 ID(pid.sh)**

```
#!/bin/bash
echo $$
```

由于这个 shell 脚本在每次执行时都会创建新的进程，所以每次执行时输出的值都不同。

▼ 进程 ID 每次都不一样

```
$ ./pid.sh
4852
$ ./pid.sh
4853
```

在创建唯一文件名时，经常使用 `$$`。比如，有时可能想将 shell 脚本没有处理完的数据保存到临时文件中。如果使用 `tmp.txt` 这样固定的文件名，那么在同时启动多个脚本时，就会出现多个进程写入同一文件的情况，文件内容有可能被损坏。

在这种情况下，就可以像下面这样将 `$$` 作为文件名的一部分。

```
tempfile=/tmp/script_temp$$
```

这样一来，即使同时启动多个脚本，由于每个进程的临时文件名都不一样，所以也不会出现多个进程同时对一个文件进行写入操作的问题。

还有一个和 `$$` 类似的变量 `$!`。这个变量里存放的是启动时在命令行末尾加上 `&`，让命令在后台执行的进程 ID。如果想查看后台进程的状态，或者想让后台进程强制退出，可以通过变量 `$!` 获取后台进程的进程 ID。

# 4.6 使用 declare 声明变量

虽然在 bash 中使用变量时并不需要提前声明，但是也可以使用 declare 或者 typeset 等 shell 内置命令对变量进行显式声明。这两条命令的作用一样，本书中将使用 declare 命令。

▼ 声明变量 var1

```
$ declare var1
```

可以使用 declare 命令的选项设置变量的属性。可以设置的属性有很多，这里只对表 4.3 中的 4 个具有代表性的属性进行说明。

表 4.3 declare 命令可以设置的变量的属性信息

| 选项 | 属　性 |
|---|---|
| -r | 声明只读变量 |
| -i | 声明的变量为整型 |
| -a | 声明的变量为数组型 |
| -A | 声明的变量为关联数组 |

如果 declare 没有指定任何属性，则变量为字符串类型。如果想使用字符串之外的类型，可以像 declare -i num 这样，将变量类型作为 declare 命令的选项。也就是说，declare 是用于为变量添加属性的命令。

## 只读变量

使用 declare 的 -r 选项后，变量将变成只读类型。

▼ 将已经赋值的变量转换为只读变量

```
$ name=file1
$ declare -r name
```

readonly 命令也能实现这个功能。本书后面的章节中将使用 readonly 命令。

▼ 使用 readonly 命令将变量设置为只读变量

```
$ name=file1
$ readonly name
```

下面的示例在为变量赋值的同时将变量设置为了只读类型。

▼ 在为变量赋值的同时将变量设置为只读类型

```
$ readonly name=file1
```

对声明为只读类型的变量，不能进行赋值操作。代码清单 4.9 尝试了将 `xxx` 赋值给只读变量 `name`，但是失败了，`name` 的值还是原来的 `file1`。

代码清单 4.9 为只读变量赋值 (readonly.sh)

```
#!/bin/bash

readonly name=file1
echo $name
name=xxx    ◀── 为只读变量赋值
echo $name
```

▼ 为只读变量赋值导致脚本报错

```
$ ./readonly.sh
file1
./readonly.sh: 行 4: name: 只读变量
file1
```

## 整型变量

在声明变量时使用 `declare` 的 `-i` 选项，则变量类型会被设置为整型。

▼ 声明整型变量

```
$ declare -i num
$ num=5
$ echo $num
5
```

整型变量的引用方法和普通变量一样，需要在变量前加上 `$`，即以 `$num` 的形式获取变量

num 的值。

在为变量赋值时，字符串类型和整型变量的行为有所不同。对于普通的字符串类型，即使在赋值时使用数学算式，这个算式也会如下所示，被当成普通的字符串赋值给变量。

▼ 将数学算式赋值给字符串类型的变量

```
$ sum=2+9
$ echo $sum
2+9  ◄------算式被当成字符串赋值给变量
```

与之相对，在将算式赋值给整型变量时，会先计算赋值语句右边的算式，再将计算结果赋值给左边的变量。

▼ 在对数值型的变量赋值时会先对算式进行计算

```
$ declare -i sum
$ sum=2+9
$ echo $sum
11  ◄------将计算结果赋值给变量
```

和 readonly 一样，整型变量的声明和赋值也可以放到同一行来实现，如下所示。

▼ 通过一行代码实现整型变量的声明和赋值

```
$ declare -i sum=2+9
```

在为整型变量赋值时，右边的变量即使只是 x 这样的变量名，它的值也会被计算。而且，有没有 $ 前缀都无所谓。此外，这时候在右边的变量也没有必要使用 declare -i 显式地声明为整型变量。

▼ 在对整型变量进行赋值时右边的变量不需要使用 $ 前缀

```
$ x=5
$ y=8
$ declare -i sum=x+y  ◄------不是 $x+$y 这样带 $ 的格式也可以
$ echo $sum
13
```

变量一旦被声明为整型变量，在每次对其进行赋值时，右边都会被当作数学算式计算。

▼ 赋值时会将右边当作算式计算

```
$ declare -i num
$ num=5+3
$ echo $num
8
$ num=10+4
$ echo $num
14
```

整型变量的这种计算规则称为算术表达式求值。

在算术表达式求值中，可以使用其他编程语言提供的运算符。可以使用的运算符有多种，表 4.4 列出了其中有代表性的几种。通常来说，这几种运算符就足够使用了。

表 4.4 | 算术表达式求值中具有代表性的运算符

| 运算符 | 内　容 |
| --- | --- |
| ** | 阶乘 |
| * | 乘法运算 |
| / | 除法运算（小数点后省略） |
| % | 取模运算 |
| + | 加法运算 |
| - | 减法运算 |

包括其他运算符在内的关于算术表达式求值的详细信息可以参考第 5 章（→第 77 页）。

# 4.7 数组

bash 也和其他编程语言一样可以使用数组。

数组是一种数据结构，可以将多个元素按顺序保存，然后使用编号访问指定元素。这个元素编号称为索引（index）。和很多编程语言一样，bash 数组的索引下标从 0 开始。

在为数组变量赋值时，可以像下页这样，将数组元素按顺序填入赋值语句右边的 () 中。这称为组合赋值。

▼ 通过组合赋值创建数组

```
$ fruits=(apple grape orange peach)
```

而且在创建数组时，可以使用空的括号创建空数组。这样可以将数组初始化为没有任何元素的空数组。

▼ 创建空数组 list

```
$ list=()
```

此外，也可以使用 `declare -a` 显式声明一个数组类型的变量。

▼ 显式声明数组类型的变量

```
$ declare -a arr1
```

## 访问数组元素

在访问数组元素时，可以使用 `${ 数组名 [ 索引 ] }` 这样的语法。这时候需要注意的是，要像 `${fruits[0]}` 这样将变量名和索引值用 `{}` 括起来。

▼ 读取数组元素

```
$ fruits=(apple grape orange peach)
$ echo ${fruits[0]}
apple
$ echo ${fruits[3]}
peach
```

如果不指定索引值而只使用数组变量名，该数组变量会被解释为访问该数组中索引为 `0` 的元素。

▼ 如果不指定索引，则默认访问索引为 0 的元素

```
$ echo ${fruits}
apple
```

要想获取数组元素的个数，可以使用 `${# 数组名 [@] }` 这样的语法。

▼ 获取数组中元素的个数

```
$ echo ${#fruits[@]}
4
```

## 使用索引进行赋值

在 bash 的数组中，并不要求元素必须连续。如果想创建中间位置有空元素的数组，可以像图 4.3 这样在组合赋值中使用“[ 索引 ] = 值”的方式（代码清单 4.10）。

图 4.3 使用索引创建数组 [①]

代码清单 4.10 创建中间有空元素的数组 (arr-blank.sh)

```
#!/bin/bash

prefectures=(Hokkaido Aomori [3]=Miyagi [5]=Yamagata Fukushima)
echo ${prefectures[0]}
echo ${prefectures[1]}
echo ${prefectures[2]}
echo ${prefectures[3]}
echo ${prefectures[4]}
echo ${prefectures[5]}
echo ${prefectures[6]}
```

▼ 数组中的空元素会被输出为空字符串

从上面的结果中可以看到，该数组中索引为 3 的元素为 Miyagi，索引为 5 的元素为

① 图中索引的内容为日本行政区域名称的罗马拼音。Hokkaido 是北海道，Aomori 是青森县，Miyagi 是宫城县，Yamagata 是山形县，Fukushima 是福岛县。——编者注

Yamagata。此外，由于没有设置索引为 2 和 4 的元素，所以这两个位置输出的是空字符串。

要想修改数组元素的值，可以使用“数组名 [ 索引 ] = 新值”这样的语法。代码清单 4.11 对 names 数组中索引为 1 的元素进行了修改。

代码清单 4.11 修改数组的值 (arr-change.sh)①

```
#!/bin/bash

names=(okita miyake)
names[1]=MiyakeHideaki

echo ${names[0]}
echo ${names[1]}
```

▼ 数组中索引为 1 的元素被修改

```
$ ./arr-change.sh
okita
MiyakeHideaki
```

## 删除数组元素

要想从数组中删除一部分元素，可以使用 unset 命令。代码清单 4.12 的示例中删除了索引为 1 的元素。被删除的元素会变为空（即未设置值）的状态。

代码清单 4.12 删除数组中的部分元素 (arr-del.sh)

```
#!/bin/bash

countries=(Japan France Germany Finland)

unset countries[1]

echo ${countries[0]}
echo ${countries[1]}
echo ${countries[2]}
echo ${countries[3]}
```

① 代码中的 okita 为日本姓氏“冲田”的罗马拼音，MiyakeHideaki 为作者全名“三宅英明”的罗马拼音。——编者注

▼ 索引为 1 的值被删除

```
$ ./arr-del.sh
Japan

Germany
Finland
```

## 访问所有元素

使用 * 或 @ 作为索引访问数组，就可以获取数组中所有元素的值。这两个索引与特殊参数 $* 和 $@ 一样，会将数组元素从头到尾展开为字符串的格式。

▼ 访问数组的所有元素

```
$ prefectures=(Hokkaido Aomori Iwate)
$ echo ${prefectures[*]}
Hokkaido Aomori Iwate
$ echo ${prefectures[@]}
Hokkaido Aomori Iwate
```

像 "${ 数组名 [*] }" 或 "${ 数组名 [@] }" 这样使用 " 引起来时二者的差异，也和 "$*" 或 "$@" 一样。

"${ 数组名 [@] }" 会像 "${ 数组名 [0] }" "${ 数组名 [1] }" ... "${ 数组名 [N] }" 这样，把每个元素作为单个的字符串展开。

而 "${ 数组名 [*] }" 会像 "${ 数组名 [0] } ${ 数组名 [1] } ... ${ 数组名 [N] }" 这样，使用变量 IFS 的第 1 个字符（一般是空格）将数组的各个元素连接成一个字符串。

一般来说，使用 "${ 数组名 [@] }" 这种方式就可以了。使用这种方式可以创建一个基于原数组复制的新数组。

▼ 复制数组

```
$ prefectures=(Hokkaido Aomori Iwate)
$ prefectures2=("${prefectures[@]}")
```

但是有一点需要留意，那就是原数组（该例中的 prefectures）中下标如果不连续，复制后的新数组会对下标进行压缩处理。

## 添加元素

组合使用 "${ 数组名 [@] }"，就可以在原数组的头部或者末尾添加新元素，并创建新的数组变量。

▼ 在头部和末尾添加元素创建新数组

```
$ prefectures3=(aaa bbb "${prefectures[@]}")    ← 在数组头部添加元素
$ prefectures4=("${prefectures[@]}" ccc ddd)    ← 在数组末尾添加元素
$ echo "${prefectures3[@]}"
aaa bbb Hokkaido Aomori Iwate
$ echo "${prefectures4[@]}"
Hokkaido Aomori Iwate ccc ddd
```

也可以不创建新的数组，而是将添加元素后的数组再次赋值给原数组变量，这样也可以实现在原数组的头部或者末尾添加元素。如果是在数组末尾添加元素，还可以使用 += 语法。

▼ 在数组末尾添加元素

```
$ prefectures=("${prefectures[@]}" ccc ddd)
     或
$ prefectures+=(ccc ddd)
```

上面两种方法的作用相同，都是在数组的末尾添加新的元素。

## 获取元素的索引列表

像 ${ ! 数组名 [*] } 或 ${ ! 数组名 [@] } 这样，在数组名的前面加上 !（叹号），就可以获取数组中有值的所有元素的索引。

▼ 获取有值的元素的索引列表

```
$ countries=([0]=Japan [2]=France [3]=Germany)
$ echo ${!countries[@]}
0 2 3
```

如果数组中有部分元素为空，那么可以使用这种方法获取所有“值不为空的元素”的索引列表。

# 4.8 关联数组

bash 从版本 4 开始支持关联数组。

关联数组是一种保存了键值对的数据结构。其他编程语言中称之为哈希、映射（map）或字典。在 bash 中，关联数组的键为字符串类型（图 4.4）。

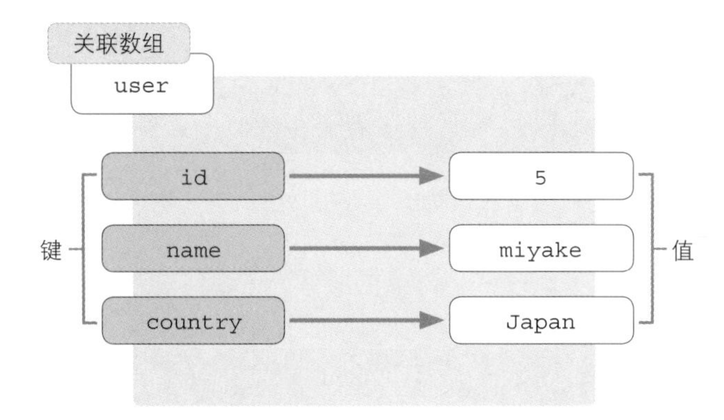


图 4.4 关联数组的键值对

要想创建关联数组，首先需要使用 `declare -A` 声明关联数组类型的变量，然后就可以像普通数组一样进行赋值。只是，关联数组会使用字符串类型的索引取代数值类型的索引。

▼ 创建关联数组

```
$ declare -A user
$ user=([id]=5 [name]=miyake)
```

关联数组也可以像其他类型的变量一样，将声明和赋值写在同一行。

▼ 在同一行中实现关联数组的声明和赋值

```
$ declare -A user=([id]=5 [name]=miyake)
```

关联数组必须使用 `declare` 进行声明。如果省略掉 `declare -A`，那么在使用 `=()` 赋值时，变量会被设置为普通的数组，而不是关联数组。

## 访问数组元素

要想访问关联数组的元素，只需要将普通数组中的索引部分替换为关联数组的键即可。

▼ 访问关联数组的元素

```
$ declare -A user=([id]=5 [name]=miyake)
$ echo ${user[id]}    ← 访问键为 id 的元素的值
5
$ echo ${user[name]}    ← 访问键为 name 的元素的值
miyake
```

要想获取关联数组中元素的个数，可以输入 ${# 关联数组 [@]}。

▼ 获取关联数组中的元素个数

```
$ echo ${#user[@]}
2
```

## 为元素赋值

为关联数组中的元素赋值也和普通数组一样。在普通数组中使用索引访问指定元素，在关联数组中则使用键指定。如果键所对应的元素原值不为空，新的值就会覆盖旧的值；如果该键对应的元素不存在，关联数组中就会添加一个新的键值对（代码清单 4.13）。

代码清单 4.13　元素赋值和覆盖 (A-array.sh)

```
#!/bin/bash

declare -A user=([id]=5 [name]=miyake)

user[name]=MiyakeHideaki    ← 覆盖原值
user[country]=Japan    ← 添加新的键值对

echo ${user[id]}
echo ${user[name]}
echo ${user[country]}
```

▼ 元素赋值和覆盖的执行示例

```
$ ./A-array.sh
5
MiyakeHideaki    ◄── 原值被覆盖
Japan            ◄── 新的键值对被添加
```

## 删除数组元素

删除关联数组的元素可以使用 unset 命令，这也和普通数组一样（代码清单 4.14）。

代码清单 4.14 删除键为 name 的元素 (A-arr-del.sh)

```
#!/bin/bash

declare -A user=([id]=5 [name]=miyake [country]=Japan)

unset user[name]

echo ${user[id]}
echo ${user[name]}
echo ${user[country]}
```

▼ 从关联数组中删除元素

```
$ ./A-arr-del.sh
5
    ◄── 键为 name 的元素已被删除
Japan
```

## 访问所有元素

和普通数组一样，要想获取关联数组中所有元素的值，也可以使用 ${ 关联数组 [*] } 或者 ${ 关联数组 [@] } 这样的方式。* 和 @ 的不同点可以参考关于普通数组的说明（→第 41 页）。通常来说，使用 @ 就可以了（代码清单 4.15）。

代码清单 4.15 输出所有元素 (A-arr-allval.sh)

```
#!/bin/bash

declare -A capitals
capitals=([Japan]=Tokyo [France]=Paris [Germany]=Berlin [Finland]=Helsinki)

echo "${capitals[@]}"
```

▼ 输出关联数组中的所有元素

```
$ ./A-arr-allval.sh
Berlin Helsinki Paris Tokyo
```

需要注意的是，这里元素的输出顺序和输入顺序并不一致（Tokyo 并不在最前面）。在使用 ${ 变量名 [@] } 这种方式获取关联数组的所有值时，得到的元素并不是按照赋值时的顺序排列的。因此，关联数组并不会像普通数组那样使用"第几个元素"这样的概念，而是使用键查找对应的元素。

## 获取关联数组中键的列表

像 ${ ! 关联数组 [@] } 这样使用 @ 代替关联数组的键，并在数组名前加上 !（叹号），就可以获取该关联数组中所有键的列表了。

▼ 获取关联数组中所有键的列表

```
$ declare -A capitals=([Japan]=Tokyo [France]=Paris [Germany]=Berlin [Finland]=Helsinki)
$ echo "${!capitals[@]}"
Germany Finland France Japan
```

**小 结**

本章介绍了 bash 中变量的使用方法和 shell 中的特殊变量。下一章将讲解 shell 的展开功能。

Chapter 05

# 展开和引用

shell 中有很多称为元字符（meta character）的特殊符号，比如 * 和 {} 等。这些元字符具有替换字符串的功能。我们将这种功能称为展开。

本章将介绍由 bash 提供的各种展开功能，以及用于限制展开功能的引用功能。

# 5.1 路径展开

路径展开指的是将 * 等特殊符号替换为路径名或文件名的功能，也称为通配符展开或文件名展开。路径展开主要用于在 ls 或 cp 等命令的参数中同时指定多个文件名。

路径展开中可以使用的符号如表 5.1 所示。

表 5.1 路径展开中可以使用的符号

| 符号 | 含义 |
|---|---|
| ? | 任意一个字符 |
| * | 任意字符串 |
| [] | []中包含的任意一个字符 |
| [! ] 或 [^ ] | 任意一个不在[]中的字符 |

这里假设当前目录下有如下文件。我们将通过这些文件来了解上述符号是如何工作的。

▼ 当前目录下的文件列表

```
$ ls
README.md  file1.txt  file2.txt  file3.txt  file4.txt  string.c  string.h  string.txt
```

## 匹配任意字符——* 和 ?

?（问号）可以匹配任意一个字符。比如指定 string.?，则可以匹配到 string. 后面有一个任意字符的文件名。

▼ string. 后面有一个任意字符的文件名

```
$ ls string.?
string.c  string.h
```

如果连续指定三个 ?，则可以匹配到任意三个字符。

▼ string. 后面有三个任意字符的文件名

```
$ ls string.???
string.txt
```

`*` 可以匹配到任意的字符串。比如指定 `*.txt`，就可以匹配到任何以 `.txt` 结尾的文件名。

▼ 以 .txt 结尾的文件名

```
$ ls *.txt
file1.txt  file2.txt  file3.txt  file4.txt  string.txt
```

因为 `*` 也可以匹配到空字符串，所以使用 `string*.c` 这种写法也可以匹配到 `string.c` 文件。

▼ * 可以匹配到空字符串

```
$ ls string*.c
string.c
```

## 匹配任意一个字符——[]、[!] 和 [^]

在 `[]` 中列出多个字符，就可以匹配到含有其中任意一个字符的文件。比如，`string.[ch]` 可以匹配到 `string.c` 和 `string.h` 两个文件。

▼ 匹配 c 或者 h

```
$ ls string.[ch]
string.c  string.h
```

在 `[]` 中还能使用连字符指定字符的范围。比如，`file[1-3]` 这种写法就可以匹配到 `file1`、`file2`、`file3` 中的任意字符。

▼ 使用连字符指定范围

```
$ ls file[1-3].txt
file1.txt  file2.txt  file3.txt
```

通过连字符不仅可以以数值形式指定范围，还可以以字符形式指定。比如，使用 `[a-z]` 就可以匹配到所有的小写字母。另外，如果想在 `[]` 中匹配连字符本身，可以像 `[-abc]` 或者 `[abc-]` 这样将连字符写到开头或者末尾。

如果 `[]` 中的第 1 个字符是 `!` 或者 `^`，则表示相反的意义，即匹配任意一个不在 `[]` 中的字符。

▼ 匹配 file2.txt 和 file4.txt 之外的字符串

```
$ ls file[!24].txt
file1.txt  file3.txt
```

如果想在 [] 中匹配 ! 或 ^ 本身，可以像 [\^] 这样在前面加上 \，或者像 [abc^] 或 [abc!] 这样，将 ^ 或 ! 放到开头以外的位置。

另外，如果想在 [] 中匹配 ]，可以像 []abc] 这样，直接将 ] 放到 [ 的后面。

## 组合使用路径展开

用于路径展开的符号可以组合起来使用。比如在下面这个示例中，通过组合使用 * 和 [] 两种符号，可以展开以 .c 或 .h 结尾的任意文件名。这种方法可以很方便地找出具有特定扩展名的文件。

▼ 匹配所有以 .c 或 .h 结尾的文件

```
$ ls *.[ch]
string.c  string.h
```

但正如第 1 章所述，需要注意这些路径展开处理是在 shell 中进行的，具体的命令接收的只是展开的结果。

比如，在执行 ls string.[ch] 这条命令时，shell 会先将命令行展开为 ls string.c string.h，再真正执行 ls 命令。这一点不局限于路径展开，本章介绍的所有展开功能都是在执行命令之前进行展开的。也正由于这个原因，无论哪种类型的命令都能使用展开功能。

## 使用路径展开时的注意事项

如果路径展开后没有匹配到任何文件名，原来的符号就会直接被传递给命令。例如，没有以 .jpg 结尾的文件，那么在执行 ls *.jpg 命令之后，就会出现如下错误。

▼ 不能匹配到任何文件的路径展开

```
$ ls *.jpg
ls: 无法访问*.jpg：没有那个文件或目录
```

这个错误并不是 bash 输出的错误，而是 ls 命令输出的错误。如果没有匹配的文件，那么 ls *.jpg 这条命令就会直接被执行，因此 ls 命令输出了找不到文件的错误信息。如果将 ls 命令替换为 echo 命令，那么根据输出结果可知，字符串 *.jpg 直接作为参数传递给了命令。

▼ 通过 echo 命令可以看到并没有进行路径展开

```
$ echo *.jpg
*.jpg   ◀——并没有进行路径展开
```

路径展开不仅可应用于当前目录，还可以对任意目录下的文件名进行展开。下面的示例是对 /usr/bin 目录下所有以 zip 结尾的文件名进行全路径展开。

▼ 包含目录的路径展开

```
$ ls /usr/bin/*zip
/usr/bin/gpg-zip  /usr/bin/gunzip  /usr/bin/gzip
```

但是，在如上所示指定路径进行展开时，路径展开中的 *、? 和 [] 等符号在匹配时不能超出用于分隔目录的符号 /（分隔号）。

我们以 /usr/*zip 为例说明一下。这个参数会在 /usr 目录下查找以 zip 结尾的目录或者文件，如果存在，则使用这些目录或文件进行展开。虽然上面的示例中存在文件 /usr/bin/gzip，但是这个文件并不能匹配参数 /usr/*zip。

▼ 路径展开不能跨越目录层级

```
$ ls /usr/*zip
ls: 无法访问/usr/*zip: 没有那个文件或目录
```

另外，路径展开中的 *、? 和 [] 等符号也不能匹配到隐藏文件的标志，即位于文件名前面的 .（点号）。

▼ 不能匹配文件名前面的点号

```
$ touch .hidden
$ ls *hidden
ls: 无法访问*hidden: 没有那个文件或目录
```

因此，要想匹配到隐藏文件，需要显式地在文件名前面加上点号。

▼ 匹配文件名前面存在点号的文件

```
$ ls .*en
.hidden
```

# 5.2 大括号展开

大括号展开是可以一次指定多个字符串的方法，有多种使用方式。

## {字符串 1, 字符串 2, 字符串 3}

在 { } 中使用半角逗号作为分隔符指定多个字符串，这些字符串就会分别与 { } 前后的字符串连接起来进行展开。比如，在采用下面这种写法时，{ } 中的 1001、1002 会与前后的字符串 file、.txt 相连，展开的结果为 file-1001.txt 和 file-1002.txt 两个字符串。

▼ 在大括号展开中指定 1001、1002

```
$ echo file-{1001,1002}.txt
file-1001.txt file-1002.txt
```

在大括号展开中，{ } 里面可以记录任意多个元素，而且元素可以是空字符串。下面的示例指定了 5 个字符串，分别是 1001、1002、old、new 和空字符串。

▼ 通过大括号展开创建五个文件名

```
$ echo file-{1001,1002,old,new,}.txt
file-1001.txt file-1002.txt file-old.txt file-new.txt file-.txt
```

大括号展开和路径展开有些类似，但是大括号展开并不要求展开后的结果必须作为文件存在。因此，大括号展开也可以用于创建新文件或目录。下面的示例在 mkdir 命令的参数中使用了大括号展开。

▼ 使用大括号展开创建新目录

```
$ mkdir work/project/{src,log,test}
```

这里的大括号展开的结果为 work/project/src、work/project/log 和 work/project/test，mkdir 命令会在 work/project/ 目录下创建这 3 个新目录。如果想在很深的目录层次中创建多个子目录，像这样在 mkdir 命令中使用大括号展开就会非常方便。

### { 开始值 .. 结束值 }

如果像 { 开始值 . . 结束值 } 这样以两个连续点号的形式书写，那么大括号展开的结果为连续的从“开始值”到“结束值”的数或者字符。这称为序列表达式。下面示例中的 {8..11} 会展开为 8、9、10、11 这 4 个数。

▼ 大括号展开中的序列表达式（数值型）

```
$ echo file-{8..11}.txt
file-8.txt file-9.txt file-10.txt file-11.txt
```

除了数值型，序列表达式还可以使用字符型作为开始值和结束值。下面的示例会展开为从 c 到 f 的所有字母。

▼ 大括号展开中的序列表达式（字符型）

```
$ echo file-{c..f}.txt
file-c.txt file-d.txt file-e.txt file-f.txt
```

在序列表达式中，还可以在 . . 后面加上 1 个数来指定增量。下面示例中的大括号展开表示从 8 到 11 为止每次增加 2 的数的序列，其展开结果为 8 和 10 这两个数字。

▼ 在序列表达式中使用增量

```
$ echo file-{8..11..2}.txt
file-8.txt file-10.txt
```

## 5.3 波浪线展开

波浪线展开是一种用于指定用户主目录的方法。

在一个单词的前面加上字符串“~ 用户名”，则展开为指定用户的主目录。如果省略用户名，只写 ~，则展开为当前登录用户的主目录。

▼ 使用 ls 命令显示用户主目录中的内容

```
$ ls ~    ←展开为 ls /home/miyake
```

在波浪线展开的后面加上 /（分隔号）可以增加路径。

▼ 在用户主目录下创建 bin 目录

```
$ mkdir ~/bin
```

Linux 系统通常在主目录下为不同的用户创建目录，用于保存各用户的配置文件或者数据文件。如果想在 shell 脚本中使用用户主目录下面的路径，就可以使用波浪线展开。

# 5.4 参数展开

如第 4 章所述，如果在变量名前面加上 $，则使用这个变量的值进行展开。这称为参数展开。在进行参数展开时，也可以使用 {} 将变量名括起来。

▼ 对 HOME 变量进行参数展开

```
$ ls $HOME     ←展开为 ls /home/miyake
work
$ ls ${HOME}   ←也可以使用 {} 将变量名括起来
work
```

在参数展开中，如果使用 {} 将变量名括起来，那么还可以通过在 {} 里面使用 := 等特殊符号处理变量的值。这种语法可以实现仅通过参数展开完成条件判断或字符串替换处理。接下来，我们介绍一下这些特殊符号。

## 使用 :- 进行展开

:- 会根据指定的变量是否被赋值来决定要展开的值。请看下页开头的这个语法，它表示以“变量名”指定的变量的值如果是空字符串，则使用“值”中设置的值进行展开；如果不是，则直接使用该值。

**语 法** :– 参数展开

```
${ 变量名 :- 值 }
```

下面来看一个具体示例。这里的变量 name 在最开始的时候是没有进行过赋值的未定义变量。

▼ :– 展开的示例

```
$ echo ${name:-miyake}
miyake            ◄------未定义变量，所以展开为 miyake
$ name=okita      ◄------为变量 name 赋值
$ echo ${name:-miyake}
okita             ◄------变量值为非空字符串，直接展开为该变量值
```

:- 的语法可以很方便地为没有赋值的变量设置默认值。我们经常会将它和位置参数结合在一起，为执行 shell 脚本时尚未指定的参数设置默认值。

在代码清单 5.1 中，shell 脚本会使用 `ls` 命令显示参数中指定路径下的文件列表。但是，如果运行时省略了输入参数，`${1:-/}` 就会展开为 /（分隔号），即默认显示根目录下的文件列表。

代码清单 5.1　设置参数的默认值（ls-root.sh）

```
#!/bin/bash

ls ${1:-/}
```

另外，:- 后面不仅可以是固定值，还可以是变量。如果使用变量，那么最终展开的结果为该变量的实际值。在下例中，如果变量 config_file 没有被赋值，就会使用 $HOME/.conf，其中的变量 HOME 会被展开。

▼ 在字符串中使用变量

```
$ echo ${config_file:-$HOME/.conf}
/home/miyake/.conf  ◄------变量 $HOME 被展开
```

如果省略掉 :（冒号），只使用 -（连字符），shell 将只对变量是否被设值进行判断。在下例中，如果变量被赋值（包括空字符串），则展开为变量的值；如果变量 name 为未定义状态，则展开为 miyake。

▼ 使用 - 进行参数展开

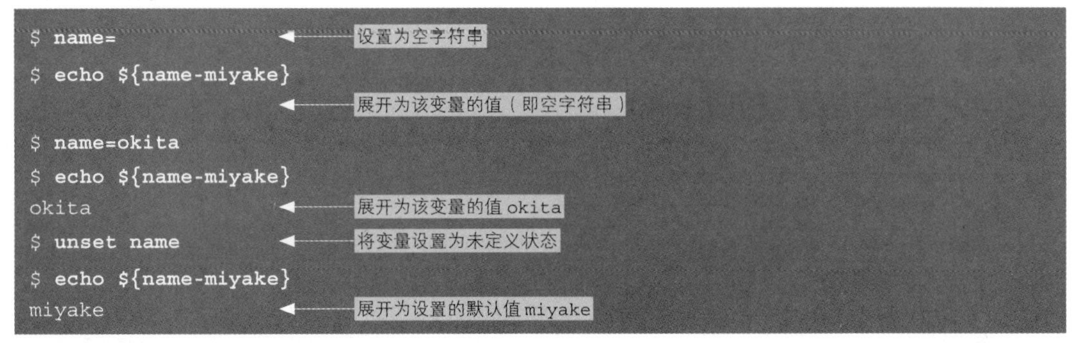


## 使用 := 进行展开

:= 是和 :- 很类似的参数展开符号。

如果以“变量名”指定的变量的值不是空字符串，就使用该值进行展开；如果变量名没有进行过初始化，或者值为空字符串，就先使用“值”对变量名进行赋值，再使用该值进行展开。

语 法　:= 参数展开

```
${ 变量名 := 值 }
```

这种方式和前面介绍的 :- 最大的不同在于，:= 会对变量进行赋值操作。它可以在变量值为空时使用默认值对变量进行赋值。

下面来看一个示例。这里假设变量 name 最初没有被赋值，处于未定义状态。

▼ := 展开的示例

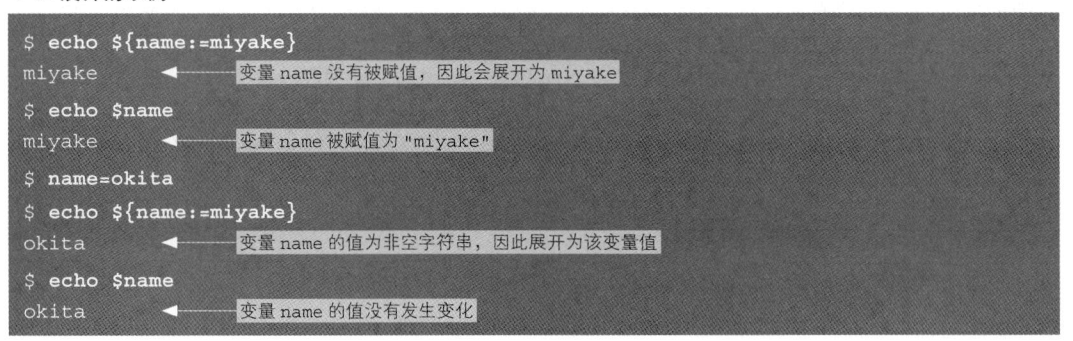


和 :- 一样，:= 也可以使用省略掉冒号的缩略形式。在这种用法中，决定展开方式的条件会发生一些变化——如果变量名所表示的变量被赋值（包括被赋值为空字符串），就使用这个变量值进行展开；如果变量未被赋值，就使用“值”给变量名赋值，并使用“值”进行展开。

## 使用 :? 进行展开

:? 是用于在变量没有被赋值时进行错误处理的符号。

语 法 :? 参数展开

```
${ 变量名 :? 值 }
```

如果“变量名”的值是非空字符串，则直接展开为该变量值；如果是空字符串，则“值”的内容将被输出到标准错误输出，shell 脚本也会立即停止运行。也就是说，“值”相当于错误信息。

下面来看一个具体的示例。这里假设变量 dir 没有被赋值，或者值为空字符串。

▼ 输出因变量未定义而产生的错误信息

```
$ cd ${dir:?You must specify directory}
-bash: dir: You must specify directory
```

这时，cd 命令本身也不会被执行。

此外，如果省略了“值”的部分，被输出的就是 shell 默认的错误消息。

▼ 省略消息参数

```
$ cd ${dir:?}
-bash: dir: 参数为空或未设置
```

:? 符号可以在需要给变量赋值而没有赋值时，作为简易的错误处理机制使用。但是，如果和 :- 或 := 一样省略了冒号，空字符串就不会被视作错误了。

## 使用 :+ 进行展开

:+ 和 :- 正相反，如果变量已经被赋值，则展开为指定的值。

语 法 :+ 参数展开

```
${ 变量名 :+ 值 }
```

“变量名”如果为非空字符串，就展开为“值”，否则展开为空字符串。在不关心变量具体的值是什么，又希望只要变量被赋值就返回指定的默认值时，可以使用这种方法。

和 :- 一样，:+ 也可以省略冒号。此时，如果“变量名”被赋值（包括被赋值为空字符串），则展开为该值，否则展开为空字符串。

## 字符串截取

这是一种可以从变量的值中截取一部分内容的语法。

语法 **字符串截取参数展开**

```
${ 变量名 : 数值 }
```

要展开的是“变量名”的字符串中从“数值”所指位置开始到末尾为止的部分。此外，需要注意的是，这里的数值和数组的索引一样，都从 0 开始计数。

▼ 截取变量值的一部分并输出

```
$ name=/usr/lib/kernel/
$ echo ${name:1}    ← 输出变量 name 从第 2 个字符开始到末尾的内容
usr/lib/kernel/
$ echo ${name:2}    ← 输出变量 name 从第 3 个字符开始到末尾的内容
sr/lib/kernel/
```

数值也可以是负数。在这种情况下，是从字符串的末尾开始计数要取出的部分。下面的示例会输出字符串末尾的两个字符。但需要注意，如果是给位移指定负数，那么为了和 :- 符号加以区分，要在冒号和连字符之间添加一个以上的空格。

▼ 在“数值”部分使用负数

```
$ name=/usr/lib/kernel/
$ echo ${name: -2}
l/    ← 输出变量 name 末尾的两个字符
```

如果使用 ${ 变量名 : 数值 : 长度 } 这种方式，则是从“数值”开始截取“长度”个字符。下面的示例是从第 1 个字符开始，截取 5 个字符。

如果像下面示例中的第 2 个例子那样，length 中指定的数值大于原字符串长度，则表示截取到字符串末尾。

▼ 从变量的值中截取并输出指定长度的内容

```
$ name=/usr/lib/kernel/
$ echo ${name:1:5}    ← 输出从第 2 个字符开始的 5 个字符
usr/l
$ echo ${name:2:100}    ← 输出从第 3 个字符开始的 100 个字符（这表示输出到字符串末尾的内容）
sr/lib/kernel/
```

“长度”也可以使用负数。这时候，这个数表示的不是要截取的字符个数，而是截取时的终止位置。下面的示例会输出从字符串第 2 个字符开始到倒数第 1 个字符为止的内容。

▼ 从变量的值中截取长度为负数的内容

```
$ name=/usr/lib/kernel/
$ echo ${name:2:-1}
sr/lib/kernel
```

这种语法还可以用于从数组中取出部分元素。在“变量名”部分指定“数组名 [@]”或“数组名 [*]”，再在“数值”部分指定数组的索引值，就可以使用从该索引值开始到数组末尾为止的元素进行展开了。

▼ 获取数组的部分元素

```
$ arr=(aaa bbb ccc ddd)
$ echo ${arr[@]:1}  ◀——获取数组中从第 2 个元素开始的所有元素
bbb ccc ddd
```

这时，也可以使用“长度”参数对从“数值”开始的“长度”个元素进行展开。

▼ 通过指定位移获取数组的部分元素

```
$ arr=(aaa bbb ccc ddd)
$ echo ${arr[@]:1:2}  ◀——获取数组中从第 2 个元素开始的两个元素
bbb ccc
```

@ 和 * 的区别，以及与使用 " 引起来时的区别，其实与 arr[@]、arr[*] 这些通常的写法之间的区别（→第 41 页）一样。本书后面也会给出一些使用参数展开对数组的值进行展开的示例，其中，@ 和 * 在使用上的区别也与 4.4 节讲过的一样。

## 获取字符串长度

使用下面这种语法可以获取变量值中字符的个数，如果变量未被赋值或者值是空字符串，则返回 0。

语 法 获取字符串长度

```
${# 变量名 }
```

在下页的示例中，变量 name 的值为 /etc/crontab，所以 ${#name} 将展开为变量值中字符的个数，即 12。

▼ 输出变量值中的字符数

```
$ name=/etc/crontab
$ echo ${#name}
12
```

另外，如第 49 页的 4.7 节所述，如果像 ${# 数组名 [@]} 或者 ${# 数组名 [*]} 这样使用数组类型的变量，则要展开的就是这个数组的元素个数。

## 使用匹配模式进行截取

下面这两种语法会从变量的值中删除匹配到“模式”的部分，然后进行展开。

语法 通过模式匹配进行参数展开

```
${ 变量名 # 模式 }  ……❶
${ 变量名 % 模式 }  ……❷
```

❶的语法会先将和“模式”前方一致的部分删除再进行展开。当只有一个 # 时，采用最短一致；有两个 # 时，采用最长一致的方式进行匹配。

下面的示例将删除字符串 Aomori 中前边的 Ao 部分，然后输出剩余的 mori 部分。

▼ 通过最短匹配的方式删除匹配到模式的部分

```
$ pref1=Aomori
$ echo ${pref1#Ao}
mori
```

在下面的示例中，由于字符串并不是以 Ao 开头的，所以不会删除任何内容，而是直接输出其原本的值。

▼ 若匹配不到任何结果，则不进行任何处理

```
$ pref2=Akita
$ echo ${pref2#Ao}
Akita
```

在“模式”部分可以使用路径展开中的特殊符号。其中，常用的是基于 * 的模式。

▼ 获取文件扩展名（最短匹配）

```
$ file=home.tar.gz
$ echo ${file#*.}
tar.gz
```

要匹配的模式 `*.` 表示删除“直到出现 .（点号）为止的任意字符串”。执行结果就是 `home.` 被删除，剩下 `tar.gz`。这种方法经常用于获取文件的扩展名。

如果使用 `##` 代替 `#`，则会以最长一致的方式进行匹配。

▼ 获取文件扩展名（最长匹配）

```
$ file=home.tar.gz
$ echo ${file##*.}
gz
```

在上面示例的文件名中，点号出现了两次，`##` 表示匹配其中最长的文件名，因此会删除 `home.tar.`，只留下 `gz` 作为展开结果。如果文件有两个及以上的扩展名，则可以使用这种方法获取最后一个文件扩展名。

❷的语法会删除和“模式”后方一致的部分。与前面介绍的 `#` 类似，`%` 表示最短一致，`%%` 表示最长一致。

下面的示例会删除从点号开始到字符串末尾的任意字符串。在这个示例中有两个点号，如果使用 `%`，则删除最短匹配的部分。结果就是删除了文件名中最后一个扩展名。

▼ 删除文件扩展名（最短匹配）

```
$ file=home.tar.gz
$ echo ${file%.*}
home.tar
```

如果使用 `%%`，则表示最长一致，因此删除的是 `.tar.gz` 部分。如果文件有两个及以上的扩展名，则可以使用这种方法删除所有扩展名。

▼ 删除文件扩展名（最长匹配）

```
$ file=home.tar.gz
$ echo ${file%%.*}
home
```

除了对文件扩展名进行处理，这种方法还可以从文件路径中截取文件名或者目录名。下面就来介绍操作方法。

下面的示例以最长一致的方式删除了原字符串中从开头到 /（分隔号）为止的字符串。其结果就是从 path 指定的文件中删除了目录部分，只留下了文件名。

▼ 删除从开头到最后的 / 为止的内容，只取出文件名

```
$ path=/var/local/backup/file.txt
$ echo ${path##*/}
file.txt
```

下面的示例则以最短一致的方式删除了原字符串中从末尾到 / 为止的字符串。其结果就是在 path 指定的文件中，只有目录部分保留了下来。

▼ 删除从末尾到 / 为止的内容，只保留目录部分

```
$ path=/var/local/backup/file.txt
$ echo ${path%/*}
/var/local/backup
```

另外，如果“变量名”使用了“数组名 [@]”或“数组名 [*]”，那么数组的各个元素都会被展开。

▼ 对数组各元素进行模式匹配和展开操作

```
$ arr=(home.tar.gz file.zip)
$ echo ${arr[@]%%.*}
home file
```

## 先替换再展开

下面的语法会先使用“替换字符串”对“变量名”的值中与“模式”一致的部分进行替换，然后展开。

语 法 替换参数展开

```
${ 变量名 / 模式 / 替换字符串 }
```

▼ 将 .（点号）替换为 _（下划线）

```
$ file=home.tar.gz    ← 将 . 替换为 _
$ echo ${file/./_}
home_tar.gz
```

上面的示例中有两个点号，但是只有第 1 个点号被替换了。也就是说，即使有多个地方匹配到模式，也只会替换第 1 个匹配到的部分。如果像下面这样在匹配模式之前使用两个 /（分隔号），则匹配到的所有部分都会被替换。

▼ 将所有的 . 替换为 _

```
$ file=home.tar.gz
$ echo ${file//./_}
home_tar_gz
```

“模式”部分也可以使用 * 等路径展开的符号。这时要采用最长一致的方式进行匹配。

▼ 使用 .txt 对从 . 到末尾为止的部分进行替换

```
$ file=home.tar.gz
$ echo ${file/.*/.txt}
home.txt
```

这个示例中有两个点号，由于是最长一致的匹配方式，所以以 .* 匹配到的 .tar.gz 部分要替换为 .txt。最终将输出字符串 home.txt。

如果将“模式”前面的 / 替换为 /#，那么只有在模式匹配到字符串开头的时候才会进行替换。如果将 / 替换为 /%，那么只有在匹配到字符串末尾的时候才会进行替换。使用这两种方式可以很方便地对字符串开头或者末尾进行替换。

在下面的示例中，只有当变量的值以 .html 结尾时，.html 才会被替换为 .bak。

▼ 只有末尾为 .html 时才会替换为 .bak

```
$ file1=file.html
$ echo ${file1/%.html/.bak}
file.bak
$ file2=file.html.org
$ echo ${file2/%.html/.bak}
file.html.org  ◀———文件不以 .html 结尾，因此不进行替换
```

与其他的参数展开一样，如果变量名部分使用了“数组名 [@]”或“数组名 [*]”，那么数组的各个元素都会被展开。

▼ 将数组各元素中的 . 替换为 _

```
$ arr=(home.tar.gz file.zip)
$ echo ${arr[@]//./_}
home_tar_gz file_zip
```

# 5.5 命令替换

命令替换指的是将命令执行后的输出结果作为字符串展开。$（命令）这种方式可以执行括号中的命令，并将标准输出的结果作为字符串展开。

比如，执行 date +%Y-%m-%d，就可以得到以“年 - 月 - 日”的格式输出的当前日期。

▼ 指定 date 命令的日期格式

```
$ date +%Y-%m-%d
2018-01-15
```

date 命令的执行结果是将日期字符串输出到标准输出，所以如果在命令替换中使用 date 命令，那么相应位置就会展开为当前日期。这种方法经常用于在文件名中添加日期。

▼ 使用命令替换创建文件名中带有当前日期的文件

```
$ touch $(date +%Y-%m-%d).txt  ◀—— 替换为 touch 2018-01-15.txt
$ ls
2018-01-15.txt
```

而且严格来说，date 命令等很多常用命令会在输出结果的末尾加上换行符。但是，命令替换会自动删除末尾的换行符，因此我们无须手动删除这些换行符。

命令替换除了可以使用 $（命令）这种方式，还可以像 ` 命令 ` 这样使用反引号将命令引起来。

▼ 使用反引号实现命令替换

```
$ touch `date +%Y-%m-%d`.txt
```

但是这种方式可读性低，不好理解，而且如果想使用嵌套的命令替换，还需要使用 \ 对反引号进行转义，不是很方便。因此，使用 $() 更好一些。本书中的命令替换也都会用它。

# 5.6 算术表达式求值

如第 4 章所述，在对整型变量赋值时，要先计算赋值语句右边的算式再赋值。此时，赋值语句右边的算式的规则称为算术表达式求值。

▼ 将整型变量右边当作算式求值

```
$ declare -i num    ← 整型变量 num
$ num=2+9           ← 2+9 部分的规则就是算术表达式求值
$ echo $num
11
```

算术表达式求值中可以使用的运算符如表 5.2 所示。

表 5.2 算术表达式求值中的运算符

| 运 算 符 | 说 明 |
|---|---|
| var++ | 先求值再对 var 加 1 |
| var-- | 先求值再对 var 减 1 |
| ++var | 对 var 加 1 之后再求值 |
| --var | 对 var 减 1 之后再求值 |
| - | 负号 |
| + | 正号 |
| ~ | 按位取反 |
| ** | 幂 |
| * | 乘法运算 |
| / | 除法运算（小数点后省略） |
| % | 取模运算 |
| + | 加法运算 |
| - | 减法运算 |
| << | 左移运算 |
| >> | 右移运算 |
| & | 位与运算 |
| ^ | 位异或运算 |

（续）

<table>
<tr><th>运 算 符</th><th>说 明</th></tr>
<tr><td>|</td><td>位或运算</td></tr>
<tr><td>expr1?expr2:expr3</td><td>如果expr1为真，则对expr2进行求值，否则对expr3进行求值</td></tr>
<tr><td>expr1,expr2</td><td>按expr1、expr2的顺序求值计算</td></tr>
</table>

另外，在算术表达式求值中也可以使用表 5.3 中的逻辑运算符。如果逻辑运算结果为真，则使用 1 进行计算，为假则使用 0 进行计算。

**表 5.3 算术表达式求值中的逻辑运算符**

<table>
<tr><th>运 算 符</th><th>说 明</th></tr>
<tr><td>!</td><td>逻辑非</td></tr>
<tr><td><=</td><td>小于等于</td></tr>
<tr><td>>=</td><td>大于等于</td></tr>
<tr><td><</td><td>小于</td></tr>
<tr><td>></td><td>大于</td></tr>
<tr><td>==</td><td>等于</td></tr>
<tr><td>!=</td><td>不等于</td></tr>
<tr><td>&&</td><td>逻辑与（AND）</td></tr>
<tr><td>||</td><td>逻辑或（OR）</td></tr>
</table>

使用算术表达式求值对变量赋值和普通的赋值方式一样，使用 = 即可。另外，也可以使用 var+=5 这样的方式先进行计算，再将结果赋值给该变量。关于算术表达式求值中的赋值，具体如表 5.4 所示。

**表 5.4 算术表达式求值中的赋值**

| 运 算 符 | 说 明 |
| --- | --- |
| = | 赋值 |
| *= | 进行乘法运算之后再赋值 |
| /= | 进行除法运算之后再赋值 |
| %= | 进行取模运算之后再赋值 |
| += | 进行加法运算之后再赋值 |
| -= | 进行减法运算之后再赋值 |
| <<= | 进行左移运算之后再赋值 |
| >>= | 进行右移运算之后再赋值 |

（续）

| 运 算 符 | 说 明 |
| --- | --- |
| &= | 进行位与运算之后再赋值 |
| ^= | 进行位异或运算之后再赋值 |
| \|= | 进行位或运算之后再赋值 |

除了用于为整型变量赋值，算术表达式求值也可以用在 (( )) 中。(( )) 会使用算术表达式对括号中的内容进行求值。这种方法主要用于将计算结果赋值给变量。

▼ 将计算结果赋值给变量 a

```
$ ((a=5+3))
$ echo $a
8  ◀------该变量的值为 5+3 的计算结果
```

在这种情况下，并不需要使用 declare -i 对变量 a 进行声明。此外，(( )) 中的内容和常见的编程语言一样，即使有空格也不会导致语法错误。

▼ (( )) 中可以使用空格

```
$ ((b = 3 * 4))
$ echo $b
12
```

另外，在 (( )) 中，*、>> 和 | 等本来用于路径展开或重定向等的特殊符号，也将失去其特殊含义，作为算术表达式的运算符使用。

在使用算术表达式求值进行赋值时，赋值语句右边的变量也不需要使用 declare -i 定义。而且，也不需要像 $x 这样在变量名前面使用 $ 符号，而是直接使用变量名即可。

▼ 在算术表达式求值中引用变量时可以不使用 $

```
$ x=9
$ y=7
$ ((z = x + y))  ◀------不必写成 $x + $y
$ echo $z
16
```

在传统的 shell 脚本中，数值计算需要调用外部的 expr 命令。相比之下，使用算术表达式求值的优点是不必调用外部命令，因此可以提高处理速度，而且从代码的可读性上来说也更容易理解。

另外需要注意的是，使用算术表达式求值的赋值操作，不会给被赋值的变量添加整数类型的属性。正如第 4 章所述，使用`declare -i`声明变量可以给变量添加整数类型的属性，因此在每次使用`=`赋值时，右边的语句都会使用算术表达式进行求值计算。但是，`(( ))`只会在该语句内部使用算术表达式进行求值计算，变量本身的类型属性还是字符串类型。

因此，在再次对同一个变量使用普通的赋值语句赋值时，该语句右边的内容只会被当作字符串处理。

▼ 在 (()) 中进行的算术表达式求值只在赋值时有效

```
$ ((x=5+3))   ◀—— 虽然 x 不是整数类型，但是在赋值时会对它使用算术表达式进行求值
$ echo $x
8
$ x=6+2       ◀—— x 不是整数类型，所以在赋值时会将它作为字符串类型
$ echo $x
6+2
```

## 使用 (()) 的退出状态码

将数值计算的结果赋值给变量是`(())`的主要用途，但其实它还有另一种用法，即使用它的退出状态码。

`(())`虽然不会将计算结果输出到标准输出，但是会将求值结果的真假值作为退出状态码返回。如第 4 章所述，命令执行结果会以数值的形式保存到特殊变量`$?`中（→第 43 页）。这个数值就是程序的退出状态码。因此，在`if`等条件判断语句中可以使用`(())`。关于`if`语句等控制结构，将在第 6 章讲解。

使用`(())`进行算术表达式求值的结果如果不是`0`，则`(())`的退出状态码为`0`，反之则为`1`。`(())`内部求值计算的结果和返回的退出状态码正好相反，因此要特别注意。这也是为了遵循“一般命令在成功时状态码为`0`，失败时不为`0`”这一惯例。

进一步来讲，对于`(())`内部的算术表达式，计算结果如果不是`0`，则为真，反之则为假。也就是说，在计算结果为真，即不为`0`时表示成功，因此返回的退出状态码为`0`；反过来，在结果为假，即为`0`时表示失败，因此需要返回`0`以外的退出状态码，这时一般返回的是经常用来表示失败的`1`。该方法主要用于判断逻辑运算结果的真假。

我们来看一个示例。代码清单 5.2 中的 shell 脚本会对两个算术表达式进行求值计算，并输出相应的退出状态码。

代码清单 5.2 算术表达式求值和真假判断（ari-true-false.sh）

```
#!/bin/bash

((5 > 3))
echo $?

((5 < 3))
echo $?
```

▼ 算术表达式求值的真假判断

```
$ ./ari-true-false.sh
0
1
```

第 1 个算术表达式 `5 > 3` 为真，结果为 `1`。因此返回的退出状态码为表示成功的 `0`；第 2 个表达式 `5 < 3` 为假，结果为 `0`，因此返回的退出状态码为表示失败的 `1`。

除了 `(())`，还可以使用 `let` 对算术表达式进行求值计算。`let expr` 就相当于 `((expr))`。比如，下面这两种写法具有相同的含义。

```
((5+3))
let 5+3
```

在需要赋值时也一样，下面这两种方法具有相同的含义。

```
((x=5+3))
let x=5+3
```

有一些编程语言会将 `let` 用作赋值语句的特殊标记，我们也可以参考这种做法按场景区分使用 `let` 和 `(())`。在需要赋值时使用 `let`，不需要赋值时使用 `(())`。

但是，`let` 不能像 `(())` 那样在表达式中直接使用空格或者 `>>` 等特殊符号。如果有这些特殊符号，可以使用单引号 `'` 对表达式进行引用。

▼ 当 let 中有空格或者 >> 时，要使用 '' 对表达式进行引用

```
$ let x = 6 >> 1        ← 因为包含空格而出错
-bash: let: =: 语法错误：需要操作数 （错误符号是 "="）
$ let 'x = 6 >> 1'      ← 使用 '' 进行引用，防止出错
```

# 5.7 算术表达式展开

使用 `$(())` 可以进行算术表达式展开。这种语法会使用括号内的算术表达式求值的结果进行展开，主要用于需要将计算结果用作命令的输入参数，或需要在字符串中嵌入计算结果等场景中。

下面的示例会将 `$((5+7))` 的部分作为算术表达式进行计算，因此输出的结果为 12。

▼ 使用算术表达式展开对表达式求值并输出结果

```
$ echo $((5 + 7))
12
```

`$(())` 内部会使用算术表达式求值进行计算，因此也可以使用变量。而且，`$(())` 的内部和 `(())` 一样，也可以直接使用路径展开和重定向等特殊符号。

▼ 在算术表达式展开中使用变量

```
$ x=6
$ y=9
$ z=$((x + y))  ◀── 对 6+9 进行算术表达式展开，将结果赋值给变量 z
$ echo $z
15
```

前面介绍了三种算术表达式求值方法，这里总结一下它们的不同点。

- `declare -i` 会给声明的变量添加整数类型的属性，并且在之后的每次赋值操作中都会使用算术表达式求值。如果需要对变量进行多次计算并将结果赋值给它，那么使用这种方法会非常合适。
- `(())` 中的内容会使用算术表达式求值。判断逻辑运算的结果，如果为真，则返回值为 0 的退出状态码；反之，则返回值为 1 的退出状态码。这种方法主要用于将以 `((z=x+y))` 的形式计算的结果赋值给变量，或者在控制结构中作为条件使用。不过，`(())` 并不会对计算结果进行展开处理，因此下面的用法是错误的。

▼ 算术表达式求值并不会对结果进行展开

```
$ z=((6+9))
-bash: 未预期的符号 `(' 附近有语法错误
```

- 如果想对计算结果进行展开，可以使用 `$(())` 算术表达式展开。使用这种方法可以将计算结果当作命令的输入参数或者将其嵌入赋值语句中。

▼ 使用算术表达式展开将结果赋值给变量

```
$ z=$((6+9))
```

# 5.8 进程替换

如果想在一条命令中使用其他命令的输出，通常会使用管道 |（→第 134 页）。但是，如果命令需要两个及以上的文件作为参数，就不能只使用管道进行参数设置了。

比如，我们想使用 `ls` 命令输出 `./data/miyake/` 和 `./data/okita/` 两个目录下面的文件列表，并使用 `diff` 命令对输出结果进行对比，找出其中的差异。现在假设这两个目录下面的内容如下所示。

▼ ./data/miyake 和 ./data/okita 目录下的内容

```
$ ls data/miyake/
work
$ ls data/okita/
bin  tmp  work
```

在这种情况下，`diff` 命令需要指定两个文件作为参数，因此要先将 `ls` 命令的结果分别保存在两个临时文件中。

▼ 通过创建临时文件获取两个目录中文件列表的差异

```
$ ls data/miyake/ > tmp1.txt
$ ls data/okita/ > tmp2.txt
$ diff tmp1.txt tmp2.txt
0a1,2
> bin
> tmp

$ rm tmp1.txt tmp2.txt  ◀-----删除临时文件
```

这种方法需要额外花时间创建和删除临时文件，而且还必须注意不能覆盖或者删除其他文件。

这时，使用称为进程替换的功能就可以免去创建临时文件的烦恼。进程替换的语法为“<(命令)”。

▼ 通过进程替换获取两个目录中文件列表的差异

```
$ diff <(ls data/miyake/) <(ls data/okita/)
0a1,2
> bin
> tmp
```

遇到 <(命令) 这样的语法，bash 首先会自动分配一个文件并使用该文件的路径替换 <(命令) 部分的内容。然后，进程替换的括号内的命令的标准输出就会与新分配的文件相连。

在上面的示例中，`diff` 命令实际接收的两个参数都是文件的路径。当 `diff` 命令尝试读取参数中的两个文件的内容时，由于这两个文件都使用了进程替换的方法，所以它会分别执行命令 `ls data/miyake/` 和 `ls data/okita/`，然后读取这两条命令的标准输出。`diff` 命令最终输出的就是这两条命令的输出内容的差异。

>(命令) 也是一种进程替换，它的处理过程与 <(命令) 相反。在该方法中，bash 会先将新分配的文件连接到标准输入再执行括号内的命令。由于这种方法的使用机会不多，所以这里不再展开说明。

# 5.9 历史记录展开

bash 具有保存命令行输入的历史记录的功能。这些历史记录不仅可以使用方向键或 Ctrl+P 进行操作，还可以通过历史记录展开功能使用。

历史记录展开中可以使用的符号如表 5.5 所示。

表 5.5 历史记录展开的符号

| 符号 | 说明 |
| --- | --- |
| ! | 开始历史记录替换 |
| !n | 获取第 *n* 条命令行 |
| !-n | 获取当前命令往前的第 *n* 条命令 |
| !! | 获取上一条执行过的命令 |

（续）

| 符　号 | 说　明 |
| --- | --- |
| !string | 获取以string开头的最后执行的命令 |
| !?string? | 获取包含string的最后执行的命令 |
| ^string1^string2^ | 将string1替换为string2后重复执行最后的命令 |
| !# | 目前输入的所有命令行 |

下面通过示例介绍一下其中的几种用法。!! 会展开为上一条执行过的命令。因此在 shell 中输入 !!，刚执行过的命令会再一次被执行。

▼ 通过 !! 重复执行上一条命令

```
$ ls /usr/
bin  etc  games  include  lib  lib64  libexec  local  sbin  share  src  tmp
$ !!
ls /usr/  ◀――――展开为上一条执行过的命令
bin  etc  games  include  lib  lib64  libexec  local  sbin  share  src  tmp
```

历史记录展开也可以作为其他命令的参数使用。比如在下面的示例中，echo 命令的参数是 !ls，也就是上一条以 ls 开始的命令行。

该例中前面刚执行过的命令是 ls /usr/，因此这条命令会被展开为 echo ls /usr/ 命令行，然后再被执行。

▼ 将历史记录展开作为其他命令的参数

```
$ echo !ls
echo ls /usr/
ls /usr/
```

这种历史记录展开功能只能在交互式 shell 中使用，在 shell 脚本中则无法使用。为了防止发生意料之外的历史记录展开，还有一些需要注意的地方。

下面的示例本来是打算将字符串 my!ls 作为参数使用的，但是 !ls 被历史记录展开功能展开为之前执行过的命令行了。

▼ 历史记录展开导致意料之外的字符串出现

```
$ ls /usr/
bin  etc  games  include  lib  lib64  libexec  local  sbin  share  src  tmp
$ echo my!ls  ◀――――!ls 被展开了
echo myls /usr/
myls /usr/
```

因此，如果想使用普通的 ! 符号，可以利用下一节中介绍的引用功能。

但是，历史记录展开功能只在交互式 bash 中有效。也就是说，在 bash 作为 shell 脚本运行时，这个功能默认是关闭的。

在对 shell 脚本是否能正常工作进行验证时，某一行的命令可能会被拿到命令行里执行。这时需要注意的是，如果命令行字符串中含有历史记录展开符号，那么在交互式 shell 和 shell 脚本中，运行结果有可能不一样。

# 5.10 引用

本章介绍了 bash 的展开功能所用的各种符号。除了前面介绍的以外，还有用于重定向的 >、用于管道操作的 | 等很多具有特殊意义的符号。这些符号称为元字符。

如果只是想将这些符号当作普通符号使用，则需要通过名为引用的方法来消除它们的特殊属性。

## 使用 \ 进行引用

引用的方法之一就是在元字符前面加上 \。这种写法也称为转义。在特殊符号前面加上 \，该符号的特殊含义就会消失。

我们来看一个例子。* 作为路径展开的特殊符号，可以匹配到任意字符串。因此，下面的 echo * 命令会输出当前目录下的所有文件和子目录。

▼ 通过路径展开输出当前目录下的文件和子目录

```
$ echo *
base.sh work
```

如果在 * 前面加上 \ 进行转义，那么 * 符号就失去了路径展开的功能，会被当作普通的 * 符号进行处理。因此，输出的就是 * 符号本身。

▼ 对 * 进行转义并把它当作普通符号处理

```
$ echo \*
*
```

在下面的示例中，HOME 变量的值会经过参数展开被输出到标准输出。

▼ 使用 $ 进行参数展开

```
$ echo $HOME
/home/miyake
```

如果只是想输出 $HOME 这一字符串，就需要像下面这样对 $ 进行转义处理。

▼ 对 $ 进行转义，禁用参数展开

```
$ echo \$HOME
$HOME
```

另外，\ 也可以对 \ 自身进行转义处理。如果想输出 \ 字符，只需像 \\ 这样连续写两个 \ 即可。

▼ 将转义字符 \ 作为普通字符输出

```
$ echo \\
\
```

## 使用引号 ' 和 " 进行引用

使用一个 \ 只能对一个元字符进行转义，而使用单引号 '' 或双引号 "" 可以将字符串引起来，让字符串中的所有元字符都失去特殊含义，变成普通字符串。

在被单引号 '' 引起来的字符串中，所有特殊符号的含义都会消失。因此 * 和 $ 等符号都会被直接输出。

▼ 使用单引号进行引用

```
$ echo '*'
*
$ echo '$HOME'
$HOME
```

单引号中的 \ 也会失去其转义的功能。因此，在单引号中，\ 不能对单引号本身进行转义，会作为普通的 \ 字符被输出。

▼ 在单引号中不能进行转义处理

```
$ echo 'hello\\ \'
hello\\ \
```

单引号也可以用于把包含空格在内的字符串当作一个字符串处理。

下面的示例是试图使用 cat 命令输出文件 My file 的内容，这个文件的文件名中带有空格。在这种情况下，shell 会将 My file 拆分为 My 和 file 两个单词，也就是说，会将这两个字符串作为参数传递给 cat 命令。因此，cat 命令就变成了要查看 My 和 file 两个文件的内容，而这会导致脚本报错。

▼ 不能直接使用含有空格的文件名作为参数

```
$ ls
My file  ◀―― 存在 My file 文件
$ cat My file
cat: My: 没有那个文件或目录      ◀―― 没有 My 文件或目录
cat: file: 没有那个文件或目录    ◀―― 没有 file 文件或目录
```

这时，像 'My file' 这样使用单引号将文件名引起来，就可以将其当成一个字符串处理，也就可以将它作为 cat 命令的参数显示这个文件的内容了。

▼ 引用含有空格的文件名

```
$ cat 'My file'
....（输出My file文件的内容）....
```

双引号 "" 和单引号类似，但是它的引用功能显得更弱一些。在双引号中，$、` 和 \ 三个符号的特殊含义会被保留。此外，如果是在 bash 的交互式 shell 等历史记录展开处于开启状态的情况下，用于历史记录展开的 ! 符号也会保留特殊含义。

因此，在双引号中仍然可以使用参数展开、命令替换和算术表达式展开等功能。如果是在 bash 的交互式 shell 中运行，那么还可以通过 ! 使用历史记录展开功能。在使用命令行验证时，符号!（叹号）很容易被忘记，这一点也需要注意。

下面来看几个例子。双引号中的 * 也会失去路径展开的作用，因此会直接作为普通符号被输出。

▼ 在双引号中不会进行路径展开

```
$ echo "*"
*
```

但是，在双引号中可以使用参数展开功能，因此字符串中的变量 $HOME 会被展开。

▼ 在双引号中可以使用参数展开获取变量的值

```
$ echo "home directory : $HOME"
home directory : /home/miyake  ◀―― 变量 $HOME 会被展开
```

双引号中的 \ 仍然可以进行转义处理。因此即使是在双引号中，如果在 $ 前面添加 \ 符号，那么 $ 也会作为普通字符被处理。

▼ 在双引号中对 $ 进行转义

```
$ echo "home directory : \$HOME"
home directory : $HOME
```

如果想将双引号中的 " 也作为普通字符处理，那么使用 \ 对双引号进行转义即可。

▼ 在双引号中对双引号进行转义

```
$ echo "\"home directory\" : $HOME"
"home directory" : /home/miyake
```

引用的示例如表 5.6 所示。

表 5.6 引用示例

| 表 达 式 | 值 |
|---|---|
| index.{html,css} | index.htm lindex.css |
| 'index.{html,css}' | index.{html,css} |
| "index.{html,css}" | index.{html,css} |
| $HOME | /home/miyake |
| '$HOME' | $HOME |
| "$HOME" | /home/miyake |
| "\$HOME"（对 $ 进行转义） | $HOME |
| "\\$HOME"（对 \ 进行转义） | \/home/miyake |
| "'$HOME'"（在 " 中使用 '） | '/home/miyake' |
| "\"$HOME\""（在 " 中对 " 进行转义） | "/home/miyake" |
| '$(date+%Y-%m-%d)' | $(date+%Y-%m-%d) |
| "$(date+%Y-%m-%d)" | 2018-01-15 |
| "`date+%Y-%m-%d`" | 2018-01-15 |
| '$((5*3))' | $((5*3)) |
| "$((5*3))" | 15 |

单引号（'）和双引号（"）的功能很相似，应该如何区分使用呢?

在不知道选哪一个时，推荐使用单引号（'）。因为在单引号中所有的元字符都会失去其特殊含义，可以防止由于未知功能起作用而导致展开的是意料之外的值。特别是在还没有完全掌握

shell 脚本时，使用单引号比较安全。

然后，只在需要使用参数展开、命令替换和算术表达式展开这三个功能时使用双引号就可以了。

Column

## 不要让 #!/bin/sh 成为 bash 脚本的 shebang

在本书中，bash shell 脚本的 shebang 使用了 `#!/bin/bash`。有些人会使用 `#!/bin/sh` 作为 shebang，但其实应该尽量避免这样做。因为使用 `#!/bin/sh` 后的运行结果因环境而异，这样很容易出现问题。

`/bin/sh` 是称为 Bourne shell 的一种很古老的 shell。现在很多操作系统的 `/bin/sh` 没有使用 Bourne shell，而是使用了可以与 Bourne shell 兼容的 bash、ash、dash 等 shell 的硬链接（hard link）或者符号链接（symbolic link）。也就是说，有些环境中的 `/bin/sh` 就是 bash，而有些环境中的 `/bin/sh` 则是其他 shell。bash 是通过对 Bourne shell 的功能进行扩展而创建的 shell。因此，一些在 bash 中能使用的功能或者语法在 Bourne shell 中并不能使用。

如果 shell 脚本只使用了 Bourne shell 所支持的功能，那么即使 shebang 设为 `#!/bin/sh`，这个 shell 脚本也可以在不同的环境中正常工作；但是，如果脚本中使用了 bash 扩展功能，就有可能出现问题。比如数组就是 bash 中支持而 Bourne shell 中不支持的功能。如果将使用了数组的 shell 脚本的 shebang 设置为 `#!/bin/sh`，那么在 `/bin/sh` 不是 bash 的环境中就很可能出错。

bash 和 Bourne shell 是不同的 shell，因此使用 `/bin/sh` 命令运行 bash 的 shell 脚本的想法本身就是错误的。如果是 bash 的 shell 脚本，那么要将 shebang 明确地设置为 bash。

**小 结**

本章介绍了 bash 中的各种展开功能和引用功能。

如果能灵活运用 shell 脚本中的展开功能，就可以在很多情况下将使用多行代码实现的复杂处理精简为一行代码。希望大家能充分利用展开功能。

# Chapter 06

# 控制结构

和常见的编程语言一样，bash 也支持条件判断和循环处理等控制结构。在 bash 中可以使用 `if`、`for`、`case`、`while`、`until` 等语句。本章将主要介绍这些控制结构。

# 6.1 if

if 语句是进行条件判断的控制结构。在下面的示例中，当判断条件为真时，命令会被执行，为假时则什么都不会发生。

**语 法 if 语句结构**

```
if 条件 ; then
    当条件为真时的处理
fi
```

此外，可以使用 elif 语句添加更多的条件，或者使用 else 语句编写所有条件都为假时的相应处理。

**语 法 在 if 语句中使用 elif 语句或 else 语句的结构**

```
if 条件 1; then
    当条件 1 为真时的处理
elif 条件 2; then
    当条件 2 为真时的处理
elif 条件 3; then
    当条件 3 为真时的处理
else
    当上面所有条件都为假时的处理
fi
```

如果有需要，elif 语句可以添加任意多条。

另外，if 语句也可以采用下页这种嵌套调用的形式。在这个示例中，只有在条件 1 和条件 2 都满足的情况下，条件 2 中的处理才会被执行。

语 法 嵌套的 if 语句结构

```
if 条件 1; then
    当条件 1 为真时的处理
    if 条件 2; then
        当条件 1 和条件 2 同时为真时的处理
    fi
fi
```

## if 语句的条件

在常见的编程语言中，if 语句的条件需要使用能返回真假值的表达式；而在 shell 脚本中，需要在 if 语句后面使用命令作为判断条件。我们以代码清单 6.1 中的 shell 脚本为例对此进行说明。该脚本会根据命令行参数是否为 yes 字符串来进行相应处理。

代码清单 6.1 判断参数是否为 yes 字符串（if_yes.sh）

```
#!/bin/bash

if [ "$1" = yes ]; then
    echo YES
else
    echo NO
fi
```

这个 shell 脚本的执行结果因输入的参数而异，输出如下所示。

▼ 输入参数为 yes 和不为 yes 的情况

```
$ ./if_yes.sh yes
YES
$ ./if_yes.sh x
NO
```

为了与参数 $1 对比，if_yes.sh 脚本文件看似与其他编程语言一样使用 [ ] 编写了条件表达式，但其实这里的 [ 并不是语法标记，而是命令。

bash 会执行写在 if 语句后面的命令。而且，当这条命令的退出状态码为 0 时，条件为真，否则为假。这是因为，大多数 Linux 命令在实现的时候会在成功时返回 0，在失败时返回 0 以外的退出状态码。

这个示例中的 [ 命令会使用各种运算符对给定的参数进行计算，如果计算结果为真，则退出时返回的状态码为 0，否则为 1。我会在后面详细讲解 [ 命令。

除了 [ 命令，if 语句还可以使用其他任何命令作为条件。在代码清单 6.2 中，if 语句使用了 cd 命令作为条件。

**代码清单 6.2 在 if 语句中使用 cd 命令 (if_cd.sh)**

```
#!/bin/bash

if cd "$1"; then
    echo success
else
    echo fail
fi
```

成功切换到指定目录后，cd 命令的退出状态码为 0，失败则为 0 以外的值。因此，在指定了一个不存在的目录时，if 语句会判断结果为假，进入 else 语句的处理，输出 fail 到标准输出。

**▼ 根据 cd 命令成功与否进行不同的处理**

```
$ ./if_cd.sh /
success
$ ./if_cd.sh /xxx
./if_cd.sh: 第 3 行 : cd: /xxx: 没有那个文件或目录
fail
```

如上所示，Linux 中各种各样的命令都可以用在 if 语句后面。

## test 命令——[

如前所述，[ 并不是简单的语法标记，而是 if 语句中使用的命令。此外，有一个叫作 test 的命令和它具有相同的功能，因此 [ 也可以称为 test 命令。

当 [ 命令的参数为各种运算符时，可以比较字符串或数值，或者判断文件是否存在。如果判断结果为真，则 [ 命令返回的退出状态码为 0，否则为 1。需要牢记的是，shell 脚本中并没有常见编程语言中的 true 或者 false 这样的布尔类型，它用的都是退出状态码。

[ 命令的退出状态码可以使用 4.5 节中介绍的特殊参数 $? 获取。

▼ [ 命令的退出状态码

```
$ answer=yes
$ [ "$answer" = 'yes' ]
$ echo $?
0                    ◀------test 命令判断结果为真，因此退出状态码为 0
```

[ 命令的最后一个参数是 ]，这个符号表示命令结束。[ 命令的最后一个参数必须为 ]，这是 bash 的一个规定（图 6.1）。

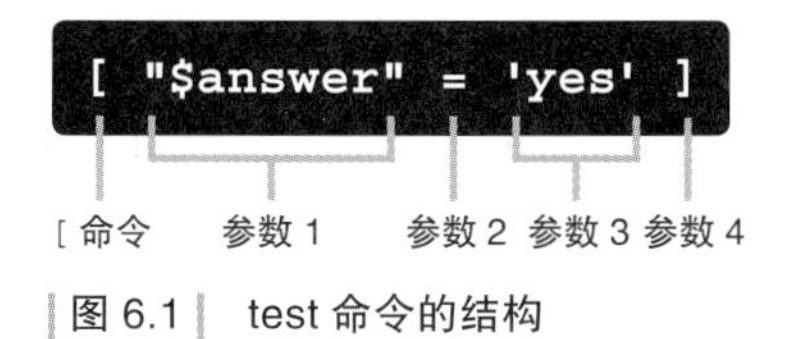


图 6.1　test 命令的结构

test 命令和 [ 命令的使用方法几乎一样，唯一的不同是 test 命令不需要在结尾加上 ]。

▼ test 命令的示例

```
$ test "$answer" = 'yes'
$ echo $?
0
```

由于 [ 命令的可读性更强，所以相对 test 命令，更常用。

在 [ 命令中，可以用作条件判断的运算符有很多。下面介绍一下这些运算符。

## 字符串比较

用于字符串比较的运算符如表 6.1 所示。

表 6.1　用于字符串比较的运算符

| 运算符 | 说明 |
| --- | --- |
| str1 = str2 | str1 和 str2 相等（与 == 相同） |
| str1 == str2 | str1 和 str2 相等（与 = 相同） |
| str1 != str2 | str1 和 str2 不相等 |
| -n str1 | str1 为非空字符串 |
| -z str1 | str1 为空字符串 |
| str1 < str2 | str1 比 str2 在字典顺序上更靠前 |
| str1 > str2 | str1 比 str2 在字典顺序上更靠后 |

这里的 str1 和 str2 都是任意的字符串。另外，< 和 > 在其他编程语言中主要用于比较数值大小，而在 bash 中主要用于按照字典的顺序比较字符串。

### ❖ 整数比较

下面介绍用于整数比较的运算符。表 6.2 中的 int1 和 int2 表示任意整数。

**表 6.2 用于整数比较的运算符**

| 运算符 | 说明 |
| --- | --- |
| int1 -eq int2 | int1和int2相等 |
| int1 -ne int2 | int1和int2不相等 |
| int1 -lt int2 | int1小于int2 |
| int1 -le int2 | int1小于等于int2 |
| int1 -gt int2 | int1大于int2 |
| int1 -ge int2 | int1大于等于int2 |

数值比较运算符是使用英语单词的首字母表示的，比如 eq 表示 equal（等于），lt 表示 less than（小于）。了解这一点有助于记住这些运算符。

### ❖ 文件属性判断

接着介绍一下用于判断文件属性的运算符。在 shell 脚本中，这些运算符可以用于判断文件是否存在，以及通过文件类型进行条件判断（表 6.3）。

**表 6.3 和文件属性相关的运算符**

| 运算符 | 说明 |
| --- | --- |
| -a file | file存在（与-e相同） |
| -b file | file存在且为块设备文件 |
| -c file | file存在且为字符设备文件 |
| -d file | file存在，且类型为目录 |
| -e file | file存在（与-a相同） |
| -f file | file存在，且类型为普通文件 |
| -g file | file存在，且已设置set-group-id标志 |
| -h file | file存在，且类型为符号链接（与-L相同） |
| -k file | file存在，且设置了粘滞位（sticky bit） |
| -p file | file存在，且类型为命名管道（FIFO） |
| -r file | file存在，且具有可读权限 |

（续）

| 运 算 符 | 说 明 |
|---|---|
| -s file | file存在，且文件大小大于0 |
| -t 编号 | 指定的文件描述符被打开，且指向终端 |
| -u file | file存在，且已设置set-user-id标志 |
| -w file | file存在，且具有可写权限 |
| -x file | file存在，且具有可执行权限 |
| -G file | file存在，且文件和当前运行中的shell进程属于同一用户组 |
| -L file | file存在，且类型为符号链接（与-h相同） |
| -N file | file存在，且更新时间晚于读取时间 |
| -O file | file存在，且文件所有者为当前shell进程的用户 |
| -S file | file存在，且为socket |
| file1 -nt file2 | file1的修改时间比file2的修改时间新 |
| file1 -ot file2 | file1的修改时间比file2的修改时间旧 |
| file1 -ef file2 | file1和file2的inode编号相同 |

### 组合运算符

表 6.4 中的组合运算符可以将前面介绍的各种运算符连接起来作为判断条件。

表 6.4 组合运算符

| 运算符 | 说 明 |
|---|---|
| 条件1 -a 条件2 | 当条件1和条件2同时为真时，返回真（AND） |
| 条件1 -o 条件2 | 当条件1或条件2其中之一为真时，返回真（OR） |
| ! 条件 | 取与条件相反的值（NOT） |
| () | 对条件进行分组 |

比如，可以使用下面的方式描述“shell 脚本的第 1 个参数为 yes，并且对 result.txt 文件具有可写权限”这样的判断条件。

```
[ "$1" = yes -a -w result.txt ]
```

## if 语句的注意事项

在 shell 脚本中使用 if 语句有几点必须要注意。

### ❖ 条件部分使用空格分隔

前面也讲过，[ 并不是 bash 中的语法标记，而是一种称为 test 的命令。因此，为了表明这是一条命令，需要在命令前后都插入空格（或制表符）。

在代码清单 6.3 的示例中，if 和 [ 之间没有输入空格，所以那一行代码并不会被解释为 if 语句，而会被当成 if[ 命令执行。当然，通常来说这条命令是不存在的，所以脚本会报错。

**代码清单 6.3** 由于 [ 之前缺少空格而报错（if-yes.sh）

```
#!/bin/bash

str=xxx
if[ "$str" = yes ]; then
    echo YES
fi
```

在代码清单 6.4 的示例中，[ 和 "$str" 之间没有空格，因此这部分会作为 ["$str" 命令（该例中实际值为 [xxx）被执行。通常并不存在这样的命令，因此该脚本也会报错。

**代码清单 6.4** 由于 [ 之后缺少空格而报错（if-yes1.sh）

```
#!/bin/bash

str=xxx
if ["$str" = yes ]; then
    echo YES
fi
```

此外，根据 [ 命令的语法规定，该命令的最后一个参数必须为 ]。在代码清单 6.5 的示例中，由于 yes 和 ] 之间没有空格，所以 bash 会找不到最后的 ]，因而脚本会报错。

**代码清单 6.5** 由于最后的参数 ] 前面缺少空格而报错（if-yes2.sh）

```
#!/bin/bash

str=xxx
if [ "$str" = yes]; then
    echo YES
fi
```

### ❖ 在条件部分的最后使用 ;（分号）分隔

使用 if 语句时容易出现的错误是忘记 if 条件最后的 ;（分号）。由于 if 条件中使用的是命令，在命令末尾需要有一个表示命令结束的符号，因此分号必不可少。如代码清单 6.6 所示，如果忘记了分号，那么后面的 then 就会被当成 if 语句中命令的参数。

代码清单 6.6 缺少分号导致的错误（if-yes3.sh）

```
#!/bin/bash

if [ "$1" = yes ] then          ← 忘记了 then 前面的 ; 符号
    echo YES
else
    echo NO
fi
```

另外，也可以使用换行符代替分号（代码清单 6.7）。

代码清单 6.7 在条件部分的最后使用换行符代替分号（if-yes4.sh）

```
#!/bin/bash

if [ "$1" = yes ]
then
    echo YES
else
    echo NO
fi
```

如果写成上面这样，那么从 if 后面到行尾的换行符为止都将被视为条件部分的命令，因此该语句能正常执行。这种写法和使用分号的写法只是代码风格不一样而已，效果是一样的。但是，使用分号结束 if 条件命令的情况更常见，因此本书中也将使用分号这种写法。

### ❖ 特殊符号的引用

在条件部分的 [ 命令中也可以使用 <、> 和 () 作为参数。

但是，这些符号在 bash 中有特殊作用，比如可以用于重定向。因此，为了在 [ 命令中消除这些符号的特殊含义，把它们当成普通参数处理，需要进行引用或转义处理（代码清单 6.8，代码清单 6.9）。

**代码清单 6.8** 出错示例 1（if-unquote.sh）

```
#!/bin/bash

str1=abc
str2=xyz
if [ "$str1" < "$str2" ]; then    ← 由于 < 没有被引用而出错
    echo 'str1 < str2'
else
    echo 'str1 > str2'
fi
```

**代码清单 6.9** 出错示例 2（if-unescape.sh）

```
#!/bin/bash

str1=abc
str2=xyz
if [ ( "$str1" = "$str2" ) ]; then    ← 由于 () 没有被引用而出错
    echo YES
else
    echo NO
fi
```

要想在 `if` 后面的条件命令中使用这些符号，需要像代码清单 6.10 这样在 `[` 命令中使用 `''` 或 `""` 将它们引起来，或者像下页代码清单 6.11 那样在符号前面添加 `\` 进行转义。

**代码清单 6.10** 对条件部分的 < 进行引用（if-quote.sh）

```
#!/bin/bash

str1=abc
str2=xyz
if [ "$str1" '<' "$str2" ]; then    ← 对 < 进行引用
    echo 'str1 < str2'
else
    echo 'str1 > str2'
fi
```

代码清单 6.11 对条件部分的 ( ) 进行引用 ( 转义 ) ( if-escape.sh )

```
#!/bin/bash

str1=abc
str2=xyz
if [ \( "$str1" = "$str2" \) ]; then     ←对 ( ) 进行转义
    echo YES
else
    echo NO
fi
```

### 处理部分不能为空

在其他编程语言中，if 语句在条件判断之后要进行的处理内容可以为空，但是在 bash 中它不能为空。因为不想执行任何处理而没有写任何命令的做法在 bash 中从语法上来说就是错误的。

假设有代码清单 6.12 这样的一个处理——如果 $file 文件存在，则不做任何处理，否则创建该文件。

代码清单 6.12 if 语句中处理内容为空的示例 ( if-noop.sh )

```
#!/bin/bash

file="$1"
if [ -e "$file" ]; then
    # 如果文件存在，则不做任何处理
else
    # 如果文件不存在，则创建新的文件
    touch "$file"
fi
```

执行这个 shell 脚本会出现如下错误。

▼ if 语句中处理内容为空导致的错误

```
$ ./if-noop.sh sample.txt
./if-noop.sh: 行 6: 未预期的符号 `else' 附近有语法错误
./if-noop.sh: 行 6: `else'
```

特别是在需要将原本 if 语句中执行的命令注释掉时，很容易出现这种错误。

如果不想在 if 语句的内容中执行任何处理，那么可以像代码清单 6.13 这样，在不想执行任何处理的地方使用命令 :（冒号）。

**代码清单 6.13** 在 if 语句中不执行任何处理（if-noop.sh）

```
#!/bin/bash

file="$1"
if [ -e "$file" ]; then
    :   ← 如果不想执行任何处理，就使用 : 命令
else
    # 如果文件不存在，则创建新的文件
    touch "$file"
fi
```

: 称为空（null）命令，其退出状态码固定为 0。在如上例所示不想执行任何处理，但是从语法上来说又必须指定命令时，就可以考虑使用 : 命令。

# 6.2 && 和 ||

&& 和 || 是两个和 test 命令有关的语法。这两个符号可以使用 AND 运算或 OR 运算将多条命令连接起来。

&& 的语法为“命令 1&& 命令 2”。这个语法表示先执行命令 1，然后在命令 1 的退出状态码为 0 时继续执行命令 2。也就是说，只有命令 1 成功执行，才会执行命令 2。

下面的示例会先执行 cd 命令。如果该命令成功执行，则继续执行 ls 命令。如果由于目录不存在等原因导致 cd 命令执行失败，那么后面的 ls 命令就不会被执行。

▼ 只有 cd 命令成功执行才会执行 ls 命令

```
$ cd ~/work && ls
```

在使用 if 语句实现相同的功能时，代码如代码清单 6.14 所示。

**代码清单 6.14** 在 cd 命令成功后执行 ls 命令（cd_ok-ls.sh）

```
#!/bin/bash

if cd ~/work; then
  ls
fi
```

|| 命令的语法为“命令 1||命令 2”。|| 的含义和 && 正好相反，首先执行命令 1，如果命令 1 的状态码为 0 以外的值，则继续执行命令 2。也就是说，只有命令 1 执行失败了才会执行命令 2。

下面的示例会先使用 test 命令的 -e 运算符判断文件是否存在。如果文件不存在，就通过 touch 命令创建该文件。如果 test 命令被成功执行（即文件已经存在），后面的 touch 命令就不会被执行。

▼ 如果 sample.txt 文件不存在，则创建该文件

```
$ file=sample.txt
$ [ -e "$file" ] || touch "$file"
```

## 和 test 命令组合使用

&& 和 || 的上述用法在多条 test 命令组合起来的情况下也可以使用。

可以看一看代码清单 6.15 的这个例子。如果参数中指定的文件名为非空字符串（-n），并且文件尚不存在（! -e），就使用 touch 命令创建一个新的文件。

代码清单 6.15　使用 && 在 if 语句中指定多个条件（if-and.sh）

```
#!/bin/bash

file="$1"
if [ -n "$file" ] && [ ! -e "$file" ]; then      ←同时满足 -n 和 ! -e 时
    touch "$file"
fi
```

只有在上面第 1 条 test 命令（[ -n "$file" ]）为真（退出状态码为 0）时，脚本才会执行第 2 条 test 命令（[ ! -e "$file" ]），并且第 2 条命令的执行结果就是整个条件的最终判断结果。

如果第 1 条 test 命令的执行结果为假（退出状态码为 0 之外的值），则立即结束判断处理，整个条件的判断结果也会为假。

另外，如第 97 页所述，test 命令也可以使用 -a 和 -o 两个运算符组合使用多个条件。如果使用这两个运算符，代码清单 6.15 中的 if 语句就可以像下面这样使用一条 test 命令改写，但是使用 && 时的代码可读性更高。

```
if [ -n "$file" -a ! -e "$file" ]; then
```

# 6.3 [[ ]]

[[ 和 [ 命令类似，也用于条件判断。其语法就是用 [[ ]] 代替 [ ]，即使用两层中括号。[[ ]] 中可以使用的运算符和 [ ] 中的基本相同。

代码清单 6.16 的示例是对比 str1 和 str2 字符串，判断它们是否相等。在该例中，由于两个字符串并不相等，所以输出结果是 NO。

**代码清单 6.16 使用 [[ 进行字符串比较（test2-str.sh）**

```
#!/bin/bash

str1=xxx
str2=yyy
if [[ $str1 = $str2 ]]; then
    echo YES
else
    echo NO
fi
```

[[ 和 [ 不同的地方在于，[[ 的条件表达式可以使用更简单的语法。

比如，在 [[ ]] 中可以使用 && 或 || 代替用于进行 AND 运算或 OR 运算的 -a 或 -o（代码清单 6.17）。

**代码清单 6.17 在条件表达式中使用 AND 运算（test2-and.sh）**

```
#!/bin/bash

x=6
if [[ $x -gt 3 && $x -lt 7 ]]; then
  echo 'x > 3 AND x < 7'
else
  echo 'x <= 3 OR x >= 7'
fi
```

▼ && 被解释为 AND 运算符

```
$ ./test2-and.sh
x > 3 AND x < 7
```

如前所述，在 shell 中，&& 和 || 是可以将多条命令连接起来并对退出状态码使用 AND 或 OR

条件进行连接的运算符。但是，这两个运算符都不能在 `[ ]` 中使用（代码清单 6.18）。

**代码清单 6.18** 在 [ 的条件表达式中使用 && ( test-and.sh )

```
#!/bin/bash

x=6
if [ $x -gt 3 && $x -lt 7 ]; then
    echo 'x > 3 AND x < 7'
else
    echo 'x <= 3 OR x >= 7'
fi
```

执行这个 shell 脚本后，`[ ]` 中的 `&&` 会破坏中括号的对应关系，因此 `[` 命令会返回错误。

▼ 在 [ 的条件表达式中使用 && 时出错

```
$ ./test-and.sh
./test-and.sh: 第 4 行 : [: 缺少 `]'
x <= 3 OR x >= 7
```

但是，bash 会给予 `[[ ]]` 中的 `&&` 或 `||` 特殊待遇，将这两个符号视作 `AND` 运算符或 `OR` 运算符，因此我们可以将它们当作 `AND` 或 `OR` 条件使用。

与此类似的有对条件表达式进行分组的 `( )`，以及按照字典顺序比较字符串的 `<` 和 `>`。在 `[[ ]]` 中使用它们时也不需要进行引用处理。如果在 `[[ ]]` 中对这些符号进行引用处理，那么它们本身作为运算符的功能就会消失，从而被当作普通字符使用，所以不能这样做。

## 单词拆分

`[[` 中并不会进行单词拆分和路径展开操作。这里所说的单词拆分指的是对经过参数展开、命令替换、算术表达式展开后的字符串，使用空格、制表符或换行符拆分为单词的功能。

接下来，我们以使用 `[` 命令来比较包含空格的字符串变量 `str` 为例（代码清单 6.19），介绍一下单词拆分。

**代码清单 6.19** 对包含空格的字符串进行比较 ( test-strspace.sh )

```
#!/bin/bash

str='abc xyz'
if [ $str = abc ]; then
    echo YES
else
    echo NO
fi
```

执行这段代码后，脚本会像下面这样报 [ 命令的参数错误。

▼ 对包含空格的字符串进行比较会报错

```
$ ./test-strspace.sh
./test-strspace.sh: 第 4 行 : [: 参数太多
NO
```

在这个示例中，$str 经过参数展开处理后还会再次进行单词拆分，最终变为 [ abc xyz = abc ]，即在 = 的前面有两个单词的形式，因此会出现语法错误。将变量用 "" 引起来就可以解决这个问题。

```
if [ "$str" = abc ]; then
```

使用 "" 引起来的内容不会进行单词拆分，因此会被当作一个字符串处理。有时我们事先并不知道字符串中是否含有空格，所以在使用变量作为 [ 的参数时，推荐默认使用 "" 将变量引起来。

如上所述，bash 本身提供了单词拆分的功能。单词拆分不仅在 if 语句里，在命令行的任何地方都可以发生。但是在 [[ ]] 中，即使不使用引用也不会发生单词拆分。因此，即使变量的值中含有空格，在 [[ ]] 中也可以不进行引用而直接使用变量。

下面再来看一下 [ 的情况——如果变量的值为空字符串，那么有可能会出错。请看代码清单 6.20。

代码清单 6.20 要比较的字符串为空字符串（test-null.sh）

```
#!/bin/bash

str1=
str2=xxx
if [ $str1 = $str2 ]; then     ← 在 [ 中没有进行引用，直接比较空字符串
    echo YES
else
    echo NO
fi
```

在这个示例中，变量 str1 为空字符串，所以该判断命令最终被解释为“= 的左边没有任何单词”——就像 [ = xxx ] 这样，因此 [ 命令会报错。

▼ 空字符串导致的参数错误

```
$ ./test-null.sh
./test-null.sh: 第 5 行 : [: =: 需要一元表达式
NO
```

然而在 [[ ]] 中，不管变量是否被 " 引起来，它的值都会被解释为一个元素。因此就算变量的值中包含空格，或该值就是一个空字符串也不会出错（代码清单 6.21）。

**代码清单 6.21 在 [[ 中比较空字符串（test2-null.sh）**

```
#!/bin/bash

str1=
str2=xxx
if [[ $str1 = $str2 ]]; then      ← 在 [[ 中不进行引用也可以比较空字符串
    echo YES
else
    echo NO
fi
```

▼ 在 [[ 中比较空字符串并不会报错

```
$ ./test2-null.sh
NO
```

## 模式匹配

在 [[ ]] 中，* 等字符的路径展开功能将失效，它们会被当作普通的字符处理。但是在 [[ ]] 中，如果 == 或 != 右边包含用于路径展开的字符，那么这些字符将被当作模式匹配的标志处理。

请看代码清单 6.22 的这个示例。

**代码清单 6.22 对路径展开符号 * 进行字符串比较（test2-asterisk.sh）**

```
#!/bin/bash

str1=xyz
if [[ $str1 == x* ]]; then
    echo YES
else
    echo NO
fi
```

在这个示例中，作为变量 str1 的值的字符串 xyz 和 x*（x 后面可以是任意字符）模式相匹配，因此条件判断结果为真，输出结果为 YES。

▼ 比较字符串 xyz 和模式 x*

```
$ ./test2-asterisk.sh
YES
```

如果 == 的右边是匹配模式，那么当左边变量的值与之相匹配时，该条件判断的结果就为真。此外，在 bash 中，使用 = 也能得到相同的结果。

== 的否定形式 != 也一样，如果右边是一个匹配模式，那么只有在左边的字符串不能匹配到该模式时，条件判断结果才为真。

右边的模式不仅可以直接指定为字符串，还可以指定为变量。代码清单 6.23 和上一个示例一样，xyz 字符串会匹配到变量 pattern 的值 x*，因此条件判断结果为真，输出结果为 YES。

**代码清单 6.23** 可以使用变量作为匹配模式（test2-pattern.sh）

```
#!/bin/bash

str1=xyz
pattern='x*'
if [[ $str1 == $pattern ]]; then
    echo YES
else
    echo NO
fi
```

但是，如果只想进行普通的字符串比较而不是模式匹配，bash 的这个功能就会影响正常的比较判断。在这种情况下，可以使用 " 对字符串进行引用处理（代码清单 6.24）。

**代码清单 6.24** 将变量的内容作为普通字符串而不是模式来进行比较（test2-varpat.sh）

```
#!/bin/bash

str1=xyz
pattern='x*'
if [[ $str1 == "$pattern" ]]; then
    echo YES
else
    echo NO
fi
```

上面的示例会直接对比字符串 xyz 和字符串 x*。由于它们并不相等，所以条件判断结果为假。

▼ 将变量的值作为普通字符串进行比较的结果

```
$ ./test2-varpat.sh
NO
```

与 == 类似，=~ 也是一个具有模式匹配功能的运算符。如代码清单 6.25 所示，这个运算符会将右边的字符串作为扩展正则表达式，对左边的字符串能否匹配到该正则表达式进行判断。

**代码清单 6.25** 使用正则表达式进行匹配（test2-regex.sh）

```
#!/bin/bash

str1=/home/miyake
if [[ $str1 =~ ^/home/[^/]+$ ]]; then
    echo YES
else
   echo NO
fi
```

在这个示例中，变量 str1 的值满足正则表达式“以 /home/ 开始，其后为 /（分隔号）之外的字符”，因此判断结果为真。

▼ 使用正则表达式成功匹配

```
$ ./test2-regex.sh
YES
```

在 bash 中，[[ ]] 和 [ 不一样，它并不是一条命令，而是专门用于对条件进行判断的语法。由于通常的命令不能提供对 && 或 < 和 > 等字符进行特殊处理的功能，所以 bash 提供了专门的语法来实现这些功能。

和 [ 命令一样，[[ ]] 中 shell 脚本特有的限制较少，可以像常见编程语言那样使用简单的语法编写，非常方便。因此，本书后面的章节中也会使用 [[ ]]。

# 6.4 for

for 是用于循环处理单词列表的语法，使用方法如下。

**语 法** for 语句结构

```
for 变量 in 单词列表
do
        循环处理
done
```

该语法会将 in 后面的单词列表中的单词按顺序赋值给变量，并进行循环处理。代码清单 6.26 的示例会按顺序输出 3 个单词 aaa、bbb 和 ccc。

**代码清单 6.26** 在单词列表中设置字符串（for.sh）

```
#!/bin/bash

for i in aaa bbb ccc    ←单词列表设置为 aaa bbb ccc
do
    echo $i
done
```

▼ 按顺序输出单词

```
$ ./for.sh
aaa
bbb
ccc
```

单词列表一般使用路径展开或数组等可以展开为多个单词元素的类型。代码清单 6.27 的示例使用了路径展开功能，具体的处理是对当前目录下以 .txt 结尾的文件进行复制操作，并在其文件名后加上 .bak 后缀形成新文件名。

**代码清单 6.27** 为扩展名是 .txt 的文件创建备份（txt-bak.sh）

```
#!/bin/bash

for file in *.txt
do
    cp "$file" "${file}.bak"
done
```

但是，在这个示例中，如果没有任何文件满足 *.txt 的模式，那么从路径展开的设计来看，字符串 *.txt 会直接被赋值给变量 file，这一点需要注意。

如果想对 shell 脚本的输入参数按顺序执行循环处理，可以在单词列表处使用 "$@"（代码清单 6.28）。

代码清单 6.28 对 shell 脚本的输入参数执行循环处理（for-args.sh）

```
#!/bin/bash

for i in "$@"
do
  echo $i
done
```

这个 shell 脚本会像下面这样按顺序输出输入参数。

▼ 按顺序输出 shell 脚本的输入参数

```
$ ./for-args.sh aaa 1 'Hello, World'
aaa
1
Hello, World
```

另外，如果省略了“in 单词列表”这部分内容，那么 bash 会把 for 语句后面的部分当成 in "$@"，不过明确写明 "$@" 更容易理解一些。

## break 和 continue

在 for 语句的循环处理中，可以使用 break 和 continue。这是 bash 中用于控制循环过程的内置命令。

在 for 语句中调用 break 命令时，脚本会在调用的地方跳出循环。如果在 for 语句中调用 continue，就会略过该次循环的后续处理内容，直接进入下一次循环（图 6.2）。

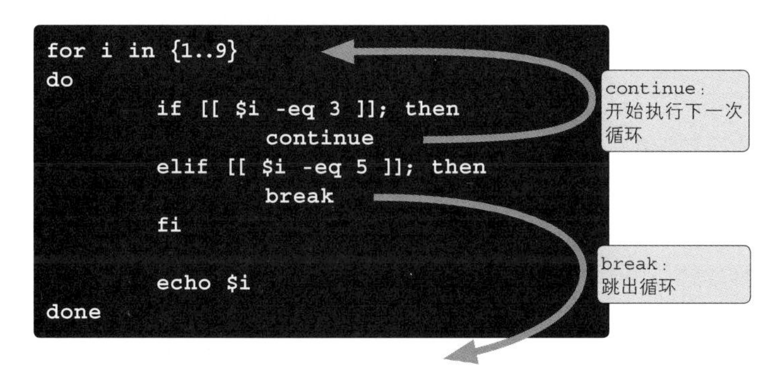


图 6.2 使用 continue 和 break 执行循环处理

在图 6.2 中，当变量 i 的值为 3 时，会跳过 echo $i 的处理，直接执行下一次循环处理。如果 i 的值是 5，则会跳出该次循环，并且之后也不会再进入循环处理之中。如上所述，continue 和 break 经常与 if 语句一起使用，用于在特定条件下终止循环处理。

# 6.5 case

case 语句会使用多个模式去匹配一个字符串，并根据匹配结果执行相应的处理，其使用方法如下。

语法 case 语句结构

```
case 字符串 in
    模式 1)
        当匹配到模式 1 时的处理
        ;;
    模式 2)
        当匹配到模式 2 时的处理
        ;;
    ...
esac
```

case 语句会让指定的字符串按从上到下的顺序与各个模式进行匹配，并执行成功匹配到的第 1 个模式下的处理。如果没有匹配到任何模式，则不会执行任何处理。case 语句的最后一行需要以 case 单词倒过来的拼写 esac 结尾。

case 语句中的模式部分可以像路径展开一样使用通配符。在想按照字符串的模式执行不同处理时，经常使用 case 语句，因为比起使用 if 语句对不同模式进行比较的语法，case 语句利用通配符的语法更简单。

代码清单 6.29 的示例会根据参数中指定的扩展名执行不同的处理。如果文件名以 .txt 结尾，则使用 head 命令显示这个文件的部分内容；如果以 .tar.gz 结尾，则使用 tar 命令将这个文件展开。

**代码清单 6.29 使用 case 根据文件扩展名执行不同的处理（case-prefix.sh）**

```
#!/bin/bash

file="$1"
case "$file" in
    *.txt)
        head "$file"
        ;;
    *.tar.gz)
        tar xzf "$file"
        ;;
    *)
        echo "not supported file : $file"
        ;;
esac
```

上面示例中最后的 `*)` 部分的 `*` 可以匹配到任意字符串。像这样在最后使用 `*`，就可以编写不能满足前面所有模式时的处理。

此外，使用 | 符号分隔，就可以指定多个匹配模式。在匹配到任何一个模式后，即可执行相应的处理。代码清单 6.30 的示例就使用了 | 符号。在这个示例中，如果文件以 `.txt` 结尾，则使用 `head` 命令显示这个文件的部分内容；如果文件名以 `.tar.gz` 或者 `.tgz` 结尾，则使用 `tar` 命令将这个文件展开。

**代码清单 6.30 通过 | 符号指定多个匹配模式（case-pipe.sh）**

```
#!/bin/bash

file="$1"
case "$file" in
    *.txt)
        head "$file"
        ;;
    *.tar.gz | *.tgz)    ←— 当末尾为 .tar.gz 或 .tgz 时
        tar xzf "$file"
        ;;
    *)
        echo "not supported file : $file"
        ;;
esac
```

# 6.6 while 和 until

while 语句用于在指定的条件为真的情况下循环执行相应的处理，其使用方法如下。

语 法 while 语句结构

```
while 命令
do
    循环处理
done
```

如果命令执行后的退出状态码为 0，结果就为真，此时要执行相应的处理。在处理结束之后，这条命令会再次被执行，只要结果为真，就继续执行循环处理。

命令部分和 if 语句一样，可以使用包括 test 命令在内的任意命令，或者 [[ ]] 等语法（代码清单 6.31）。

代码清单 6.31 使用 while 语句将 10 以下的数以 3 为增量累加并输出（while-sample.sh）

```
#!/bin/bash

i=0
while [[ $i -lt 10 ]]    ←当 i 小于 10 时为真，因此会继续执行处理
do
    echo "$i"
    i=$((i + 3))    ←通过算术表达式展开对 i 加 3
done
```

这个脚本被执行后，会从 0 开始以 3 为增量对 10 以下的数累加并输出。

▼ 执行结果

```
$ ./while-sample.sh
0
3
6
9
```

另外，在 while 语句中也可以像 for 一样使用 break 命令或 continue 命令。在需要根据条件退出循环时可以使用这些命令。

与 while 语句类似的还有 until 语句（代码清单 6.32）。这是和 while 条件正相反的语法，只要条件为假，处理就会一直循环下去。

**代码清单 6.32** 使用 until 语句将 10 以下的数以 3 为增量累加并输出（until-sample.sh）

```
#!/bin/bash

i=0
until [[ $i -gt 10 ]]     ← 当 i 小于等于 10 时为假，因此会继续执行下面的处理
do
    echo "$i"
    i=$((i + 3))          ← 通过算术表达式展开对 i 加 3
done
```

**小结**

本章介绍了 shell 的流程控制语法，其中既有与其他编程语言类似的部分，也有很多 shell 特有的部分，比如 [ 并不是特殊的符号而是一条命令等，希望大家能够理解这些内容。

下一章将讲解用于在 shell 中控制输入 / 输出的重定向和管道的机制。

Chapter 07

# 重定向和管道

Linux 的命令在运行时会使用各种各样的输入和输出，比如将结果显示到屏幕上，或者读取文件等。本章将讲解输入和输出操作的基础机制——重定向和管道。

# 7.1 标准输入和标准输出

相信各位读者在使用 Linux 时，一定都解析过文本文件。但是在 Linux 中，除了这些普通的文件，磁盘、键盘和屏幕等硬件也会被当作文件。这是为了让 Linux 内核对硬件进行抽象，以便各种命令将硬件当作文件统一处理。对这些硬件进行虚拟化后的文件保存在 /dev 目录下。

下面以执行 ps 命令为例来说明。执行该命令后，终端屏幕上会输出如下所示的命令执行结果。

▼ 将 ps 命令的执行结果输出到终端屏幕

```
$ ps
  PID TTY          TIME CMD
10745 pts/0    00:00:00 bash
10873 pts/0    00:00:00 ps
```

实际上，这时的 ps 命令并不是通过“显示在屏幕上”这样的指令将结果输出到屏幕，而是将结果输出到标准输出文件。

顾名思义，标准输出就是程序标准的输出目标位置。在程序中进行输出时，内容通常会写入标准输出。包括 ls 在内的很多命令也是将结果输出到标准输出。如果没有显式地设置标准输出的目标位置，那么会默认目标位置为终端屏幕，因此命令的结果会被输出到屏幕上。

除了标准输出之外，还有其他输入 / 输出设备。在 Linux 进程启动之后，系统会自动为该进程打开如表 7.1 所示的 3 种文件（标准输入、标准输出和标准错误输出），在进程中可以直接使用它们。

表 7.1 3 种标准输入 / 输出

| 名　称 | 说　明 |
| --- | --- |
| 标准输入 (stdin) | 标准的输入源，一般为键盘 |
| 标准输出 (stdout) | 标准的输出目标位置，一般为终端屏幕 |
| 标准错误输出 (stderr) | 标准的错误输出目标位置，一般为终端屏幕 |

这 3 种类型的文件统称为标准输入 / 输出。

标准输入 / 输出的输入源和输出目标位置对程序来说并不是固定不变的，都可以在运行时由 shell 进行替换。这样就可以在不修改程序的前提下修改输入源和输出目标位置。下面就来看一看这种可以修改输入 / 输出的重定向功能。

# 7.2 重定向

shell 在执行命令时可以修改标准输入的输入源和标准输出的目标位置，这个功能称为重定向。下面介绍一下 bash 的重定向功能。

## 输出的重定向

标准输出的目标位置通常指向的是终端屏幕。可以使用 > 符号修改标准输出的目标位置。比如下面的示例就会将 ps 命令的输出重定向到 result.txt 文件。

▼ 将标准输出重定向到 result.txt 文件

```
$ ps > result.txt    ←由于已经重定向到 result.txt 文件，所以屏幕上不会输出任何内容
$ cat result.txt
  PID TTY          TIME CMD
10745 pts/0    00:00:00 bash
10873 pts/0    00:00:00 ps
```

再来看一个示例。echo 命令也会将结果输出到标准输出，因此该命令的输出也可以重定向。在下面的示例中，echo 命令的执行结果将被重定向到 hello.txt 文件。

▼ 将标准输出重定向到 hello.txt 文件

```
$ echo hello > hello.txt
$ cat hello.txt
hello
```

由于很多命令会将执行结果输出到标准输出，所以我们可以通过重定向功能将命令的执行结果输出到指定文件。重定向并不是命令的功能，而是 shell 的功能，只要命令能将执行结果输出到标准输出，就可以实现重定向。

除了标准输出，命令还有一个类似的输出目标位置，即标准错误输出。这是在命令出错时，用于接收错误信息的输出目标位置。标准错误输出通常也是输出到终端屏幕，这与标准输出没什么区别。但是，在使用 > 对它们重定向时，标准输出的内容会被输出到指定文件，而标准错误输出的内容还是会被输出到屏幕上。因此，错误消息才可以直接显示在屏幕上。

▼ 只有标准输出会被重定向，标准错误输出还是会直接显示到屏幕上

```
$ ls /xxx > result.txt
ls: 无法访问'/xxx': 没有那个文件或目录
```

要想对标准错误输出的错误信息进行重定向，可以使用 2> 符号。在下面的示例中，ls 命令的标准错误输出会被重定向到 error.txt 文件。

▼ 将标准错误输出重定向到文件

```
$ ls /xxx 2> error.txt
$ cat error.txt
ls: 无法访问'/xxx': 没有那个文件或目录
```

这里的数字 2 是称为文件描述符的编号。通过进程打开的每个文件都会被分配一个整数类型的文件描述符，这个文件描述符就是进程访问文件的唯一标志。为标准输入 / 输出分配的编号如表 7.2 所示。

表 7.2 标准输入 / 输出和文件描述符

| 名　称 | 文件描述符 |
|---|---|
| 标准输入 | 0 |
| 标准输出 | 1 |
| 标准错误输出 | 2 |

在重定向时，n> file 这种语法表示将文件描述符 n 的输出重定向到 file 文件。如果省略 n，文件描述符则默认为 1，因此 > 会对标准输出重定向。也就是说，下面这两种用法具有相同的含义。

```
ps > result.txt
ps 1> result.txt
```

在对标准输出重定向时，通常省略 1> 中的数字，直接使用 >。

## 输入的重定向

对标准输入也可以像对标准输出一样进行重定向操作。这里以 tr 命令为例说明。

tr 命令是用于替换字符串的命令，其语法为“tr 替换前的字符串 替换后的字符串”。该命令执行时会从标准输入中读取输入内容。如果没有进行特别的配置，标准输入就是键盘，因此在 tr 命令被执行后，脚本会进入从键盘读取输入的状态。

▼ tr 命令对从键盘输入的内容进行替换的示例

从键盘输入一些内容后，tr 命令会以行为单位替换输入内容，并输出替换后的结果。要想退出 tr 命令，可以使用 Ctrl+D 结束输入状态。

下面看一下如何使用重定向功能将标准输入的输入源替换为其他文件。这时需要使用 < 符号。下面的示例事先准备好了 word.txt 文件，然后通过重定向功能将标准输入的输入源从键盘替换为了 word.txt 文件。

▼ 在执行 tr 命令时将 word.txt 文件作为标准输入

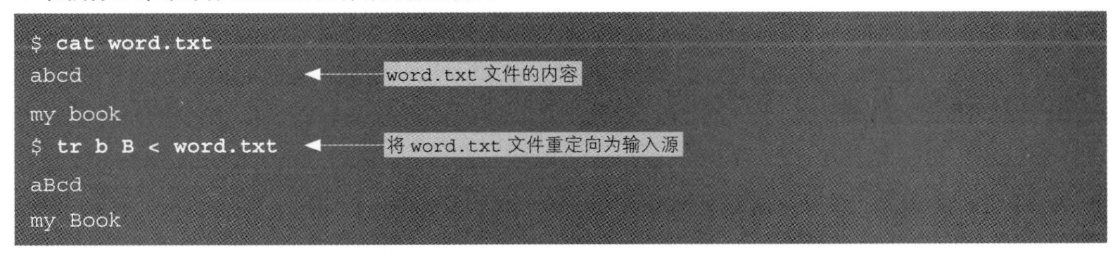


与输出的重定向一样，< 的左边也可以使用文件描述符。如果省略文件描述符，0 就是默认值，标准输入的输入源会被替换。也就是说，下面这两种用法具有相同的含义。

```
tr b B < word.txt
tr b B 0< word.txt
```

在对标准输入重定向时，通常省略 0< 中的数字，直接使用 <。

从上面的内容中可以看出，有了重定向的功能，命令就可以不再关心输入源和输出目标位置，只需要完成“从标准输入读取”“将结果输出到标准输出”，以及“将错误信息输出到标准错误输出”等处理就可以了（图 7.1）。在 shell 脚本中也一样，在想查看结果时将结果输出到屏幕，在需要将结果保存到文件时使用重定向功能即可。

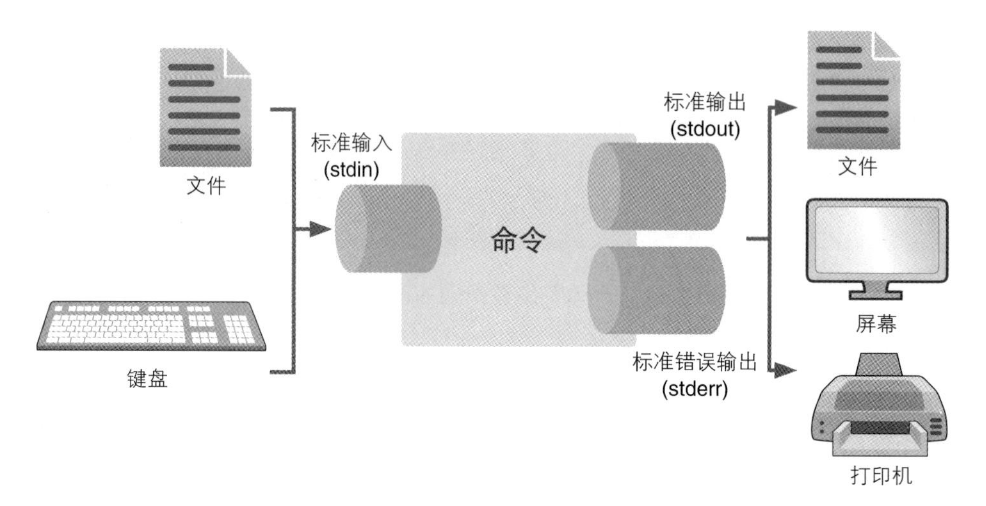


图 7.1 标准输入输出的重定向

## noclobber 和输出的重定向

在使用 > 对输出重定向时，如果目标位置的文件不存在，就创建一个新的文件。需要注意的是，如果文件已经存在，则该文件会被覆盖，文件内容将丢失。

▼ 重定向时文件被覆盖

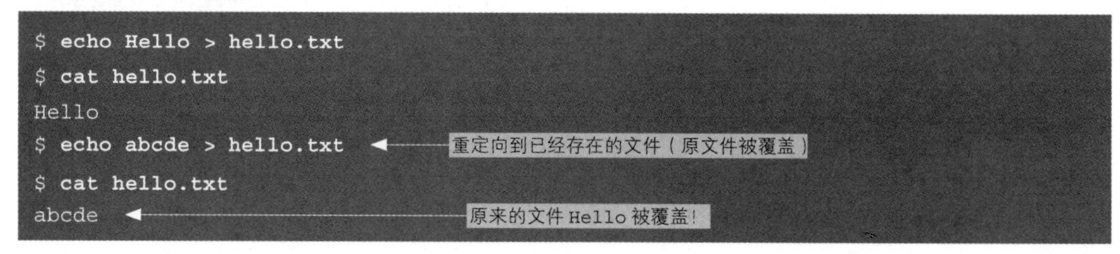
```
$ echo Hello > hello.txt
$ cat hello.txt
Hello
$ echo abcde > hello.txt    ←重定向到已经存在的文件（原文件被覆盖）
$ cat hello.txt
abcde    ←原来的文件 Hello 被覆盖！
```

编写 shell 脚本时容易犯的错误之一就是通过重定向不小心覆盖了重要的文件。为了防止覆盖已有文件，bash 提供了设置选项 `noclobber`。我们可以像下面这样使用 `set` 命令设置 `noclobber`。

▼ 在 bash 中设置 noclobber

```
$ set -o noclobber
```

如果开启了该选项，那么只要在使用 > 重定向时指定已经存在的文件，脚本就会报错，文件就不会被覆盖。

▼ 开启 noclobber 后重定向到已存在文件

```
$ set -o noclobber
$ touch result.txt
$ ps > result.txt
-bash: result.txt: 无法覆盖已存在的文件
```

像这样使用 noclobber 就可以防止意外覆盖已存在的文件。如果想关闭 noclobber，使用 set +o 即可，这样原文件就可能会被重定向覆盖。

▼ 关闭 bash 中的 noclobber

```
$ set +o noclobber
```

另外，即使 noclobber 处于开启状态，如果使用 >| 代替 >，那么也可以覆盖已有文件。>| 是忽略 noclobber 并强制覆盖已有文件的重定向操作符。

从下面的示例中可以看到，尽管已经开启了 noclobber，但是 ps 命令的结果还是将原文件覆盖了。

▼ 在重定向时忽略 noclobber，强制覆盖原文件

```
$ set -o noclobber
$ touch result.txt
$ ps >| result.txt    ←使用 >| 进行强制覆盖
$ cat result.txt
  PID TTY          TIME CMD
11272 pts/1    00:00:00 bash
11384 pts/1    00:00:00 ps
```

>| 和普通的重定向一样，也可以使用文件描述符。下面的示例指定了 2>|，因此会忽略 noclobber，将标准错误输出重定向到文件并强制覆盖原文件。

▼ 将标准错误输出重定向到文件

```
$ ls /xxx 2>| result.txt
```

如果省略文件描述符，1 就会成为默认的文件描述符，所以如前所述写成 >| 即可对标准输出重定向。

## 重定向和追加写入

如果不想使用 > 覆盖原文件，而想向原文件追加写入，可以使用 >> 重定向。

下面的示例会将 echo 命令的输出追加写入 echo.txt 文件。

▼ 通过重定向来向原文件追加写入

```
$ echo line1 >> echo.txt
$ echo line2 >> echo.txt
$ echo line3 >> echo.txt
$ cat echo.txt
line1
line2
line3
```

从这个示例中可以看到，>> 会将 echo 命令的输出结果追加到文件末尾。而且，当 >> 后面指定的文件不存在时，它会自动创建该文件，所以在不知道文件是否存在，也不想覆盖原文件时，使用 >> 进行重定向就会非常安全。

>> 也和 > 一样，可以在左边使用文件描述符。如果省略了文件描述符，则默认为 1，并对标准输出重定向；如果指定为 2>>，则表示对标准错误重定向，这一点与 > 重定向是一样的。

▼ 使用 >> 对标准错误输出重定向

```
$ ls /xxx 2>> error.txt
$ cd /xxx 2>> error.txt
$ cat error.txt
ls: 无法访问 '/xxx': 没有那个文件或目录
-bash: cd: /xxx: 没有那个文件或目录
```

## 统一标准输出和标准错误输出

在一行命令中指定多个重定向操作符，就可以将标准输出和标准错误输出分别重定向到不同的文件。下面的示例会将 ls 命令的标准输出重定向到 result.txt 文件，并将标准错误输出重定向到 error.txt 文件。

▼ 分别对标准输出和标准错误输出重定向

```
$ ls /usr /xxx > result.txt 2> error.txt
```

如果想将通常的命令输出结果和错误信息分别输出到不同文件中，可以像上面这样同时指定多个重定向操作符。

如果想将标准输出和标准错误输出重定向到同一个文件中，可以像下面这样在命令末尾写上 `2>&1`。

▼ 将标准输出和标准错误输出重定向到同一个文件

```
$ ls /usr /xxx > ls_result.txt 2>&1
```

其中，`n>&m` 的含义是将文件描述符 n 设置为文件描述符 m 的副本。

在上面的示例中，首先，`> ls_result.txt` 会将文件描述符 1（标准输出）的输出目标位置指向 `ls_result.txt` 文件。接着，后面的 `2>&1` 会将文件描述符 2（标准错误输出）设置为文件描述符 1（标准输出）的副本。由于这时候标准输出的输出目标位置已经设置为 `ls_result.txt` 文件，所以标准错误的内容也会被输出到 `ls_result.txt` 文件。最终，标准输出和标准错误输出将被同时重定向到 `ls_result.txt` 文件。

另外，`n>&m` 操作符的位置非常重要。常见的错误就是像下面这样将 `n>&m` 写到了前面。

▼ n>&m 的错误示例

```
$ ls /usr /xxx 2>&1 > ls_result.txt
```

在这种写法中，首先，`2>&1` 会将标准错误输出设置为标准输出的副本。但是，这时候标准输出的目标位置还是终端屏幕，因此标准错误输出的目标位置就会变为屏幕。然后，`> ls_result.txt` 会将标准输出的目标位置指向 `ls_result.txt` 文件。因此，执行这条命令之后，通常的消息会输出到 `ls_result.txt` 文件，而错误信息则会显示到屏幕上。

由于同时将标准输出和标准错误输出重定向到同一文件的情况较多，所以 bash 提供了一种专门的操作符 `&>`。使用 `&>` 就可以使用同一文件对标准输出和标准错误输出重定向。下面两条命令具有相同的效果。

```
ls /usr /xxx &> ls_result.txt
ls /usr /xxx > ls_result.txt 2>&1
```

同样，这里也可以使用 `&>>` 操作符。这个操作符和 `&>` 的关系与 `>` 和 `>>` 的关系一样，它会对指定的文件进行追加写入。

```
ls /usr /xxx &>> ls_result.txt
ls /usr /xxx >> ls_result.txt 2>&1
```

在 shell 脚本中，`n>&m` 还可以用于将信息输出到标准错误输出。下面就来讲解如何实现这一点。

一般来说，`echo` 命令的输出会输出到标准输出。如果在命令后面写上 `1>&2`，则会将标准输出的内容设置为标准错误输出的副本。因此，消息也会输出到标准错误输出。在代码清单 7.1 中，第 1 条 `echo` 命令的结果会输出到标准输出，第 2 条 `echo` 命令的结果会输出到标准错误输出。

**代码清单 7.1** 将错误信息输出到标准错误输出（echo-stderr.sh）

```
#!/bin/bash

echo message
echo 'error message' 1>&2
```

让我们实际验证一下。执行这个 shell 脚本并对标准输出重定向，结果如下所示。从中可以看出，第 2 条命令的消息被输出到标准错误输出（这里为终端屏幕）了。

**▼ 错误信息被输出到标准错误输出**

```
$ ./echo-stderr.sh > result.txt
error message
```

如果省略掉 `n>&m` 中的 `n`，则默认 1 为 `n` 的值，也就是说，`1>&2` 和 `>&2` 具有相同的含义。

一般来说，Linux 的命令在实现时会将普通信息输出到标准输出，将错误信息输出到标准错误输出。这样做的好处是可以明确区分普通信息和错误信息，方便用户在出错时调查错误原因。

各位读者在编写 shell 脚本时最好也遵循此惯例，使用重定向功能将错误信息输出到标准错误输出。

## /dev/null

Linux 中存在一个名为 `/dev/null` 的特殊文件。这个文件经常和重定向功能一起使用，所以下面介绍一下这个文件。

`/dev/null` 是一个特殊文件，具有如下特性。

- 从 `/dev/null` 读取是无法获取任何内容的。
- 向 `/dev/null` 写入也不会写入任何内容，数据将丢失。

比如，即使像下页这样使用 `cat` 命令查看 `/dev/null` 的内容，也不会输出任何结果。

▼ 显示 /dev/null 的内容

```
$ cat /dev/null
$                        ←--- 不会输出任何内容
```

如果将 /dev/null 作为重定向目标位置，重定向的内容会被丢弃，脚本不会输出任何内容。

▼ 将 ls 命令的输出重定向到 /dev/null 并丢弃

```
$ ls / > /dev/null
$
```

/dev/null 主要用于丢弃不需要的各种信息。比如，下面的示例会将标准输出重定向到 /dev/null，这样就可以剔除普通的消息而只输出错误信息。

▼ 将标准输出重定向到 /dev/null 并丢弃

```
$ ls / /xxx > /dev/null
ls: 无法访问'/xxx': 没有那个文件或目录
```

如果只将标准错误输出重定向到 /dev/null，就可以像下面这样只丢弃错误信息。

▼ 将标准错误输出重定向到 /dev/null 并丢弃

```
$ ls / /xxx 2> /dev/null
/:
bin   dev  home  lib64  mnt  proc  run   srv  tmp  var  ←--- 只输出 ls / 的执行结果
boot  etc  lib   media  opt  root  sbin  sys  usr
```

如果命令的输出结果中含有不需要的信息，或者普通的信息中包含错误信息且很难区分，那么将不需要的输出重定向到 /dev/null，就可以让输出结果更明确。

## 重定向的注意事项

在编写 shell 脚本时，我们经常遇到重定向出错的情况。因此这里将总结一些有关重定向的注意事项。

### 在不能使用空格的地方使用了空格

重定向操作符左边的文件描述符和 > 之间不能有空格。

下面是在执行 ls 命令时，想使用 2 > 将标准错误重定向到 /dev/null 的示例。但是，执行时错误信息没有被重定向，而是被直接输出到屏幕上了。

▼ 将标准错误重定向到 /dev/null 失败的示例

```
$ ls /usr /xxx 2 > /dev/null
ls: 无法访问'/xxx': 没有那个文件或目录
ls: 无法访问'2': 没有那个文件或目录
```

这是因为，2 > 并没有被解释为重定向操作符，其中的 2 被单独解释为 ls 命令的参数了。正确的写法是 2>，数字和 > 之间不能有空格。

▼ 将标准错误输出重定向到 /dev/null

```
$ ls /usr /xxx 2> /dev/null
```

> 右边不管有没有空格，都可以正常重定向。也就是说，使用下面这种写法也可以正常重定向。

ls /usr /xxx 2>/dev/null

但是，从代码的可读性来说，像前面的示例那样在 > 后面使用空格是一个不错的写法。

同样地，在 n>&m 操作符中，> 左边也不能含有空格。加了空格后，> 左边的数字会被解释为前面命令的参数。

▼ 由于空格而导致 1 被解释为 echo 命令的输入参数

```
$ echo 'error message' 1 >&2
error message 1
```

在 n>&m 这种用法中，> 的右边含有空格也会出现语法错误。

▼ 在 n>&m 中，> 右边也不能有空格

```
$ echo 'error message' 1> &2
-bash: 未预期的符号 `&' 附近有语法错误
```

不过，& 的右边可以使用空格。

▼ 在 n>&m 中，& 右边可以使用空格

```
$ echo 'error message' 1>& 2
error message
```

但是一般来说，像 `1>&2` 这样写在一起更容易理解。

### ❖ 重定向目标文件和重定向源文件

在将重定向源文件当作重定向目标文件使用时，需要特别小心。

比如，下面的示例会使用 `tr` 命令替换 `word.txt` 文件的内容，然后再使用替换后的结果覆盖原文件。但是，在这条命令执行之后，`word.txt` 文件的内容被清空了。

▼ 重定向源文件和目标文件相同时的失败示例

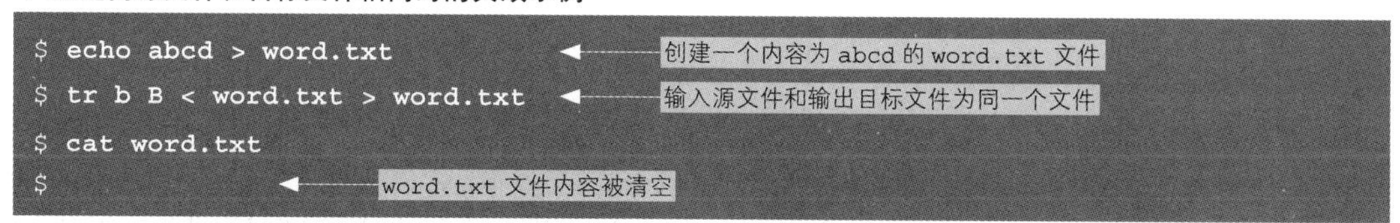


在使用 `>` 指定文件名时，在命令执行之前，要先清空文件内容，对输出目标文件进行初始化。因此，在接下来执行 `tr` 命令读取该文件时，读取不到任何数据。最终结果就是 `tr` 命令的输出内容为空，输出文件也为空。

像这样，如果重定向的输入源文件和目标文件相同，文件内容就可能会被清空，需要注意。

### ❖ 关于重定向操作符的总结

最后，我们将前面介绍过的重定向操作符总结为表 7.3。

表 7.3　有关重定向的操作符

| 操作符 | 说明 |
| --- | --- |
| `< file` | 使用 `file` 作为标准输入 |
| `> file` | 使用 `file` 作为标准输出 |
| `>> file` | 将标准输出追加到 `file` 文件末尾 |
| `>| file` | 忽略 `noclobber`，将标准输出重定向到 `file` 文件 |
| `2> file` | 使用 `file` 作为标准错误输出 |
| `2>> file` | 将标准错误输出追加到 `file` 文件末尾 |
| `2>| file` | 忽略 `noclobber`，将标准错误输出重定向到 `file` 文件 |
| `>&m` | 将标准输出设置为文件描述符 `m` 的副本 |
| `n>&m` | 将文件描述符 `n` 设置为文件描述符 `m` 的副本 |
| `&> file` | 将标准输出和标准错误输出统一输出到 `file` 文件 |
| `&>> file` | 将标准输出和标准错误输出统一追加到 `file` 文件末尾 |

# 7.3 here document

有时，我们需要直接在 shell 脚本中记录命令的输入内容而不使用文件。这时可以使用称为 here document（立即文档）的功能。

here document 使用 << 符号进行定义，如下所示。

**语法** here document 的结构

```
命令 << 结束字符串
    here document 的内容
结束字符串
```

使用这种语法，here document 中的内容就会被当作标准输出来执行。当想作为标准输入传递给命令的内容由多行组成时，这种语法很常用。“结束字符串”可以是任何内容，但是作为惯例，一般会使用 END 或者 EOF 等。这时需要注意的是，结束字符串要选择 here document 的内容中不会出现的字符串。

在代码清单 7.2 的示例中，到 END 为止的内容都会作为标准输入传递给 cat 命令。

**代码清单 7.2** 使用 cat 命令显示 here document 的内容（ls.sh）

```
#!/bin/bash

cat << END
Usage: ls [OPTION]... [FILE]...
List information about the FILEs
Sort entries alphabetically
END
```

由于 cat 命令会将标准输入的内容直接输出到标准输出，所以 here document 中记录的内容会像下面这样按原始内容进行输出。

▼ 直接显示 here document 的原始内容

```
$ ./ls.sh
Usage: ls [OPTION]... [FILE]...
List information about the FILEs
Sort entries alphabetically
```

其实，使用 echo 命令分多行输出也可以获得同样的效果，但是编写多行 echo 命令非常不方便。因此，如果想输出多行信息，一般使用 cat 命令和 here document 的组合来实现。

必须要注意的是，最后的结束字符串必须单独写在一行上。如果前后有其他字符，它就不会被当作 here document 的结束字符串处理。这时候也不能在结束字符串前后使用空格或制表符等空字符串（代码清单 7.3）。

**代码清单 7.3　结束字符前面有空格的示例（ls-space.sh）**

```
#!/bin/bash

cat << END
Usage: ls [OPTION]... [FILE]...
List information about the FILEs
Sort entries alphabetically
 END  ◄———— 行首有一个空格（错误示例）

ls /
```

由于最后的 END 前面有空格，所以脚本找不到 here document 对应的结束字符串。最终，尽管原本是想要执行 ls /，但脚本却像下面这样输出了警告信息，shell 脚本中直到文件末尾为止的内容都会作为 here document 的值直接被输出。

**▼ 运行出错**

```
$ ./ls-space.sh
./ls-space.sh: 行 9: 警告 : 立即文档在第 3 行被文件结束符分隔 （需要 `END'）
Usage: ls [OPTION]... [FILE]...
List information about the FILEs
Sort entries alphabetically
 END

ls /  ◄———— 本来想要执行的命令也会被当作 here document 的一部分而直接显示出来
$
```

另外，here document 中也可以使用参数展开、命令替换和算术表达式展开等功能（代码清单 7.4）。

**代码清单 7.4** 在 here document 中使用参数展开（here-param.sh）

```
#!/bin/bash

script_name=ls

cat << END
Usage: $script_name [OPTION]... [FILE]...     ← 在 here document 中使用参数展开
List information about the FILEs
Sort entries alphabetically
END
```

如果想在 here document 中直接使用 `$`、`` ` `` 和 `\` 等字符，需要使用 `\` 符号转义（代码清单 7.5）。

**代码清单 7.5** 在 here document 中禁用参数展开（here-param.sh）

```
#!/bin/bash

script_name=ls

cat << END
Usage: \$script_name [OPTION]... [FILE]...     ← 使用 \$ 对 $ 进行转义处理
List information about the FILEs
Sort entries alphabetically
END
```

另外，如果想禁止整个 here document 中的展开功能，可以对 `<<` 右边的结束字符串进行引用处理（代码清单 7.6）。

**代码清单 7.6** 通过引用结束字符串禁止参数展开功能（here-noparam.sh）

```
#!/bin/bash

script_name=ls

cat << 'END'     ← 对结束字符串进行引用处理
Usage: $script_name [OPTION]... [FILE]...
List information about the FILEs
Sort entries alphabetically
END
```

对结束字符串进行引用处理后，here document 中就不会进行参数展开、命令替换和算术表达式展开处理了。因此，上面的示例不会对 `$script_name` 进行展开，而是直接输出这个字符串。

▼ 通过引用结束字符串禁止了参数展开

```
$ ./here-noparam.sh
Usage: $script_name [OPTION]... [FILE]...    ← 不会对 $script_name 进行展开处理
List information about the FILEs
Sort entries alphabetically
```

除了 `''`，也可以使用 `""` 将结束字符串引起来或者使用 `\` 对它进行转义，这样可以达到同样的效果（代码清单 7.7）。

代码清单 7.7　对结束字符串进行转义处理（here-escape.sh）

```
#!/bin/bash

script_name=ls
cat << \END    ← 使用 \ 对结束字符串进行转义
Usage: $script_name [OPTION]... [FILE]...
List information about the FILEs
Sort entries alphabetically
END
```

需要注意的是，使用 `""` 将 here document 的结束字符串引起来后，里面的内容将不会被展开，这和通常的引用处理不同。因此，一般来说，像 `'END'` 这样使用 `''` 引起来更好理解一些。

如果使用 `<<-` 代替 `<<`，则 here document 中的内容和最后的结束字符串行首的制表符都会被忽略。假设在代码清单 7.8 的 shell 脚本中，标记为 `<tab>` 的部分插入的都是制表符。

代码清单 7.8　忽略行首的制表符（here-tab.sh）

```
#!/bin/bash

cat <<- END
<tab><tab>Usage: $script_name [OPTION]... [FILE]...
<tab><tab>List information about the FILEs
<tab><tab>Sort entries alphabetically
<tab>END
```

执行这段 shell 脚本可以看到，输出的内容里没有行首的制表符。

▼ 制表符不会被输出

```
$ ./here-tab.sh
Usage:  [OPTION]... [FILE]...
List information about the FILEs
Sort entries alphabetically
```

由于 here document 中的内容会直接输出到标准输出，所以不能像通常那样使用制表符进行缩进处理。如果使用 <<-，here document 中的内容就可以通过制表符进行缩进，这样的代码更容易阅读。另外，被忽略的字符只有制表符，空格还是会保留下来，这一点需要注意。

### here string

here string（内嵌字符串）是和 here document 类似的语法。它使用 <<< 符号，语法如下所示。

语 法 here string 结构

```
命令 <<< 字符串
```

here string 用于将 here document 写到一行上，在执行命令时，<<< 右边的字符串会作为标准输入传递给该命令。

<<< 右边的内容会进行参数展开、命令替换、算术表达式展开、括号展开和波浪线展开。下面的示例是使用 tr 命令对变量 str 中保存的字符串进行替换操作。

▼ 将 here string 作为标准输入

```
$ str=abc
$ tr b B <<< "$str"
aBc  ←abc 被转换为 aBc
```

## 7.4 管道

命令的输出内容除了可以重定向输出到文件，还可以作为其他命令的输入使用。这一功能称为管道，它可以将多条命令连起来执行。

管道会使用 | 符号连接不同的命令，语法如下所示。

语 法 管道的结构

```
命令 1 | 命令 2
```

使用这种写法，命令 1 标准输出的内容就会变成命令 2 的标准输入。

▼ 使用 less 命令显示 ls 命令的标准输出内容

```
$ ls | less
```

使用上面这种方式，ls 命令的标准输出中输出的内容就会变成 less 命令的标准输入。也就是说，可以使用 less 命令显示 ls 命令的结果。

如下所示使用重定向创建临时文件，也可以获得和上面一样的结果。

▼ 先使用临时文件保存 ls 命令的标准输出结果，再使用 less 命令查看该结果

```
$ ls > result.txt
$ less < result.txt
```

但是，采用这种方式需要每次都创建新文件，多余的文件数量就会大幅增加，而且存在不小心覆盖重要文件的风险。因此，如果不需要保存中间结果，使用管道将非常方便。

管道的数量没有限制，可以根据实际需要随意添加。比如，下面的示例就使用两个管道符组合了 3 条命令。首先使用 grep 命令找出含有 py 的行，然后使用 wc 命令计算满足结果的行的数量。这一系列处理可以通过管道组合成一条命令。

▼ 多管道示例

```
$ ls /usr/bin | grep 'py' | wc -l
6
```

如果命令组合过长，为了提高代码的可读性，可以在管道符的后面直接换行。当管道符 | 后面紧跟换行符时，shell 会认为管道连接处理还没有结束，因此在插入换行符时可以不使用 \ 表示命令未结束。

▼ 在 | 之后插入换行符也不会破坏管道命令的连续性

```
$ ls /usr/bin |
> grep 'py' |
> wc -l
6
```

但是请注意，管道只会将前一条命令的标准输出传递给之后的命令，而第 1 条命令的标准错误输出则不会传递给后面的命令。通常来说，标准错误输出会输出到终端的屏幕，如果使用管道来连接一个同时显示标准输出和标准错误输出的命令，那么屏幕上将只显示标准错误输出的内容。

如果想将标准错误输出和标准输出一起传递给后面的命令，那么使用前面介绍的 2>&1 这种重定向方式即可。

▼ 将标准输出和标准错误输出同时传递给管道中的下一条命令

```
$ ls /usr /xxx 2>&1 | less
```

```
ls: 无法访问 '/xxx': 没有那个文件或目录
/usr:
bin
etc
...
share
src
tmp
(END)
```

由于这种方式很常用，所以有 |& 这种缩写形式。使用这种形式改写上面的命令，也可以获得同样的效果，如下所示。

```
ls /usr /xxx |& less
```

# 7.5 命令分组

有时，我们可能需要将多条命令的输出统一重定向到相同文件中并输出。代码清单 7.9 的示例将 date、echo 和 ls 这 3 条命令的输出都重定向到了 result.txt 文件。

**代码清单 7.9　将 3 条命令的输出重定向到同一个文件（group1.sh）**

```
#!/bin/bash

date +%Y-%m-%d > result.txt
echo '/usr list' >> result.txt
ls /usr >> result.txt
```

但是，这种写法需要为每条命令指定重定向文件名，非常不方便。而且，如果输出文件名发生变化，需要修改所有使用了重定向的行。

这时，使用分组命令会非常方便。分组命令的功能可以使用{　}将多条命令括起来变成 1 条命令（代码清单 7.10）。

**代码清单 7.10　使用分组命令重定向（group2.sh）**

```
#!/bin/bash

{
    date +%Y-%m-%d
    echo '/usr list'
    ls /usr
} > result.txt
```

上面这种写法可以将{　}中编写的多条命令当成 1 条命令管理。因此，在对输出重定向时，大括号内 3 条命令的输出会统一被重定向。

另外，如果想在使用{　}时将多条命令写到一行，需要在每条命令后面加上 ;（分号）来表示命令的结束。

▼ **将分组命令写到一行**

```
$ { date +%Y-%m-%d; echo '/usr list'; ls /usr; } > result.txt
$ cat result.txt
2017-09-04
/usr list
bin
etc
...
sbin
share
src
tmp
```

这时候请注意，最后一条命令的后面也需要有分号。如果忘记最后一条命令后面的分号，那么 } 就会被视为最后一条命令的参数，shell 会认为分组命令还没有结束。

▼ 忘记分组命令中最后的分号（错误示例）

```
$ { date +%Y-%m-%d; echo '/usr list'; ls /usr } > result.txt
>         ◀──────还在等待继续输入
```

而且，开头的 { 后面也需要空格或者换行符。如果像下面这样省略掉 { 后面的空格，那么 shell 就会将 {date 作为 1 条命令去执行。

▼ 分组命令的 { 后面要有空格

```
$ {date +%Y-%m-%d; echo '/usr list'; ls /usr; } > result.txt
-bash: 未预期的符号 `}' 附近有语法错误
```

另外，还可以使用（ ）代替 { }。这两种方法基本相同，不同点在于（ ）中的命令会在子 shell 中执行（代码清单 7.11）。

代码清单 7.11 使用子 shell 进行重定向（subshell.sh）

```
#!/bin/bash

(
    date +%Y-%m-%d
    echo '/usr list'
    ls /usr
) > result.txt
```

在使用子 shell 时，会从当前 shell 中创建一个子进程，将其作为子 shell 的进程运行，子 shell 会在该子进程中执行（ ）中定义的命令。这样一来，即使是在（ ）中修改当前目录，也不会对父 shell 进程产生影响。

比如，代码清单 7.12 的示例会在（ ）中通过“使用 cd 命令切换当前目录”等方式修改当前环境，但是一旦退出子 shell，父 shell 中还是会保留原来的当前目录。

代码清单 7.12 在子 shell 中切换当前目录（subshell_cd.sh）

```
#!/bin/bash

cd /usr
pwd

(
    echo ''
    echo 'sub shell'
    pwd

    echo 'cd in sub shell'
    cd /tmp
    pwd
    echo ''
)

pwd
```

执行这个 shell 脚本可以看到，虽然在子 shell 中脚本会切换到 /tmp 目录运行，但最后的 pwd 命令执行时还是会输出原来的 /usr 目录。

▼ 执行结果

```
$ ./subshell_cd.sh
/usr

sub shell
/usr
cd in sub shell
/tmp   ◀——在子 shell 中切换到 /tmp 目录

/usr   ◀——恢复为之前的 /usr 目录
```

在切换目录进行处理后，需要再回到原来的目录时，使用（ ）会比较方便。

另外，在父 shell 中设置的变量在子 shell 中都可以使用，但是在子 shell 中修改变量不会对父 shell 产生任何影响（代码清单 7.13）。

**代码清单 7.13** 在子 shell 中对变量赋值（subshell_param.sh）

```
#!/bin/bash

name=miyake
echo "$name"

(
    echo '  sub shell'
    echo "  $name"
    name=okita  ◀——在子 shell 中对变量赋值
    echo "  $name"
)

echo "$name"
```

执行上面的 shell 脚本可以看到，虽然子 shell 中的变量 name 的值变为 okita 了，但是对父 shell 中的变量没有任何影响。

▼ 在子 shell 中为变量赋值不会对父 shell 产生影响

```
$ ./subshell_param.sh
miyake
  sub shell
  miyake
  okita
miyake  ◀——在子 shell 中为变量赋值不会对父 shell 产生影响
```

由于（ ）具有这样的特点，所以在不想对原 shell 产生影响的情况下进行处理时可以使用它。

（ ）和 { } 的另一个不同点在于，在将（ ）中的内容写成一行时，前括号后面即使不加空格也能正常执行，而且后括号前面即使不加空格或者分号，shell 也能知道分组命令该在哪里结束。

▼ 没有空格和最后的分号，shell 也能正常工作

```
$ (date +%Y-%m-%d; echo '/usr list'; ls /usr) > result.txt
```

**小 结**

本章介绍的重定向和管道是 shell 的重要功能。编写 shell 脚本就是组合使用各种命令，所以会大量使用重定向和管道等功能。本章介绍了很多 bash 的使用方法，各位读者一定要透彻理解这些内容。

# Chapter 08

# 函数

和大多数编程语言一样，shell 脚本中也可以使用函数。本章将讲解如何在 bash 中定义函数，函数的用法，以及在使用函数时的注意事项。

# 8.1 定义函数

在编写实际使用的 shell 脚本时，将关联度较高或者需要重复执行的处理放到一起，可以提高代码的可读性。在有这种需求时，我们会定义函数。所谓函数，就是将很多处理放到一起，并通过函数名调用这些处理的机制。

在 bash 中可以像下面这样定义函数。

**语法 在 bash 中定义函数**

```
function 函数名 ()
{
    函数体
}
```

保留字 function 和函数名后面的 () 二者可以省略其一。

**语法 省略了 () 的函数定义**

```
function 函数名
{
    函数体
}
```

**语法 省略了 function 的函数定义**

```
函数名 ()
{
    函数体
}
```

由于历史原因，在这 3 种函数定义方式中，使用最多的还是省略 function 的形式。因此本书也将沿用此惯例。

在调用函数时，可以像执行普通的命令一样，直接在 shell 脚本中使用函数名。代码清单 8.1

的示例定义了一个名为 `lsal` 的函数，并在 shell 脚本内调用它。这个函数会执行 `pwd` 命令和 `ls` 命令。

**代码清单 8.1 定义 lsal 函数（lsal.sh）**

```
#!/bin/bash

lsal()
{
    pwd
    ls -al
}

lsal   ←—— 调用 lsal 函数
```

这个脚本会在运行时像下面这样按顺序执行 `lsal` 函数中的命令。

**▼ 执行 lsal 函数中定义的命令**

```
$ ./lsal.sh
/home/miyake/work/bash   ←—— pwd 命令的输出
总用量 4   ←—— ls 命令的输出
drwxrwxr-x 2 miyake miyake 20  9月 29 08:02 .
drwxrwxr-x 7 miyake miyake 86  9月 29 07:37 ..
-rwxr-xr-x 1 miyake miyake 40  9月 29 08:02 lsal.sh
```

需要注意的是，函数必须在被调用之前定义。如果像代码清单 8.2 这样函数调用和定义顺序相反，那么由于在执行函数时它还没有被定义，所以脚本会报错。

**代码清单 8.2 在函数定义之前调用函数（lsal2.sh）**

```
#!/bin/bash

lsal

lsal()        ┐
{             │
    pwd       ├—— 函数定义放到了调用之后
    ls -al    │
}             ┘
```

执行上面这个脚本，则在第 3 行调用函数的地方会出现“未找到命令”的错误。

▼ 在函数定义之前调用函数的错误

```
$ ./lsal2.sh
./lsal2.sh: 行 3: lsal: 未找到命令
```

# 8.2 变量的作用域

如果没有特别标注，bash 中的变量都是全局变量，在整个 shell 脚本中有效。

即使是在函数内部定义的变量也是全局变量，所以在函数外部也可以使用；反过来也一样，在函数外部定义的变量在函数内部也可以使用。代码清单 8.3 是在函数内部修改外部定义的变量 `prefecture` 的值的示例。

代码清单 8.3 在函数内部修改变量（fparam.sh）

```
#!/bin/bash

update_prefecture()
{
    prefecture=Aomori          ◀── 修改在函数外部定义的变量的值
    echo "$prefecture"
}

prefecture=Hokkaido            ◀── 定义变量（全局变量）
echo "$prefecture"
update_prefecture
echo "$prefecture"
```

执行这段代码可以看到，在函数内部修改变量值后，在函数外部也能看到修改后的结果。

▼ 在函数内部对变量进行的修改也会对外部产生影响

```
$ ./fparam.sh
Hokkaido    ◀── 函数外部的值
Aomori      ◀── 在函数内部修改变量值后，在函数内部看到的值
Aomori      ◀── 在函数内部修改变量值后，在函数外部看到的值
```

一般来说，全局变量由于有效范围太大，可能会出现变量被不经意修改的问题。要想解决这

个问题，需要使用局部变量。

局部变量指的是有效范围仅局限于函数内部的变量。可以通过在函数内部定义的变量之前加上 local 定义局部变量。

**语法** **定义 local 变量**

```
local 变量名
```

另外，也可以像下面这样在定义局部变量的同时为其赋值。

**语法** **定义 local 变量（同时赋值）**

```
local 变量名 = 值
```

代码清单 8.4 的示例在函数外部定义了一个全局变量 prefecture，同时在函数内部又定义了一个同名的局部变量。update_prefecture 函数内部的局部变量只在该函数内部有效，到了函数外部，这个变量的值就丢失了。

**代码清单 8.4** **在函数中使用全局变量（local_param.sh）**

```
#!/bin/bash

update_prefecture()
{
    local prefecture=Aomori    ◀—— 在函数内部定义局部变量
    echo "$prefecture"
}

prefecture=Hokkaido    ◀—— 定义变量（全局变量）
echo "$prefecture"
update_prefecture
echo "$prefecture"
```

执行这个脚本就可以发现，尽管调用该函数的地方存在同名变量，但是函数内部对变量值的修改并不会对这个外部的同名变量产生任何影响。

▼ **运行结果**

```
$ ./local_param.sh
Hokkaido  ◀—— 函数外部的值
Aomori    ◀—— 在函数内部定义的同名局部变量的值
Hokkaido  ◀—— 在函数内部修改局部变量值后，函数外部同名变量的值
```

## 在函数中调用其他函数的场景

从严格意义上来说，局部变量在定义该变量的函数内，以及由该函数调用的其他函数中有效。

在代码清单 8.5 的示例中，update_prefecture2 函数中定义了一个名为 prefecture 的局部变量，同时 update_prefecture1 函数中使用了这个变量。

由于 update_prefecture2 函数调用了 update_prefecture1 函数，所以在 update_prefecture1 函数中也能使用变量 prefecture。而且，在 update_prefecture1 函数中更新变量 prefecture，对调用方函数（即 update_prefecture2）也会产生影响。

但是，一旦跳出 update_prefecture2 函数的作用域，这个局部变量的有效范围也就会结束。

**代码清单 8.5** 在函数中调用其他函数时局部变量的作用域（local_param_nest.sh）

```
#!/bin/bash

update_prefecture1()
{
    echo "[update_prefecture1] $prefecture"
    prefecture=Aomori
    echo "[update_prefecture1] $prefecture"
}

update_prefecture2()
{
    local prefecture=Iwate
    echo "[update_prefecture2] $prefecture"
    update_prefecture1
    echo "[update_prefecture2] $prefecture"
}

prefecture=Hokkaido
echo "$prefecture"
update_prefecture2
echo "$prefecture"
```

此时，对于嵌套调用的两个函数，在外部函数中定义一个局部变量，然后在内部被调用的函数中修改变量的值，则修改后的结果对外部函数也是有影响的（图 8.1）。

▼ 函数嵌套调用时的局部变量

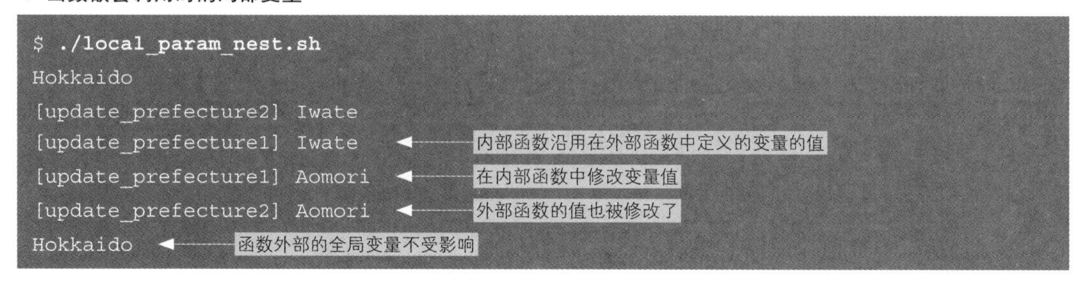


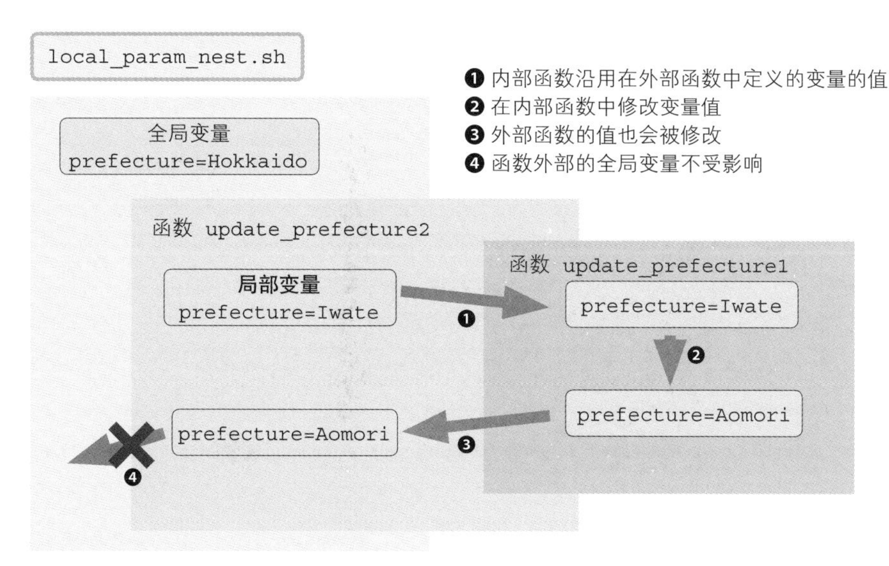


图 8.1 函数嵌套调用时的局部变量

像上面这样在一个函数中调用其他函数时，如果在被调用函数中进而将沿用过来的变量声明为局部变量，那么这个变量将成为与调用方的变量不同的局部变量。

在代码清单 8.6 的示例中，prefecture 是函数 update_prefecture2（调用方）中的局部变量，函数 update_prefecture1（被调用方）中再次将它声明为局部变量了。

**代码清单 8.6** 在两个函数中都被声明为局部变量（local_param_nest2.sh）

```
#!/bin/bash

update_prefecture1()
{
  echo "[update_prefecture1] $prefecture"
  local prefecture=Aomori  ←在被调用的函数中再次被声明为局部变量
  echo "[update_prefecture1] $prefecture"
}

update_prefecture2()
{
  local prefecture=Iwate
  echo "[update_prefecture2] $prefecture"
  update_prefecture1
  echo "[update_prefecture2] $prefecture"
}

prefecture=Hokkaido
echo "$prefecture"
update_prefecture2
echo "$prefecture"
```

使用这种写法后，被调用函数中会新创建一个同名的局部变量。因此，这里的修改对调用方（update_prefecture2）不会产生任何影响。

▼ 函数嵌套调用时再次声明的局部变量

```
$ ./local_param_nest2.sh
Hokkaido
[update_prefecture2] Iwate
[update_prefecture1] Iwate
[update_prefecture1] Aomori  ←修改内部重新定义为局部变量的值
[update_prefecture2] Iwate  ←外部变量的值没有变化
Hokkaido  ←函数外部的全局变量不受影响
```

如果变量的作用域过大，则很难验证脚本是否正常运行，也容易引发意想不到的问题。因此，如果没有特殊的原因，建议将函数内部的变量都声明为局部变量。

local 命令可以使用和 declare 命令相同的参数选项。比如，代码清单 8.7 的示例就是使用 -a 选项将函数中的 prefectures 定义为一个数组类型的局部变量。

**代码清单 8.7 定义数组类型的局部变量（local_arr.sh）**

```
#!/bin/bash

update_prefectures()
{
    local -a prefectures=(Iwate Miyagi)
    echo "${prefectures[@]}"
}

declare -a prefectures=(Hokkaido Aomori)
echo "${prefectures[@]}"
update_prefectures
echo "${prefectures[@]}"
```

这个脚本的执行结果如下，和前面普通的局部变量一样，对数组的修改并不会对函数外部产生任何影响。

**▼ 使用数组类型的局部变量**

```
$ ./local_arr.sh
Hokkaido Aomori
Iwate Miyagi
Hokkaido Aomori
```

# 8.3 函数和位置参数

和普通的命令一样，函数也可以指定参数。

要想在函数内部使用指定的参数，可以使用位置参数 `$1`，`$2`，···（→第 40 页）读取。在通常情况下，位置参数是 shell 脚本运行时用于获取命令行的输入参数，但是在函数内部，可以使用获取调用函数时设置的参数。

代码清单 8.8 的示例在调用 `print_argument` 函数时指定了参数，并在这个函数中使用位置参数获取了调用时传递过来的参数值。这个函数的功能是将调用函数时指定的参数输出。

**代码清单 8.8** 函数的位置参数（argument.sh）

```
#!/bin/bash

print_argument()
{
    echo "\$0 = $0"
    echo "\$1 = $1"
    echo "\$2 = $2"
    echo "\$3 = $3"
    echo "\$# = $#"
}

print_argument aaa bbb    ← 在调用函数时传递参数
```

执行这个脚本可以看到，指定的参数 aaa 和 bbb 可以通过位置参数获取。

▼ 在函数中读取位置参数的运行示例

```
$ ./argument.sh
$0 = ./argument.sh
$1 = aaa
$2 = bbb
$3 =
$# = 2
```

此外，在函数内部，除了位置参数，变量 $#（→第 42 页）也会被更新，所以在函数内部访问变量 $#，就可以获取函数调用时指定的参数的个数。但是，无论变量 $0 是否在函数内，获取的值都是启动的 shell 脚本名。

要想在函数内部使用当前的函数名，可以使用变量 FUNCNAME。这个变量只在执行函数的过程中存在。

FUNCNAME 是 bash 的一个数组类型的变量，里面保存了当前运行的所有函数名。在函数中调用其他函数时，被调用函数的函数名会保存在 FUNCNAME 数组的开头。因此，索引为 0 的数组元素中保存的就是当前正在运行的函数。

代码清单 8.9 的示例是使用 FUNCNAME 输出当前正在运行的函数名。

**代码清单 8.9 通过变量 FUNCNAME 获取并输出函数名（funcname.sh）**

```
#!/bin/bash

print_function1()
{
    echo "# print_function1"
    echo "\$0 = $0"
    echo "function name = ${FUNCNAME[0]}"
}

print_function2()
{
    echo "# print_function2"
    echo "\$0 = $0"
    echo "function name = ${FUNCNAME[0]}"
    print_function1
}

print_function2
```

执行上面的脚本可以看到，`$0` 仍为 shell 脚本的名称，而 `${FUNCNAME}` 变成了当前正在运行的函数名。

**▼ 显示当前正在运行的函数名**

```
$ ./funcname.sh
# print_function2
$0 = ./funcname.sh
function name = print_function2
# print_function1
$0 = ./funcname.sh
function name = print_function1
```

在希望显示执行过的处理，或者需要调试 shell 脚本时，可以使用变量 `FUNCNAME`。

# 8.4 函数的退出状态码

函数被调用后可以像其他命令一样返回退出状态码。在调用函数的一方，可以通过变量 `$?` 判断函数内部的处理是成功还是失败。

函数的退出状态码就是函数内部最后一行命令的退出状态码的值。要想显式地设置这个值，可以使用 `return` 命令。`return` 是 bash 的内置命令，其使用方法如下所示。

语法 return 的语法

```
return 数值
```

调用 `return` 后，当前函数的处理就会结束，指定的退出码将被返回给调用者。如果省略 `return` 后面的参数，那么函数就会将 `return` 之前的命令的退出状态码作为该函数的退出状态码返回给调用方。

代码清单 8.10 的示例会检查函数中的参数，如果参数是空字符串，就返回用于表示错误的退出状态码 `1`。

代码清单 8.10 在函数中设置退出状态码（ls.sh）

```
#!/bin/bash

lsal()
{
    if [[ -z "$1" ]]; then
        echo 'lsal: missing file operand' 1>&2
        return 1    ← 如果参数为空字符串，则将退出状态码设置为 1，并结束函数的执行
    fi
    ls -al "$1"
}

lsal
echo "return status = $?"    ← 输出 lsal 函数的退出状态码
```

如果在执行上述脚本时不指定参数，那么从下页显示的结果可知，该函数的退出状态码为 `return` 中设置的 `1`。

▼ 确认函数的退出状态码

```
$ ./ls.sh
lsal: missing file operand
return status = 1
```

一般来说，函数也遵从大多数命令关于退出状态码的惯例，在正常结束时返回 0，在错误时返回 0 以外的值。

**小 结**

本章介绍了 shell 脚本中的函数以及使用函数时的注意事项。在编写 shell 脚本时，与其复制并粘贴重复的处理，不如将这些处理封装为函数，这样可以编写出更容易阅读的 shell 脚本。

Chapter 09

# 内置命令

除了以文件形式保存在 /usr/bin 下面的命令，shell 脚本中还可以使用 shell 本身自带的命令，即内置命令。有些内置命令具有 shell 脚本独有的特点，不太容易理解。本章就来介绍 shell 脚本中常用的 bash 内置命令。

# 9.1 :命令

:(冒号)是一个特殊的命令，它不做任何处理，并且永远将 0 作为退出状态码，也被称为空命令（null command）。如第 6 章所述，如果从语法上来说需要指定命令，但实际上并不想做任何处理，就可以使用空命令。

而且，由于空命令返回的退出状态码永远为 0，所以它也可以像下面这样用于编写无限循环的控制结构。

true 命令和 : 命令除了名称不一样，其余都是一样的。只是有的 shell 可能只实现了内置的 : 命令，因此 : 比 true 更常用一些。在 bash 下，这两条命令没有任何区别。

此外，还有一个类似的命令称为 false。这条命令和 : 或 true 比较像，但是它的退出状态码为 1，即返回的是失败的状态。如果只想在 shell 脚本中得到失败的结果，则可以使用 false 命令。

# 9.2 echo 命令

echo 命令用于将参数中指定的字符串输出到标准输出。如果指定了多个参数，它会使用空格将各个参数连接起来并输出。下面的示例是使用 echo 命令将字符串 Hokkaido 输出到标准输出。

▼ 使用 echo 命令将字符串输出到标准输出

```
$ echo Hokkaido
Hokkaido
```

echo 命令的选项有 -n、-e 和 -E。-n 选项用于设置不让脚本输出行尾的换行符。其实准确来说，echo 命令会在参数后面加上一个换行符并将其输出到标准输出中。但是，如果使用了 -n 选项，echo 命令就不会在行尾添加换行符了。

在代码清单 9.1 的示例中，echo 命令使用了 -n 选项，因此 3 个字符串将输出在同一行上。

**代码清单 9.1 输出字符串时不添加换行符（echo.sh）**

```
#!/bin/bash

echo -n Hokkaido,
echo -n Aomori,
echo -n Akita,
```

▼ **原封不动地输出参数中的字符串**

```
$ ./echo.sh
Hokkaido,Aomori,Akita,$
```

在这个示例中，由于使用了 -n 选项，标准输出的最后没有添加换行符，所以在最后一个输出后面紧接着就出现了下一个提示符。

-e 选项用于开启表 9.1 中所示的转义字符。

**表 9.1 echo 命令中的转义字符**

| 符号 | 意　义 |
| --- | --- |
| \a | 响铃（BEL） |
| \b | 退格（BS） |
| \c | 忽略对后续内容的输出 |
| \e | 符号转义 |
| \f | 换页（FF） |
| \n | 换行（LF） |
| \r | 回车（CR） |
| \t | TAB，水平制表（HT） |
| \v | 垂直制表（VT） |
| \\ | \ 本身 |
| \0nnn | nnn 表示的 ASCII 码字符。nnn 是位数最大为 3 位的 8 进制数 |
| \xHH | HH 表示的 ASCII 码字符。HH 是位数最大为 2 位的 16 进制数 |

使用这个选项，就可以将换行符或者制表符等特殊字符嵌入命令的参数中。下面的示例就通过 -e 选项在参数中嵌入了换行符（\n）。

▼ 在 echo 命令的参数中嵌入换行符

```
$ echo -e 'Hokkaido\nAomori\nAkita'
Hokkaido
Aomori
Akita
```

-E 选项和 -e 选项正好相反，用于将转义字符设为无效。在未指定 echo 命令的选项时，转义字符的功能默认是无效的。但是在有些 shell 的配置下，即使没有指定这个选项，转义字符功能也可能是开启的。这时就可以通过 -E 选项显式地关闭转义字符功能。

即使为 echo 命令指定了这里介绍的 -n、-e 和 -E 选项，这些选项也不会包含在输出结果中。因此，在想直接输出这样的字符串时就会遇到问题。比如想使用 echo 命令输出字符串 -n，假如只是直接将这个字符串指定为 echo 命令的参数，并不能得到想要的结果 .

▼ echo 命令的选项自身不会被输出

```
$ echo -n
$
```

有多种方法可以实现上述目的，这里介绍一下使用转义字符的方法。在使用 echo 命令的 -e 选项时，可以用 ASCII 码表示的数值代替字符。-（连字符）对应的 ASCII 码表中的 16 进制数为 2D，因此可以使用转义字符 \x2D 表示它。在后面加上字符 n，就构成了完整的 -n 字符串。这时 \x2Dn 就会被解释为 echo 命令的参数而不是命令行选项 -n。

▼ 使用转义字符输出 -n

```
$ echo -e '\x2Dn'
-n
```

# 9.3 printf 命令

printf 是一个根据输出格式将字符串输出到标准输出的命令。它和 C 语言等编程语言中的 printf 函数类似。通常，shell 脚本使用 echo 命令将字符串输出到标准输出，但是如果想设置输出格式，对字符串执行加工处理，就会使用 printf 命令。

printf 命令的使用方法如下。

语法 printf 命令

```
printf 格式字符串 参数1 参数2 ...
```

格式字符串可以使用以 % 开头的格式控制符。格式控制符后面的参数会按顺序被填充到格式字符串中的相应位置。

代码清单 9.2 的示例在格式控制符中使用了用于输出字符串的 %s 和用于输出整型数值的 %d。

代码清单 9.2　使用 %s 和 %d 格式输出字符串（printf.sh）①

```
#!/bin/bash

city=Sapporo
value=5
printf '%s : %d degrees\n' "$city" "$value"
```

▼ 使用 printf 命令输出字符串

```
$ ./printf.sh
Sapporo : 5 degrees
```

printf 命令和 echo 命令不同，不会在输出的行尾添加换行符。如果想输出换行符，需要在格式字符串中显式地添加 \n。另外，echo 命令的 -e 选项中支持的转义字符也可以在 printf 中使用。唯一的例外是在输出 8 进制的 ASCII 码字符时，echo 命令使用的是 \0nnn，而 printf 不需要前面的 0，写成 \nnn 就可以了。

格式控制符有很多种，这里主要介绍其中比较有代表性的几种（表 9.2）。

① 代码中的 Sapporo 为日本北海道行政中心札幌的罗马拼音。——编者注

表 9.2 printf 中常用的格式控制符

| 符号 | 意　义 |
| --- | --- |
| %s | 字符串 |
| %d | 整型数值 |
| %x | 16进制的数值。但是从a到f为小写字母 |
| %X | 16进制的数值。但是从A到F为大写字母 |
| %% | %本身 |

此外，% 符号的后面还可以使用数值设置输出位数（宽度）。比如下面这个示例就会输出 4 位数的结果。

▼ 设置输出位数

```
$ printf '[%4x]\n' 255
[  ff]
```

如果再在位数前面加上 0，还可以把因位数不足而显示为空格的部分替换为 0。

▼ 设置输出位数并使用 0 填充

```
$ printf '[%04x]\n' 255
[00ff]
```

printf 命令可以像上面这样指定多种格式。如果想输出格式复杂的字符串，就应该使用 printf 命令而不是 echo 命令。

除此之外，printf 命令也可以用于将任意字符串输出到标准输出。如前所述，echo 命令并不能直接输出 -n 这样被用作命令行选项的字符串。因此，如果事先不知道要输出什么内容的字符串，那么只使用 echo 命令可能无法输出字符串。

遇到这种情况可以使用 printf 命令。如代码清单 9.3 所示，只需将 printf 命令的格式字符串设置为 %s\n，其后的参数就都可以输出到标准输出了。

代码清单 9.3 将命令行参数输出到标准输出（printf_arg.sh）

```
#!/bin/bash

printf '%s\n' "$1"
```

▼ 将指定的字符串参数输出到标准输出

```
$ ./print_arg.sh aaa
aaa
$ ./print_arg.sh -e
-e
```

下面介绍一下 `-v` 选项，这也是 `printf` 命令的一个非常有用的功能。如果以“`-v` 变量名”的形式指定了 `printf` 命令的选项，那么字符串的结果将不会被输出到标准输出，而是被保存到指定的变量中。比如在代码清单 9.4 的示例中，`printf` 命令会将格式化后的字符串赋值给变量 `message`。

代码清单 9.4 使用 printf 命令为变量赋值（printf_v.sh）

```
#!/bin/bash

value=255
printf -v message 'value = 0x%x' "$value"
echo "message = [$message]"
```

▼ 使用 printf 命令将字符串赋值给变量

```
$ ./printf_v.sh
message = [value = 0xff]
```

此外，`printf` 还可以使用很多其他用于格式化的符号。详细内容可以参考 `man 1 printf` 或者 `man 3 printf`。

# 9.4 pwd 命令和 cd 命令

`pwd` 和 `cd` 两条命令都和当前目录有关。

## pwd 命令

pwd 命令用于返回绝对路径形式的当前目录。在 shell 脚本中，如果想以字符串的形式获取当前目录的路径，或者想将日志输出到当前目录，都可以使用 pwd 命令。

pwd 命令提供了 -P 和 -L 两个选项。这两个都是用于处理符号链接转换的选项。

如果指定了 -P 选项且当前目录下有符号链接，那么在输出结果时，符号链接会被转换为物理路径。如果指定了 -L 选项，则直接输出符号链接本身。如果没有指定任何选项，则和指定了 -L 选项的结果一样。如果想将符号链接以物理路径的形式输出，那么使用 -P 选项将非常方便。

▼ pwd 命令选项的使用方法

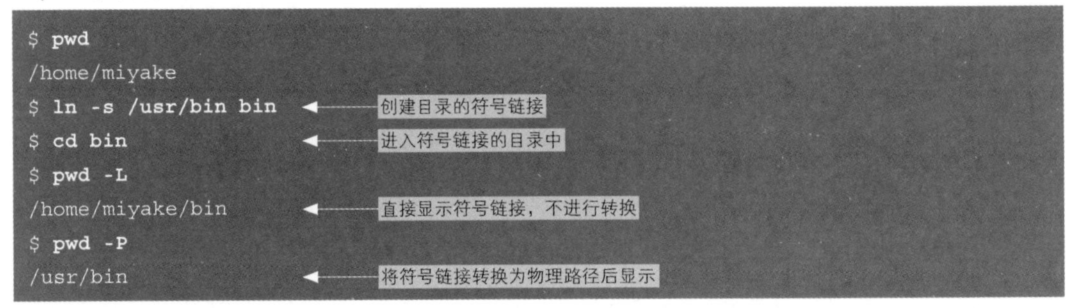

```
$ pwd
/home/miyake
$ ln -s /usr/bin bin        ← 创建目录的符号链接
$ cd bin                    ← 进入符号链接的目录中
$ pwd -L
/home/miyake/bin            ← 直接显示符号链接，不进行转换
$ pwd -P
/usr/bin                    ← 将符号链接转换为物理路径后显示
```

## cd 命令

cd 命令用于将当前路径切换为参数指定的目录。这是一条非常基本的命令，在 shell 脚本中很常用。如果省略了 cd 命令的参数，那么默认使用 $HOME 作为参数，因此路径会被切换到用户的主目录。此外，如果参数是 -（连字符），就相当于指定了 $OLDPWD，因此路径会切回到之前所在的目录。如果需要临时切换到工作目录，并在完成处理之后再回到原来的目录，那么使用 - 作为参数将非常方便；如果就是想进入一个名为 - 的目录，那么可以使用 cd ./- 这样的方式。

cd 命令也有退出状态码，在正常进入指定目录时为 0，在进入目录失败时为 0 之外的值。失败的类型也有多种，包括目标路径不存在，或者当前用户不具备目标路径的相关权限等。失败之后，当前目录不会发生变化，还是在执行 cd 命令之前的目录下。

cd 命令和 pwd 命令一样，也可以指定 -P 和 -L 两个选项。在指定了 -P 选项时，目标路径中如果包含符号链接，符号链接就会转换为相应的物理路径，并且当前工作路径会切换到该路径。如果指定了 -L 选项或没有指定任何选项，则不会对路径中的符号链接执行任何处理，进入带有符号链接的路径。

下页的示例在当前目录（/home/miyake）下创建了 work/project/src 目录，然后创建了一个指向这个目录的符号链接 src。

▼ 当前目录结构

```
$ ls -l /home/miyake
总用量 0
lrwxrwxrwx 1 miyake miyake 16  9月 18 09:02 src -> work/project/src
                                                        符号链接
drwxrwxr-x 3 miyake miyake 20  9月 18 09:02 work
```

在该条件下，如果在通过 cd 命令进入 src 目录时不指定任何选项，那么新的当前目录会变为 /home/miyake/src。

▼ 运行 cd 命令时不指定任何选项

```
$ cd /home/miyake
$ cd src
$ pwd
/home/miyake/src
```

如果在通过 cd 命令进入 src 目录时指定了 -P 选项，那么符号链接部分会被转换为物理路径，当前文件夹会切换到该物理路径，即 /home/miyake/work/project/src。

▼ 运行 cd 命令时指定了 -P 选项

```
$ cd /home/miyake
$ cd -P src
$ pwd
/home/miyake/work/project/src
```

# 9.5 command 命令和 builtin 命令

在 bash 中，可以创建和已有命令同名的别名（alias）或函数。如果有多个同名的命令或别名，会按照下页的优先顺序选择要执行的对象。

1. 别名
2. 保留字
3. 函数
4. 内置命令
5. 可执行文件

优先级最低的是可执行文件，也就是 ls 或者 ps 这种以文件形式保存在存储设备上的外部命令。

假设想执行 ps 命令。如果此时不存在同名的别名或者函数，那么就会执行可执行文件 ps 命令（/usr/bin/ps）。

▼ 执行可执行文件 ps

```
$ ps
  PID TTY          TIME CMD
13750 pts/1    00:00:00 bash
13916 pts/1    00:00:00 ps
```

如果定义一个名为 ps 的函数，那么它的优先级将高于可执行文件。因此在执行 ps 命令时，真正启动的是 ps 函数，而不是原来的 ps 可执行文件。

▼ 函数的优先级高于可执行文件

```
$ ps() { echo 'ps function'; }  ◀—— 定义函数ps
$ ps
ps function
```

在这种情况下，要想执行优先级较低的内置命令或者可执行文件，可以使用内置命令 command。command 命令的使用方法为“command  命令名”，使用它就可以只在内置命令和可执行文件中查找并执行指定的命令。

▼ 使用 command 命令修改优先级

```
$ command ps
  PID TTY          TIME CMD
13750 pts/1    00:00:00 bash
13916 pts/1    00:00:00 ps
```

如果想给要执行的命令传递参数，只需在该命令后面写上参数。如果 command 命令后面指定的命令在内置命令和可执行文件中都存在，那么会执行内置命令。

builtin 命令和 command 命令类似，不同点在于 builtin 命令只在内置命令中查找要执行的命令。

command 命令和 builtin 命令非常适合编写用于替换现有命令的函数。下面的示例是一个替换 cd 命令的脚本，这个脚本定义的函数会在切换目录之前先输出将要切换的目录的路径。定义了这个函数之后再执行 cd 命令，被执行的就不再是内置的 cd 命令，而是刚定义的 cd 函数了。

**▼ 使用 cd 函数切换目录**

```
$ cd(){ echo "cd: $@";builtin cd "$@"; }  ◀------定义 cd 函数
$ cd /home/miyake/
cd: /home/miyake/  ◀------执行 cd 函数
$ pwd
/home/miyake  ◀------已经切换到新目录
```

将上面定义的 cd 函数格式化一下会更容易理解，如下所示。

```
cd()
{
    echo "cd: $@"
    builtin cd "$@"
}
```

在这个函数中，builtin 命令被用来运行 cd 命令，所以内置的 cd 命令会被执行。如果省略了 builtin 命令，那么这里还会继续执行 cd 函数，这就变成了 cd 函数的无限循环调用。在这种场景下，就可以使用 command 命令或者 builtin 命令设置执行命令的优先顺序。

# 9.6 type 命令

type 命令用于判断指定的命令的类型。该命令可以输出参数中命令的类型，即别名、保留字、函数、内置命令、可执行文件中的任意一个。下面我们通过几个示例了解一下具体的输出内容。

下面的示例事先定义了一个名为 ll 的别名。将 ll 传递给 type 命令并执行，则输出结果会显示 ll 的类型为别名，并显示出该别名的具体内容。

▼ 使用 type 命令显示别名的详细信息

```
$ alias ll='ls -l'
$ type ll
ll 是 `ls -l' 的别名
```

如果参数是 if 这样的保留字，那么输出结果就会显示类型为保留字。

▼ 使用 type 命令显示保留字的详细信息

```
$ type if
if 是shell的保留字
```

如果 type 命令的参数是一个函数名，那么输出结果就会显示类型为函数，并同时输出函数体的代码。下面的示例定义了一个名为 hello 的函数，并使用 type 命令显示了该命令的详细信息。

▼ 使用 type 命令显示函数的详细信息

```
$ hello() { echo 'Hello, world!'; }   ←定义 hello 函数
$ type hello
hello 是函数
hello ()
{                                     ←函数体的代码
    echo 'Hello, world!'
}
```

如果将 cd 这样的内置命令作为参数，那么输出结果会显示类型为内置命令。在中文环境下会显示为“是 shell 内建”，这是由于汉化时的翻译不是特别通顺，读者不必感到奇怪。

▼ 使用 type 命令显示内置命令的详细信息

```
$ type cd
cd 是 shell 内建
```

如果参数是可执行文件，那么输出结果就会像下面这样显示命令的路径。如果该命令在环境变量 PATH 设置的路径中，type 命令在参数中只使用该命令的名称，那么 type 命令会将该命令转换为绝对路径形式输出。

▼ 使用 type 命令显示可执行文件的详细信息

```
$ type ps
ps 是 /usr/bin/ps
```

如果 `type` 参数中的命令同时存在多个不同类型的实现，那么只会输出优先级最高的命令的信息。这个优先级与前面介绍 `command` 命令和 `builtin` 命令时提到的优先级是一样的。但是，如果指定了 `type` 命令的 `-a` 参数，就会显示所有类型的信息。下面的示例中存在同名的 `ls` 别名和 `ls` 可执行文件，因此通过 `type -a` 可以显示 `ls` 两种类型的详细信息。

▼ 使用 -a 选项显示全部类型的信息

```
$ type -a ls
ls 是 `ls --color=auto' 的别名
ls 是 /usr/bin/ls
```

如果 `type` 命令后面指定的参数并不存在于任意一种类型中，那么脚本就会输出错误。

▼ 将不存在的命令作为参数会报错

```
$ type xxx
-bash: type: xxx: 未找到
```

这时，`type` 命令的退出状态码为 `1`。反过来，如果命令存在于那几种类型之中，那么退出状态码为 `0`。因此 `type` 命令也可以用于判断某一条命令是否存在。代码清单 9.5 是通过 `if` 语句判断 `ls` 命令是否存在的示例。

**代码清单 9.5** 使用 type 命令判断 ls 命令是否存在（type.sh）

```
#!/bin/bash

if type ls >/dev/null 2>&1; then
  echo 'ls is found'
else
  echo 'ls is not found'
fi
```

▼ 判断出 ls 命令确实存在

```
$ ./type.sh
ls is found
```

如果只需判断命令是否存在，那么 `type` 命令的输出实际上是没有用处的，因此输出被重定

向到了 /dev/null。如果希望在发现某一条命令不存在于脚本中时结束脚本的运行，那么可以使用这种判断方法。

# 9.7 shift 命令

shift 命令用于移动位置参数的编号。运行 shift 命令后，$1 的内容将消失，$2 变成 $1，$3 变成 $2，每个位置参数都向左移动 1 位。

代码清单 9.6 的示例分别输出了执行 shift 命令前后的 5 个位置参数。该脚本启动时指定了 5 个参数，当 shift 命令被执行后，可以看到从第 2 个位置参数开始各向左移动了 1 位。

代码清单 9.6 输出位置参数的脚本（shift.sh）

```
#!/bin/bash

echo "$1, $2, $3, $4, $5"
shift
echo "$1, $2, $3, $4, $5"
```

▼ 执行 shift 命令后位置参数向左移动 1 位

```
$ ./shift.sh aaa bbb ccc ddd eee
aaa, bbb, ccc, ddd, eee
bbb, ccc, ddd, eee,
```

如果在 shift 命令后面指定一个数值型的参数，那么位置参数就会向左移动指定位数。在代码清单 9.7 的示例中，shift 命令的参数是 3，因此 $4 变为 $1，$5 变为 $2，位置参数向左移动了 3 位。

代码清单 9.7 指定 shift 命令的参数为 3（shift3.sh）

```
#!/bin/bash

echo "$1, $2, $3, $4, $5"
shift 3
echo "$1, $2, $3, $4, $5"
```

▼ 位置参数向左移动了 3 位

```
$ ./shift3.sh aaa bbb ccc ddd eee
aaa, bbb, ccc, ddd, eee
ddd, eee, , ,
```

如果省略 `shift` 命令的参数，就相当于要执行 `shift 1`。

`shift` 命令后面参数能指定的最大值为 `$#`，也就是不能大于命令行接收的参数的个数。假设有 5 个位置参数，那么 `shift` 命令后面的参数只能小于等于 `5`。如果把这个参数设置成 `$#`，那么所有的位置参数都将消失。如果这个参数大于 `$#`，那么 `shift` 命令会失败，位置参数不会发生任何变化。

`shift` 命令主要用于删除已经解析过的、不再需要的位置参数。比如将 shell 脚本的输入参数作为选项使用，那么在解析之后要使用 `shift` 命令删除这些选项参数，从而将非选项的普通参数调整为从 `$1` 开始的参数。

# 9.8 set 命令

`set` 是一个比较复杂的命令，大体来说有 3 个功能。

第 1 个功能是显示当前 shell 中的所有变量。如果在执行 `set` 命令时没有指定任何参数，那么该命令就会输出当前 shell 中设置的变量及其值的列表，以及函数名和函数体的列表。

▼ 使用 set 命令显示变量列表

```
$ set
BASH=/bin/bash
BASH_ALIASES=()
BASH_ARGC=()
BASH_ARGV=()
BASH_CMDS=()
BASH_LINENO=()
BASH_SOURCE=()
……以下省略……
```

如果定义了 shell 函数，那么 `set` 命令会输出其函数名和函数体的内容。

▼ 也可以使用 set 命令显示函数信息

```
$ hello() { echo 'Hello, world!'; }
$ set
BASH=/bin/bash
……中间省略……
hello ()
{
    echo 'Hello, world!'
}
```

这个功能主要用于对 shell 脚本进行调试。

set 命令的第 2 个功能是开启或关闭 shell 的各种选项。这要通过“set -o 选项名称”的形式使用。比如，设置了 set -o verbose，就相当于开启了 verbose 选项。在这之后的 shell 会在命令执行之前，先输出将要执行的命令行的内容。

使用 +o 则可以关闭 shell 的选项。比如，set +o verbose 命令就可以关闭 verbose 选项。

代码清单 9.8 的示例首先执行了 set -o verbose 命令。从该命令到 set +o verbose 之间的 verbose 选项都处于开启状态，因此 bash 会输出将要执行的命令的内容。

**代码清单 9.8** 通过 set 命令开启 verbose 选项（set_option.sh）

```
#!/bin/bash

set -o verbose
echo "$HOME"
set +o verbose
echo "$SHELL"
```

▼ verbose 选项开启期间会输出要执行的命令本身

```
$ ./set_option.sh
echo "$HOME"          ← 开启 verbose 选项后的输出
/home/miyake
set +o verbose        ←
/bin/bash
```

-o 为开启，+o 为关闭，这有一点违背直觉，请多加注意。

set 命令可以设置的大多数选项有缩写形式。在 set 命令中使用这些缩写形式也可以开启或关闭相应的选项。比如，前面介绍的 verbose 选项的缩写形式为 -v，因此可以直接使用 set -v 命令。同样，如果将缩写形式中的 - 替换为 +，就可以关闭这个选项。比如 set +v 命令可以关闭 verbose 选项。但是，这些缩写形式都是为了保持向前兼容而保留的名称，所以还是比较推荐大家使用 set -o 加上选项的全称的方式。

set 命令可以设置的选项列表如表 9.3 所示。

表 9.3 set 命令可以设置的选项列表

| 选项名称 | 缩写形式 | 说明 |
|---|---|---|
| allexport | -a | 为变量赋值之后自动导出 |
| braceexpand | -B | 开启大括号展开 |
| emacs | 无 | 在命令行中编辑时，使用emacs形式的键绑定（key-binding） |
| errexit | -e | 当命令的退出状态码不是0时，立即停止执行shell |
| errtrace | -E | ERR信号的捕获，可以捕获shell函数、命令替换、子shell内的错误 |
| functrace | -T | DEBUG信号的捕获，可以捕获shell函数、命令替换、子shell内的错误 |
| hashall | -h | 将命令的路径保存到哈希 |
| histexpand | -H | 开启历史记录展开 |
| history | 无 | 开启命令的历史记录 |
| ignoreeof | 无 | 即使读取到EOF的输入也不停止执行shell |
| interactive-comments | 无 | 在对话模式下开启注释功能 |
| keyword | -k | 在运行命令并同时对变量赋值时，即使赋值语句不在命令名之前，该变量也会被添加到环境变量中 |
| monitor | -m | 开启作业（job）控制 |
| noclobber | -C | 当重定向目标文件已存在时，禁止覆盖目标文件 |
| noexec | -n | 读取命令并进行语法检查，但并不真正执行 |
| noglob | -f | 关闭路径展开 |
| nolog | 无 | 无任何效果，设置后也不会有任何变化 |
| notify | -b | 作业结束后立即通知 |
| nounset | -u | 引用没有定义的变量时报错 |
| onecmd | -t | 执行一条命令后退出 |
| physical | -P | 在修改当前目录的命令中将符号链接替换为物理路径 |
| pipefail | 无 | 管道的返回值为退出状态码为0之外的最后一条命令的状态码 |
| posix | 无 | 设置为按照POSIX标准处理 |
| privileged | -p | 开启特权模式 |
| verbose | -v | 执行shell命令之前，先输出命令行的内容 |
| vi | 无 | 在命令行中编辑时，使用vi形式的键绑定 |
| xtrace | -x | 输出对命令行展开后的结果 |

在这些选项中，有一些对编写 shell 脚本或者进行调试有很大帮助，大家可以在需要的时候使用。此外，如果执行 set -o 时没有指定选项名，则该命令将输出所有的选项及其状态（是开启还是关闭）。

▼ 使用 set -o 命令显示所有选项的状态

```
$ set -o
allexport       off
braceexpand     on
emacs           on
errexit         off
……以下省略……
```

set 命令的第 3 个功能是设置位置参数。如果 set 命令后面的参数不是其选项，该参数的值就会被用来设置相应的位置参数并覆盖原来已有的位置参数。如果 set 后面指定了多个参数，那么就会像 $1，$2，$3，··· 这样按顺序为位置参数赋值。

在代码清单 9.9 的示例中，set 命令会将 111 222 333 这 3 个值赋给位置参数。在调用 set 命令后，该 shell 脚本原本的参数值将丢失，set 命令的参数被用来为未知参数重新赋值。

代码清单 9.9 使用 set 命令覆盖位置参数的值（set_parameter.sh）

```
#!/bin/bash

echo "$1, $2, $3, $4"
set 111 222 333
echo "$1, $2, $3, $4"
```

▼ 位置参数的值被覆盖

```
$ ./set_parameter.sh aaa bbb ccc ddd
aaa, bbb, ccc, ddd
111, 222, 333,      ◀—— set 命令修改了位置参数的内容
```

如果想将 -v 这样本来是 set 命令选项的参数作为位置参数用于重新赋值，可以像代码清单 9.10 这样在这些参数前面加上 --。-- 之后的内容都不会被当作 set 命令自身的选项处理，而是会作为位置参数被用于赋值。

代码清单 9.10 -- 之后的内容不会被视为 set 命令的选项（set_parameter2.sh）

```
#!/bin/bash

echo "$1, $2, $3, $4"
set -- -v -o -n
echo "$1, $2, $3, $4"
```

▼ 将 -v、-o 和 -n 设置为位置参数

```
$ ./set_parameter2.sh aaa bbb ccc ddd
aaa, bbb, ccc, ddd
-v, -o, -n,
```

位置参数是特殊的变量，不能使用通常的赋值语句为其赋值。在 shell 脚本中解析参数选项时，如果想更新位置参数的值，可以考虑使用 set 命令。

# 9.9 unset 命令

unset 命令用于删除 shell 中的变量。使用方法为“unset　变量名”。比如，用下面这样的代码就可以删除名为 name 的变量。

▼ 删除变量 name

```
$ name=miyake
$ echo "name = $name"
name = miyake
$ unset name
$ echo "name = $name"
name =
```

由于变量 name 已经被删除，所以之后引用该变量，该变量会被展开为空字符串。但是，如果是具有 readonly 属性的变量，则使用 unset 也不能删除。即使尝试删除也只会失败，变量还会继续存在（代码清单 9.11）。

**代码清单 9.11 不能删除标记为 readonly 的变量（unset.sh）**

```
#!/bin/bash

readonly prefecture=Hokkaido
unset prefecture
echo "$prefecture"
```

▼ 标记为 readonly 的变量想删也删不掉

```
$ ./unset.sh
./unset.sh: 第 4 行 : unset: prefecture: 无法取消设定 : 只读 variable
Hokkaido
```

即使不是删除变量而是给变量赋值为空字符串，也会得到相同的结果，但是两者并不等价。使用unset命令后，变量会变为从来没有赋值过，即没有定义的状态。比如在第 5 章中介绍过的 ${ 变量名 - 值 } 这种语法（→第 67 页），如果变量名没有定义，将使用“值”展开，否则将使用“变量名”的实际值展开。因此在使用unset将“变量名”删除之后，这个表达式会返回“值”，但是如果给变量重新赋值为空字符串，那么它将会展开为一个空字符串。

▼ 使用 unset 命令将变量设置为未定义状态

```
$ name=                                  ◄──赋值为空字符串
$ echo "name = ${name-undefined}"
name =                                   ◄──输出空字符串
$ unset name                             ◄──使用 unset 进行初始化
$ echo "name = ${name-undefined}"
name = undefined                         ◄──输出设置的默认值
```

除了变量，unset命令还能删除函数。和删除变量一样，可以使用“unset 函数名”删除函数。但是，如果存在同名的变量和函数，那么只有变量会被删除（代码清单 9.12）。

**代码清单 9.12 unset 命令优先删除变量（unset_var.sh）**

```
#!/bin/bash

hello()                      ┐
{                            │
  echo 'Hello, world!'       ├──定义 hello 函数
}                            ┘

hello=message     ◄──────定义变量 hello
```

```
unset hello

echo "hello = $hello"   ← 输出变量 hello 的内容
hello   ← 执行 hello 函数
```

▼ 使用 unset 命令删除变量

```
$ ./unset_var.sh
hello =          ← 删除变量 hello
Hello, world!    ← 函数 hello 正常执行
```

要想对删除的具体类型进行控制，可以使用 `unset` 命令的 `-f` 选项或者 `-v` 选项（表 9.4）。如果只想删除函数，使用 `-f` 选项；如果只想删除变量，使用 `-v` 选项。

表 9.4 unset 命令的选项

| 选项 | 说　明 |
| --- | --- |
| -f | 只删除函数 |
| -v | 只删除变量 |

但是，从 shell 脚本可读性的角度来说，最好不使用相同的变量名和函数名。

# 9.10 read 命令

`read` 命令用于从标准输入读取一行数据，其使用方法如下。

语法 read 命令

```
read 变量1 变量2...
```

调用 `read` 命令后，该命令会从标准输入读取一行数据，并将读取的输入赋值给指定的变量。代码清单 9.13 是在 shell 脚本中使用 `read` 命令从标准输入中读取数据的示例。

**代码清单 9.13 使用 read 命令从标准输入中读取数据（read_input.sh）**

```
#!/bin/bash

echo 'delete file?'
read input    ←从标准输入读取 1 行数据并赋值给变量 input

if [[ $input == yes ]]; then
    echo 'DELETE'
else
    echo 'CANCEL'
fi
```

通常来说标准输入就是键盘，因此在调用 read 命令后，shell 脚本就进入等待键盘输入的状态。

▼ 调用 read 命令后进入等待输入的状态

```
$ ./read_input.sh
delete file?
```

在这个示例中，用户使用键盘输入数据之后，输入的值被保存到变量 input。因此可以使用这种方法实现根据用户的输入执行不同的处理。

▼ 根据键盘的输入执行不同的处理

```
$ ./read_input.sh
delete file?
yes    ←用户的输入
DELETE
```

在读取输入数据时，read 命令会根据变量 IFS（→第 39 页）指定的字符（一般是空格、制表符或换行符）对一行内容进行单词拆分。拆分后的单词会按顺序被赋值给 read 命令后面的变量。但是，如果要赋值的变量数少于输入数据分割后的单词数，多出来的单词会被一起赋值给最后一个变量。特别是，如果只指定了一个变量，那么整行的数据都会被赋值给这个变量。

read 命令的其他使用场景包括从标准输入逐行读取并执行处理。代码清单 9.14 的示例会使用 read 命令从标准输入逐行读取输入，并将读取到的内容直接输出到标准输出。

**代码清单 9.14 将标准输入的内容逐行输出到标准输出（read_all.sh）**

```
#!/bin/bash

while read line    ← 标准输入的 1 行内容被不断地赋值给变量 line
do
  printf '%s\n' "$line"
done
```

read 命令返回的退出状态码一般为 0。但是，它如果读到了 EOF（文件的末尾），就会返回 0 以外的状态码。因此，使用上面的循环读取，就能以行为单位读取从输入到结束之间的内容。

如果使用管道的方式将字符串写入标准输入，这个脚本就会将输入内容原样输出。

▼ 将标准输入的内容原封不动地输出到标准输出

```
$ cat /etc/passwd | ./read_all.sh
root:x:0:0:root:/root:/bin/bash
bin:x:1:1:bin:/bin:/sbin/nologin
daemon:x:2:2:daemon:/sbin:/sbin/nologin
adm:x:3:4:adm:/var/adm:/sbin/nologin
lp:x:4:7:lp:/var/spool/lpd:/sbin/nologin
sync:x:5:0:sync:/sbin:/bin/sync
shutdown:x:6:0:shutdown:/sbin:/sbin/shutdown
……以下省略……
```

如果需要对读取的字符串进行加工，可以通过 shell 脚本的方式编写一个从标准输入读取字符串并以行为单位进行处理的命令。

## 使用 read 命令时的注意事项

代码清单 9.14 的 shell 脚本并不完善，根据具体内容，有时候可能会出现不能直接输出的情况。

首先，read 命令会将 \ 解析为转义字符。因此 \ 后面即使是 IFS 所包含的字符，也不能实现单词分割的功能。特别是，如果 \ 在行尾，那么换行符也会被忽略，这一行和下一行会被当成一行读取。要想禁止这一功能，可以使用 -r 选项。该选项可以让 \ 符号不再具有特殊的含义，即使 \ 出现在行尾，这一行也会和下一行保持独立，不会连到一起。

其次，作为单词拆分的一个环节，read 命令会删除行首和行尾属于 IFS 的字符串。因此，前面介绍的脚本会先将行首和行尾的空字符串删除再赋值给变量 line。

比如，cal 命令会根据需要在行首加入空格，将日期按照日历的形式格式化。

▼ cal 命令的输出结果中行首包括空格

```
$ cal 5 2018
      5月 2018
日 一 二 三 四 五 六
       1  2  3  4  5
 6  7  8  9 10 11 12
13 14 15 16 17 18 19
20 21 22 23 24 25 26
27 28 29 30 31
```

使用前面的 read_all.sh（代码清单 9.14）读取这个输出结果并再次将它输出，行首的空格就会丢失。

▼ 行首的空格丢失

```
$ cal 5 2018 | ./read_all.sh
5月 2018
日 一 二 三 四 五 六
1  2  3  4  5
6  7  8  9  10 11 12
13 14 15 16 17 18 19
20 21 22 23 24 25 26
27 28 29 30 31
```

为了防止这个问题出现，可以将 IFS 设置为空字符串。这样一来，read 命令就不会进行单词拆分，行首和行尾的空格也将得以保留。

考虑到这两种情况，要想让 read 命令直接读取标准输入的原始数据，可以使用代码清单 9.15 这种方式。

代码清单 9.15　将从标准输入读取的原始数据输出到标准输出（read_all2.sh）

```
#!/bin/bash

while IFS= read -r line
do
  printf '%s\n' "$line"
done
```

具体来说，就是先将变量 IFS 设置为空字符，然后在调用 read 命令时使用 -r 选项。

执行上页的脚本，就可以将从 cal 命令的结果中读取的内容不加修改地输出到标准输出。

▼ 行首的空格不会丢失

```
$ cal 5 2018 | ./read_all2.sh
      5月 2018
日 一 二 三 四 五 六
       1  2  3  4  5
 6  7  8  9 10 11 12
13 14 15 16 17 18 19
20 21 22 23 24 25 26
27 28 29 30 31
```

# 9.11 trap 命令

trap 命令用于捕捉发送给当前进程的信号。信号是 Linux 系统中用于进程间通信的一种机制，我们可以通过键盘操作或者 kill 命令发送信号。

trap 命令的使用方法如下。

语法 trap 命令

```
trap 处理 信号1 信号2 信号3 ...
```

来看一个示例。首先创建一个 10 秒内什么都不做，只是等待的脚本，如代码清单 9.16 所示。

代码清单 9.16 等待 10 秒的脚本（sleep.sh）

```
#!/bin/bash

echo start
sleep 10
echo end
```

运行这个脚本，并在 10 秒的等待时间之内按下键盘上的 Ctrl+C，脚本会立即终止运行，而且不再执行后面的命令。

▼ 使用 Ctrl+C 停止脚本的进程

```
$ ./sleep.sh
start
^C          ◀------在这里按下 Ctrl+C
$           ◀------脚本退出运行并返回到提示符
```

按下 Ctrl+C 之后，这个脚本的进程会收到一个 INT 类型的信号。收到 INT 信号的进程通常会立即停止运行。我们尝试一下使用 trap 命令捕获 INT 信号（代码清单 9.17）。

**代码清单 9.17 捕获 INT 信号（trap.sh）**

```
#!/bin/bash

trap 'echo receive INT signal!' INT

echo start
sleep 10
echo end
```

trap 命令的使用方法如上所示，第 1 个参数是对信号执行的处理，直接使用字符串的形式记述。这里输出了字符串 receive INT signal!。

第 2 个参数是想要捕获的信号名。启动这个脚本，在等待的 10 秒内按下 Ctrl+C，脚本就会捕获这个信号，并执行 trap 命令中注册的处理，执行过程如下所示。

▼ 捕获 INT 信号

```
$ ./trap.sh
start
^Creceive INT signal!  ◀------按下 Ctrl+C 后输出捕获信号的消息
end  ◀------脚本会执行到最后
$
```

可以看到，即使按下 Ctrl+C，shell 脚本也会一直执行到最后的 echo end 命令。原本接收到 INT 信号后进程会退出运行，但是使用 trap 命令后，这种默认机制会被覆盖，脚本还会运行自定义的处理。如果想在接收到信号后结束脚本的运行，可以显式调用 exit 命令（代码清单 9.18）。

**代码清单 9.18** 接收到 INT 信号后使用 exit 结束进程的示例（trap_exit.sh）

```
#!/bin/bash

trap 'echo receive INT signal!; exit' INT

echo start
sleep 10
echo end
```

▼ 按下 Ctrl+C 后脚本退出

```
$ ./trap_exit.sh
start
^Creceive INT signal!
$          ←脚本退出运行并返回到提示符
```

可以通过 `kill -l` 命令获取当前系统中可以使用的所有信号的列表。

▼ 显示信号列表

```
$ kill -l
 1) SIGHUP       2) SIGINT       3) SIGQUIT      4) SIGILL       5) SIGTRAP
 6) SIGABRT      7) SIGBUS       8) SIGFPE       9) SIGKILL     10) SIGUSR1
11) SIGSEGV     12) SIGUSR2     13) SIGPIPE     14) SIGALRM     15) SIGTERM
```

信号名左边的数是为这个信号分配的编号。`trap` 命令的参数既可以使用信号名，也可以使用信号的编号。而且，信号名的前面有没有 `SIG` 前缀都可以。比如，下面 3 种表示方法具有相同的含义。

```
trap 'exit' INT
trap 'exit' SIGINT
trap 'exit' 2
```

但是，使用信号编号作为参数不利于分辨使用的到底是什么信号，因此推荐使用信号名作为 `trap` 命令的参数。

如表 9.5 所示，信号的种类很多，其中 `HUP`、`INT`、`QUIT` 和 `TERM` 是在停止进程时经常使用的信号。此外，编号为 9 的 `SIGKILL` 是强制退出进程的特殊信号，`trap` 命令不能捕获这个信号。

表 9.5 trap 命令处理的主要信号

| 信号 | 编号 | 说　明 |
| --- | --- | --- |
| HUP | 1 | 通知进程重启 |
| INT | 2 | 通知进程有中断发生（Ctrl+C） |
| QUIT | 3 | 通知进程退出，同时创建 coredump 文件（Ctrl+\） |
| TERM | 15 | 通知进程退出 |

代码清单 9.19 的脚本会在接收到指定的中断退出信号后，将工作中的数据保存到临时文件。

代码清单 9.19 接收到中断信号后将工作中的数据保存到临时文件的脚本（save_tmp.sh）

```
#!/bin/bash

save_tmp_file()
{
    # 将处理中的数据保存到临时文件
    echo "$data" > ~/tmpdata.$$
    exit
}

trap save_tmp_file HUP INT QUIT TERM

echo start

# data 是用于保存处理中数据的全局变量
data=$(cat "$1")

# 对 data 执行变换处理 ...
# 对 data 执行变换处理 ...

echo end
```

如果接收到信号后的处理比较复杂，就可以像这个示例一样，将处理放到一个单独的函数中，这样代码也更容易理解。

# 9.12 wait 命令

wait 命令用于等待在后台运行的进程的结束。在以后台的方式运行比较耗时的处理时，如果想等待所有处理结束，就可以使用 wait 命令。

比如代码清单 9.20 ~ 代码清单 9.22 的示例就是在 task1.sh 和 task2.sh 这两个处理都结束后才运行 echo 命令。

**代码清单 9.20 在后台运行这两个处理（main.sh）**

```
#!/bin/bash

./task1.sh &
./task2.sh &
echo finish
```

**代码清单 9.21 第 1 个耗时 10 秒的处理（task1.sh）**

```
#!/bin/bash

echo task1 start
sleep 10
echo task1 end
```

**代码清单 9.22 第 2 个耗时 10 秒的处理（task2.sh）**

```
#!/bin/bash

echo task2 start
sleep 10
echo task2 end
```

这里想让 task1.sh 和 task2.sh 并行执行，因此将两个脚本都放在了后台运行。但是，在这两个脚本运行结束之前，主文件 main.sh 就已经结束了。

要想等到后台运行的进程结束之后再执行其他命令，可以使用 wait 命令。在代码清单 9.23 中，执行了 wait 命令后，主进程会等待 task1.sh 和 task2.sh 结束。两个后台进程都结束之后，主进程会通过 wait 命令退出等待状态，继续执行后面的 echo 命令。

**代码清单 9.23 等待后台进程的结束（wait.sh）**

```
#!/bin/bash

./task1.sh &
./task2.sh &
wait
echo finish
```

▼ 后台进程全部结束之后继续执行后续命令

```
$ ./wait.sh
task2 start
task1 start
task2 end
task1 end
finish
```

可以将进程 ID 作为参数传给 wait 命令，这时候 wait 命令会等待指定的进程结束。还可以指定 %1、%2 这样的作业编号，这时候 wait 命令会等待指定作业中所有进程结束。如果没有指定任何参数，则 wait 命令会等待当前所有的后台子进程结束。需要等待指定进程结束的场景并不多见，因此一般使用不带参数的 wait 命令就足够了。

# 9.13 exec 命令

exec 命令可以启动参数中指定的命令，其使用方法如下。

**语法** exec 命令

```
exec 命令名 参数1 参数2 ...
```

与其他命令的启动方式不同，exec 命令不会创建新的进程。

如第 1 章所述，通过指定命令名启动命令后，这条命令会在子进程中执行。如下页所示，在已经运行了 ls 命令的情况下，当前的 shell 进程中将创建一个新的子进程，子进程会通过 exec

转换为 ls 命令。因此，ls 命令退出后，父进程（即当前 shell 进程）仍然存在。

▼ 将 ls 命令作为子进程

```
$ ls
base.sh  bin  cleanup.sh  puppet.sh  work
```

如果通过 exec 启动 ls 命令，那么当前的 shell 进程会直接通过 exec 系统调用转换为 ls 命令。因此在调用 exec 时，原来的 shell 进程就结束了。

▼ 在当前进程中执行 ls 命令

```
$ exec ls
base.sh  bin  cleanup.sh  puppet.sh  work
```

比如，通过 ssh 登录 Linux 机器时，如果在登录 shell 中运行 exec  ls 命令，那么 ls 命令运行结束之后，ssh 的登录状态也会随之结束。

▼ 通过 exec 命令执行其他命令后，原 shell 进程会随之结束

```
$ exec ls
base.sh  bin  cleanup.sh  puppet.sh  work
Connection to 127.0.0.1 closed.
```

因此，如果只是想调用别的命令，一般不使用 exec 命令。

exec 比较实用的场景是用作其他命令的包装脚本。比如在运行 ls 命令时想一直使用 -F 选项，就可以编写代码清单 9.24 这样的脚本，在里面通过 exec 调用 ls 命令。

代码清单 9.24　为 ls 命令添加 -F 选项的包装脚本（ls.sh）

```
#!/bin/bash

exec ls -F "$@"
```

▼ 调用包装脚本执行 ls 命令

```
$ ./ls.sh
base.sh*  bin/  cleanup.sh*  ls.sh* puppet.sh*  work/
```

在这种情况下，即使不使用 exec，让 ls 命令在子进程中运行，也可以达到同样的效果。但是，使用 exec 就不会再启动额外的进程，可以提高处理的效率。

## 修改重定向的目标位置

此外，exec 还可以用于修改重定向的目标位置。在调用 exec 时不传递任何参数，只设置重定向选项，就可以修改当前进程重定向的目标位置。

代码清单 9.25 的示例在脚本中使用了 exec 命令，将标准输出的目标位置重定向到了 result.txt 文件。

**代码清单 9.25** 使用 exec 命令对标准输出的目标位置进行重定向（exec.sh）

```
#!/bin/bash

echo start

exec > result.txt
date
ps
```

运行这个脚本后，由于开头的 echo 命令在 exec 命令之前，所以输出结果会输出到标准输出。

▼ 在 exec 命令之前的输出结果会直接输出到标准输出

```
$ ./exec.sh
start
```

在 exec 命令之后的标准输出都会被重定向到 result.txt 文件。因此，该命令之后的 date 和 ps 命令的输出都被输出到了 result.txt 文件。

▼ exec 命令之后的输出结果被重定向到文件

```
$ cat result.txt
2018年  7月 26日 星期四 08:08:02 CEST
  PID TTY          TIME CMD
15818 pts/0    00:00:00 bash
15862 pts/0    00:00:00 exec.sh
15864 pts/0    00:00:00 ps
```

在想将多条命令的输出统一重定向到同一位置时，这种方法非常有用。

# 9.14 eval 命令

eval 命令可以将参数指定的字符串当作 shell 的命令行解析并执行。比如，代码清单 9.26 是一个使用 eval 命令执行 ls ~ 命令的示例。

代码清单 9.26 使用 eval 命令解析参数中的命令（eval_ls.sh）

```
#/bin/bash

eval ls ~
```

▼ 使用 eval 命令执行 ls 命令

```
$ ./eval_ls.sh
base.sh  bin  cleanup.sh  puppet.sh  work
```

执行上面的脚本后，ls ~ 命令会被执行。这和直接在脚本中写入 ls ~ 是一样的。

动态组装并执行程序的源代码，才能真正发挥 eval 命令的威力。比如我们编写一个脚本，希望它可以接收一个变量名参数，然后输出这个变量在当前 shell 中的值。但是在实现时，我们并不能预知用户输入的变量名，因此没有办法将变量名写在源代码之中。

这里就以代码清单 9.27 为例看一下具体情况。

代码清单 9.27 不能进行变量展开的示例（echo_variables.sh）

```
#!/bin/bash

echo \$$1
```

▼ 执行结果

```
$ ./echo-variables.sh HOME
$HOME  ◀———没有展开，直接输出了 $HOME 字符串
```

这个脚本希望在执行时将用户输入的变量名替换成 $1，因此使用了 echo \$$1 这样的代码。实际执行后脚本确实进行了预期的替换，但是没有进行变量展开，直接输出了 $HOME 字符串。这是因为，对变量名的一部分进行替换后，就不会对新的变量进行计算了。

在这种情况下，可以像代码清单 9.28 这样使用 eval 命令改写。

**代码清单 9.28 输出指定变量的值的脚本（eval.sh）**

```
#!/bin/bash

eval echo \$$1
```

运行这个脚本后，如果输入的参数是 HOME，就会显示变量 HOME 的值；如果是 LANG，就会显示变量 LANG 的值。

▼ **指定变量名后显示该变量的值**

```
$ ./eval.sh HOME
/home/miyake
$ ./eval.sh LANG
zh_ch.UTF-8
```

下面以输入的参数是 HOME 的情况为例说明一下脚本的运行机制。这个脚本会在运行 eval 命令之前先进行变量展开。\$$1 开头的 \$ 表示用 \ 对 $ 进行转义，因此展开结果为 $ 字符。后面的 $1 被替换为脚本的第 1 个参数的值，即 HOME。最终对 eval 所在行进行展开，得到如下所示的 eval 命令。

```
eval echo $HOME
```

之后，eval 命令会将参数 echo  $HOME 当作直接写到脚本中的源代码解析并执行。最终，下面的命令将被执行，输出的是变量 HOME 的值。

```
echo $HOME
```

eval 命令的另一个使用场景，就是存在一些以被 eval 方式调用为使用前提的命令。ssh-agent 命令就是其中一个例子。这条命令主要用来避免每次使用 ssh 登录时都需要输入密码的麻烦。执行 ssh-agent 命令，它将以脚本源代码的形式，把使用 ssh 登录所需的命令输出到标准输出。

▼ **在标准输出中输出需要执行的命令**

```
$ ssh-agent
SSH_AUTH_SOCK=/tmp/ssh-d2dWRaLDSUsD/agent.15976; export SSH_AUTH_SOCK;
SSH_AGENT_PID=15977; export SSH_AGENT_PID;
echo Agent pid 15977;
```

要想进行上面的设置，可以将上面的输出复制并粘贴到 shell 中运行，不过也可以使用 eval 命令。

```
eval "$(ssh-agent)"
```

执行这一命令后，首先 $( ) 内的 ssh-agent 命令的输出会被展开，之后 eval 命令会直接将 ssh-agent 的输出作为 shell 脚本的代码解释并执行。

示例中的使用方法在实际中也很常见，要想在执行某一条命令之前做一些诸如设置环境变量这样的准备工作，可以通过命令将这些准备操作输出到标准输出。然后，用户就可以借助 eval 命令使用输出到标准输出的内容进行设置。

通过前面的内容，我们已经了解到 eval 命令有着其他命令难以实现的使用方式。但是，如果使用了太多 eval 命令，有时就很难让人理解脚本到底运行了哪些代码，调试和测试也将变得困难。因此，最好不要随意使用 eval 命令。

**小 结**

本章主要讲解了 bash 的内置命令。其中一些命令比较复杂，我们没有必要强迫自己使用这些命令。以后在编写各种各样的 shell 脚本时，有可能遇到需要使用这些命令的场景，可以到时候再回来参考本章的内容。

Chapter 10

# 正则表达式和字符串操作

在 Linux 中，数据基本以字符串的形式出现。因此，shell 脚本中经常进行与字符串相关的操作，例如搜索和替换等。正则表达式在这种字符串操作中很有用。它用来描述字符串并执行模式匹配。

# 10.1 什么是正则表达式

在 Linux 上有许多命令可以使用正则表达式，其中最常见的是 grep 命令和 sed 命令。下面这个示例就使用 grep 命令仅输出了 /etc/passwd 文件中以 root 开头的行。

▼ 使用 grep 命令指定正则表达式并查找

```
$ grep '^root' /etc/passwd
root:x:0:0:root:/root:/bin/bash
```

这里的 ^root 就是一个正则表达式。像 ^ 这种在正则表达式中使用的特殊符号称为元字符。要使用正则表达式，就必须理解元字符的含义。另外，grep 命令或 sed 命令可以通过各种选项的组合实现很复杂的使用方式。因此，本章在讲解正则表达式本身的同时，还会结合 grep 命令和 sed 命令介绍正则表达式的具体应用。

# 10.2 基本正则表达式和扩展正则表达式

正则表达式有多种类型，每种类型中可以使用的元字符类型不同。最常见的是基本正则表达式和扩展正则表达式。这两种表达式都支持正则表达式可以使用的许多命令，因此这里将讲解一下它们的元字符。

## 用于匹配字符的元字符

首先来介绍一下用于匹配一个字符的元字符。正则表达式和字符串一致的情况称为“匹配”，本书后面的内容中都将使用这种表述方法。

假设文本文件 example.txt 中包含如代码清单 10.1 所示的内容。

代码清单 10.1 要查找的文本文件（example.txt）

```
/test1/file_1
/test1/file_2
/test2/file_1
/test3/file_x
/test4/file_y
/test10/file_1
/test11/file_1
/work/test1/file_x
/work/test5/file_1
```

这里以使用 grep 命令在该文件中查找字符串为例进行说明。grep 是一个在输入文件中按指定模式查找并输出匹配结果的命令。匹配模式中可以使用正则表达式，而且可以指定多个输入文件。

语法 grep 命令

```
grep [选项] 匹配模式 输入文件 ...
```

在匹配一个字符的元字符中，最常用的是 .（点号）。这个元字符可以匹配任意一个字符。例如，要以“test 后紧跟一个字符，之后再紧跟一个分隔号”为条件查找，则可以使用 test./ 这个正则表达式。

▼ 使用正则表达式 test./ 查找

```
$ grep 'test./' example.txt
/test1/file_1
/test1/file_2
/test2/file_1
/test3/file_x
/test4/file_y
/work/test1/file_x
/work/test5/file_1
```

如果想匹配指定的字符，而不是任意字符，则可以使用 [ ] 元字符。这个元字符用于匹配括号中的任意一个字符。比如正则表达式 test[123]/ 可以匹配到任意的 test1/、test2/、test3/。

▼ 匹配任意的 test1/、test2/、test3/

```
$ grep 'test[123]/' example.txt
/test1/file_1
/test1/file_2
/test2/file_1
/test3/file_x
/work/test1/file_x
```

如果想指定 [123] 这样的连续字符，还可以使用表示字符范围的 - 字符，写作 [1-3]。

另外，在括号内的开始处添加 ^ 字符可以表示相反的意思，即匹配不在括号中的任意一个字符。比如 [^123] 可以匹配除了 1、2、3 之外的任意一个字符。

表 10.1 中总结了前面介绍的元字符。

| 表 10.1 | 用于匹配字符的元字符

| 基本正则表达式 | 扩展正则表达式 | 说　明 |
| --- | --- | --- |
| . | . | 任意一个字符 |
| [] | [] | [] 中包含的任意一个字符 |
| [^ ] | [^ ] | [] 中不包含的任意一个字符 |

前面介绍的元字符在基本正则表达式和扩展正则表达式中都具有相同的含义。

## 用于进行位置匹配的元字符

接下来介绍用于进行位置匹配的元字符。这种元字符也称为“锚”，可以指定字符串中用于匹配的位置。

这种元字符中具有代表性的两个是 ^ 和 $。^ 用于匹配行首，$ 用于匹配行尾（表 10.2）。

| 表 10.2 | 用于匹配位置的元字符

| 基本正则表达式 | 扩展正则表达式 | 说　明 |
| --- | --- | --- |
| ^ | ^ | 行首 |
| $ | $ | 行尾 |

比如，^/test1/ 用于匹配行首为 /test1/ 的字符串，所以当某行的中间出现 /test1/ 时，是不可能匹配的。

▼ ^ 用于匹配行首

```
$ grep '^/test1/' example.txt
```

```
/test1/file_1
/test1/file_2
```

## 用于进行重复匹配的元字符

下面介绍用于进行重复匹配的元字符，这些元字符如表 10.3 所示。

表 10.3 用于进行重复匹配的元字符

| 基本正则表达式 | 扩展正则表达式 | 说　明 |
| --- | --- | --- |
| * | * | 重复0次及以上 |
| 无 | + | 重复1次及以上 |
| 无 | ? | 重复0次或1次 |
| \{m,n\} | {m,n} | 重复*m*次及以上，*n*次及以下 |
| \{m\} | {m} | 恰好重复*m*次 |
| \{m,\} | {m,} | 重复*m*次及以上 |

这一类元字符在基本正则表达式和扩展正则表达式中的指定方式不同，这里先讲解在基本正则表达式中的使用方式。

* 意味着前面的正则表达式要重复 0 次及以上。例如，ab* 表示 a 之后的 b 要重复 0 次或更多次。因此，它可以匹配到 a、ab、abb 等。

如果想要明确指定重复次数，可以使用 \{m,n\} 指定重复次数。它表示前面的内容要重复 *m*～*n* 次。比如 ab\{2,4\} 可以匹配到 abb、abbb 和 abbbb。这种形式可以稍微变化一下，比如可以使用 \{m\} 指定重复 *m* 次，或者使用 \{m,\} 指定重复 *m* 次及以上（无上限）。

在扩展正则表达式中，指定时可以不用 \ 而直接使用 {m,n}、{m} 或 {m,}。此外，在扩展正则表达式中，还可以使用 + 和 ? 元字符。这两个元字符分别表示“重复 1 次及以上”和“重复 0 次或者 1 次”。如果使用范围形式表示，+ 就相当于 {1,}，而 ? 相当于 {0,1}。

使用 grep 命令的 -E 选项后，正则表达式会被当作扩展正则表达式。在想使用 + 等元字符时，可以指定 -E 选项。如果没有指定选项，则将其视为基本正则表达式。

▼ 在 grep 命令中使用扩展正则表达式

```
$ grep -E 'test1+' example.txt
/test1/file_1
/test1/file_2
/test10/file_1
/test11/file_1
/work/test1/file_x
```

### 其他元字符

最后介绍一些辅助型的元字符（表 10.4）。

表 10.4 其他元字符

| 基本正则表达式 | 扩展正则表达式 | 说明 |
|---|---|---|
| \ | \ | 取消后面字符的特殊含义 |
| \(\) | () | 进行分组 |
| 无 | \| | 使用OR条件来连接多个正则表达式 |

\ 字符用于取消其后的元字符的特殊含义，将其作为普通的字符进行匹配。如果想匹配 .（点号）或 * 等元字符本身，就可以使用 \ 元字符进行转义。比如 \. 表示匹配 . 本身，而不是匹配任意一个字符。

( ) 用于对正则表达式分组。在指定重复次数时，可以使用它对分组后的内容整体进行指定。比如 `a(bc)*` 可以匹配到 `a`、`abc`、`abcbc` 等字符串。

| 可以连接多个正则表达式，用于匹配满足其中任意一个正则表达式的字符串。比如 `abc|xyz` 可以匹配到 `abc` 或 `xyz`，`abc|xyz|123` 可以匹配到 `abc`、`xyz`、`123` 中的任意一个。

## 10.3 详解 grep 命令

如前所述，`grep` 命令只会将输入文件中和指定的匹配模式相匹配的内容输出到标准输出。前面只介绍了 `grep` 命令和正则表达式的关系，本节将介绍该命令的各种使用方法。

比如，下面的示例将输出 `/etc/passwd` 文件中包含 `bash` 的所有行。

▼ 输出包含 bash 的行

```
$ grep bash /etc/passwd
root:x:0:0:root:/root:/bin/bash
okita:x:1002:1002::/home/okita:/bin/bash
```

可以同时指定多个输入文件。

▼ 使用 grep 命令从两个文件中搜索

```
$ grep bash /etc/passwd ~/.bashrc
/etc/passwd:root:x:0:0:root:/root:/bin/bash
/etc/passwd:okita:x:1002:1002::/home/okita:/bin/bash
/home/okita/.bashrc:# .bashrc
/home/okita/.bashrc:if [ -f /etc/bashrc ]; then
/home/okita/.bashrc:    source /etc/bashrc
```

如果省略输入文件，或者指定 - 作为输入文件，则 grep 命令会从标准输入中读取输入内容。

## 与匹配模式相关的选项

grep 命令提供了很多选项，这里介绍一下其中经常使用的几个选项。首先介绍关于匹配模式的指定和模式解析的基本选项（表 10.5）。

表 10.5 与匹配模式的指定相关的选项

| 选　项 | 说　明 |
| --- | --- |
| -E | 使用扩展正则表达式 |
| -F | 不使用正则表达式 |
| -i | 不区分字母的大小写 |
| -e 匹配模式 | 指定匹配模式 |
| -v | 对查找结果取反 |

grep 命令会将指定的匹配模式视为基本正则表达式，但是如果指定了 -E 选项，则会视为扩展正则表达式。此外，如果指定 -F 选项，则指定的匹配模式将不会被当作正则表达式，而会被当作固定的普通字符串来处理。也就是说，使用 -F 选项后，匹配模式中的元字符都将失去其特殊含义，并且 grep 命令只会查找这个普通字符串。

### –i 选项

-i 选项用于忽略字母大小写的差异。如果指定了该选项，就不再区分字母的大小写，而是同时对大写和小写字母进行匹配。

### –e 选项

-e 选项用于指定匹配模式。它后面的参数是要查找的匹配模式。这个选项主要用于指定多个匹配模式。如果指定了多个 -e 选项，则这些匹配模式之间会使用 OR 的关系进行查找，输出满足其中任何一个模式的内容。比如，下面的示例将输出 /etc/passwd 文件中包含 okita 或 root 的行。

▼ 通过 grep 命令指定两个匹配模式

```
$ grep -e okita -e root /etc/passwd
root:x:0:0:root:/root:/bin/bash
operator:x:11:0:operator:/root:/sbin/nologin
okita:x:1002:1002::/home/okita:/bin/bash
```

此外，该选项还用于指定不会被视为匹配模式的字符串。如果想将 -e 或 -E、--help 等字符串作为匹配模式进行查找，单纯使用 grep -E /etc/passwd 这样的形式是不行的。这是因为，以 - 开头的字符串会被解释为 grep 命令的选项。也就是说，这条命令会被解释为指定了 -E 选项，要查找的匹配模式为 /etc/passwd。这时候就可以使用 -e 选项。-e 选项之后的内容都会被当作普通的匹配模式处理，而不会被解释为命令的选项，因此 -e 选项后面可以使用以 - 开头的字符串。

▼ 将以 - 开头的字符串指定为匹配模式

```
$ grep -e -E /etc/crontab
```

### –v 选项

最后的 -v 选项用于对匹配的结果进行取反操作。通常，grep 命令会输出匹配到的行。使用该选项之后则正相反，被输出的是没有匹配到指定匹配模式的行。比如，下面的示例将过滤掉 /etc/crontab 文件中以 # 开头的行，只输出其余的行。

▼ 通过 grep 命令输出没有匹配到指定模式的行

```
$ grep -v '^#' /etc/crontab
SHELL=/bin/bash
PATH=/sbin:/bin:/usr/sbin:/usr/bin
MAILTO=root
```

## 与输出格式相关的选项

接下来介绍一些与输出格式相关的选项（表 10.6）。

表 10.6 与输出格式相关的选项

| 选项 | 说明 |
|---|---|
| -n | 输出结果中包含行号 |
| -H | 输出结果中包含匹配到的文件的名称 |
| -h | 输出结果中不包含匹配到的文件的名称 |
| -l | 只输出匹配到的文件的名称 |
| -L | 只输出没有匹配到的文件的名称 |
| -o | 只输出匹配到的内容，而不是整行内容 |
| -q | 不输出匹配结果 |

### -n 选项

-n 选项用于在输出结果的同时输出匹配的行号。指定了这个选项后，输出结果的格式为“行号 : 行内容”。比如下面的示例将输出 /etc/crontab 文件中包含 month 的行，以及相应的行号。

▼ 通过 grep 命令输出行号

```
$ grep -n month /etc/crontab
10:# |  |  .---------- day of month (1 - 31)
11:# |  |  |  .------- month (1 - 12) OR jan,feb,mar,apr ...
```

### -H 选项和 -h 选项

-H 和 -h 是与文件名相关的两个选项。如果没有指定任何选项，则 grep 命令的基本处理方式是只输出匹配到的行的内容，不输出文件名。但是，如果输入文件有两个及以上，那么在输出匹配结果时，grep 命令还会在匹配到的行前面加上文件名，即以“文件名 : 行的内容”的格式输出。这样一来，即使输入文件有两个及以上，用户也可以很方便地知道匹配到的是哪个文件。如果输入文件只有一个，匹配到的文件的名称很明确，因此输出结果中不会包含文件名信息。

-H 选项和 -h 选项可以控制是否在输出结果中包含文件名。指定了 -H 选项后，不管输入文件个数是多少，输出结果中始终都包含文件名。-h 选项则正相反，不管输入文件个数是多少，输出结果中都不包含文件名。

我们来看几个示例。如果没有指定任何选项，且输入文件只有一个，则输出结果中只包含匹配到指定模式的行的内容。

▼ 没有指定选项，只有一个输入文件的情况

```
$ grep bash /etc/crontab
SHELL=/bin/bash
```

如果没有指定任何选项，但输入文件有两个，则以“文件名：行内容”的格式输出匹配结果，既包含匹配到的行，也包含文件名。

▼ 没有指定选项，有两个输入文件的情况

```
$ grep bash /etc/crontab /etc/bashrc
/etc/crontab:SHELL=/bin/bash
/etc/bashrc:# /etc/bashrc
/etc/bashrc:      if [ -e /etc/sysconfig/bash-prompt-xterm ]; then
/etc/bashrc:          PROMPT_COMMAND=/etc/sysconfig/bash-prompt-xterm
/etc/bashrc:      if [ -e /etc/sysconfig/bash-prompt-screen ]; then
/etc/bashrc:          PROMPT_COMMAND=/etc/sysconfig/bash-prompt-screen
/etc/bashrc:    SHELL=/bin/bash
```

如果指定了 -H 选项，那么不管有几个输入文件，输出结果中始终都包含文件名。

▼ 使用 -H 选项，有一个输入文件的情况

```
$ grep -H bash /etc/crontab
/etc/crontab:SHELL=/bin/bash
```

▼ 使用 -H 选项，有两个输入文件的情况

```
$ grep -H bash /etc/crontab /etc/bashrc
/etc/crontab:SHELL=/bin/bash
/etc/bashrc:# /etc/bashrc
/etc/bashrc:      if [ -e /etc/sysconfig/bash-prompt-xterm ]; then
/etc/bashrc:          PROMPT_COMMAND=/etc/sysconfig/bash-prompt-xterm
/etc/bashrc:      if [ -e /etc/sysconfig/bash-prompt-screen ]; then
/etc/bashrc:          PROMPT_COMMAND=/etc/sysconfig/bash-prompt-screen
/etc/bashrc:    SHELL=/bin/bash
```

相反，如果指定了 -h 选项，则不管有几个输入文件，输出结果中始终都不包含文件名。

▼ 使用 -h 选项，有一个输入文件的情况

```
$ grep -h bash /etc/crontab
SHELL=/bin/bash
```

▼ 使用 -h 选项，有两个输入文件的情况

```
$ grep -h bash /etc/crontab /etc/bashrc
SHELL=/bin/bash
# /etc/bashrc
      if [ -e /etc/sysconfig/bash-prompt-xterm ]; then
          PROMPT_COMMAND=/etc/sysconfig/bash-prompt-xterm
      if [ -e /etc/sysconfig/bash-prompt-screen ]; then
          PROMPT_COMMAND=/etc/sysconfig/bash-prompt-screen
    SHELL=/bin/bash
```

有时我们需要在输出结果中包含文件名，有时又会觉得文件名多余。可以根据实际情况来使用这两个选项，对是否在输出结果中包含文件名进行控制。

如果与 -n 选项搭配使用，就可以同时输出文件名和行号，输出结果的格式为“文件名 : 行号 : 行内容”。

▼ 同时输出行号和文件名

```
$ grep -H -n bash /etc/crontab
/etc/crontab:1:SHELL=/bin/bash
```

### –L 选项和 –l 选项

-L 选项和 -l 选项可以以文件为单位统计某个文件是否包含指定的匹配模式。指定了 -l 选项后，grep 命令就会检查每个输入文件中是否包含匹配到指定模式的行，并输出包含这种行的文件的名称。在下面的示例中，所有包含 bash 行的文件的名称都会被输出。

▼ 输出匹配到指定模式的文件的名称

```
$ grep -l bash /etc/passwd /etc/hosts
/etc/passwd
```

-L 选项的意义和 -l 选项正相反，指定了 -L 选项之后，grep 命令会输出“没有匹配到指定模式的行”所在的文件的名称。

▼ 输出没有匹配到指定模式的文件的名称

```
$ grep -L bash /etc/passwd /etc/hosts
/etc/hosts
```

如果不想知道具体内容是什么，只想知道有没有能匹配到指定模式的文件，则可以使用这两个选项。

### ❖ –o 选项

-o 选项用于输出匹配到指定模式的那一部分内容。通常，grep 命令会输出匹配到指定模式的行的全部内容，但如果指定了 -o 选项，则不再输出整行，而只输出匹配到的部分。比如在下面的示例中，grep 命令将只输出匹配到正则表达式 /bin/[^/]+ 的部分。

▼ 只输出匹配到的部分

```
$ grep -E -o '/bin/[^/]+' /etc/passwd
/bin/bash
/bin/sync
/bin/bash
/bin/false
/bin/bash
/bin/bash
```

这个选项可以在只想获取匹配到的指定内容时使用。

### ❖ –q 选项

最后来看一下 -q 选项。它用于控制不将匹配结果输出到标准输出。通常，grep 命令会将匹配到的行输出到标准输出。如果没有匹配到任何结果，则不会输出任何内容。指定 -q 选项可以让 grep 命令不管能否匹配到结果，都不输出任何内容。这个选项主要在 if 语句中作为判断条件使用。

如果能匹配到至少一行内容，grep 命令就会返回 0 作为退出状态码；如果没有匹配到任何内容，则会返回 1。在 if 语句的判断条件中，可以使用 grep 命令的退出状态码检查文件中是否包含指定的字符串。代码清单 10.2 的示例是对 /etc/shells 文件中是否包含 bash 字符串进行判断。

**代码清单 10.2 根据文件中是否包含匹配模式执行条件处理**

```
#!/bin/bash

if grep bash /etc/shells >/dev/null; then    ← 通过将输出重定向到 /dev/null 来忽略 grep 命令的输出内容
  echo Found
fi
```

grep 命令会输出匹配到的行。在只想判断文件是否包含指定的匹配模式时，这样反而会为处理带来麻烦。为了删除多余的输出内容，上面的示例将该命令的输出结果重定向到了 /dev/null。其实使用 -q 选项可以代替输出重定向。指定 -q 选项后，标准输出中不会输出任何内容，只会返回相应的退出状态码（代码清单 10.3）。

**代码清单 10.3** 使用 -q 选项代替输出重定向

```
#!/bin/bash

if grep -q bash /etc/shell; then
  echo Found
fi
```

# 10.4 sed 命令

在字符串处理中，最重要的就是查找和替换。在查找字符串时，主要使用前面介绍的 grep 命令；在替换字符串时，则主要使用 sed 命令。本节讲解 sed 命令。

sed 是一种称为流式编辑器的命令，它会先对输入流进行文本转换等，再输出处理结果。sed 本身提供了很多功能，甚至可以单独作为一门编程语言使用，但是在 shell 脚本中，它主要被用于替换和输出字符串。

sed 命令的使用方法如下。

**语法** sed 命令

```
sed [选项] 处理脚本 输入文件 ...
```

输入文件可以省略。如果省略，标准输入就会被当作输入文件。

处理脚本是为 sed 命令指定处理内容的命令语法。比如下面示例中的 s/:/_/g 就是指定的处理脚本。

▼ 将 :（冒号）替换为 _（下划线）

```
$ sed 's/:/_/g' /etc/passwd
root_x_0_0_root_/root_/bin/bash
bin_x_1_1_bin_/bin_/sbin/nologin
daemon_x_2_2_daemon_/sbin_/sbin/nologin
adm_x_3_4_adm_/var/adm_/sbin/nologin
lp_x_4_7_lp_/var/spool/lpd_/sbin/nologin
sync_x_5_0_sync_/sbin_/bin/sync
……以下省略……
```

这个示例会将 /etc/passwd 文件中的 :（冒号）替换为 _（下划线），再输出替换后的结果。

处理脚本由“地址”和“处理命令”两部分组成。地址是一种符号，用于指定要处理的行。在上面的示例中，处理脚本 s/:/_/ 并没有使用地址。如果像这样省略了地址，则文件的全部内容都会成为处理对象。

如果想指定要处理的范围，可以在命令的左边加上地址。指定了地址后，只有在该地址范围之内的行才会成为处理对象。地址的指定方法主要有如表 10.7 所示的 3 种。

表 10.7 在处理脚本中指定地址的方法

| 指定方法 | 内　容 |
|---|---|
| 数值 | 该行号指定的行 |
| /正则表达式/ | 匹配到该正则表达式的所有行 |
| $ | 最后一行 |

在下面的示例中，地址指定的是 2，也就是说，只对第 2 行执行替换处理。

▼ 只将第 2 行作为命令的处理对象

```
$ sed '2s/:/_/g' /etc/passwd
root:x:0:0:root:/root:/bin/bash
bin_x_1_1_bin_/bin_/sbin/nologin  ◀── 只有第 2 行被替换
daemon:x:2:2:daemon:/sbin:/sbin/nologin
adm:x:3:4:adm:/var/adm:/sbin/nologin
lp:x:4:7:lp:/var/spool/lpd:/sbin/nologin
sync:x:5:0:sync:/sbin:/bin/sync
……以下省略……
```

如果使用“地址 1，地址 2”这样的格式，则从地址 1 到地址 2 之间的内容都是命令的处理对象。比如下面的示例中使用的地址“2,4”表示处理对象为从第 2 行到第 4 行的内容。

▼ 替换从第 2 行到第 4 行的内容

```
$ sed '2,4s/:/_/g' /etc/passwd
root:x:0:0:root:/root:/bin/bash
bin_x_1_1_bin_/bin_/sbin/nologin
daemon_x_2_2_daemon_/sbin_/sbin/nologin
adm_x_3_4_adm_/var/adm_/sbin/nologin
lp:x:4:7:lp:/var/spool/lpd:/sbin/nologin
sync:x:5:0:sync:/sbin:/bin/sync
……以下省略……
```

处理命令用于设置如何对指定的行进行处理。处理命令也有多种，在 shell 脚本中主要使用的是 s 命令。它用于替换字符串，使用方法如下。

语 法 sed 的 s 命令

```
s/ 匹配模式 / 替换后字符串 / 标志
```

该语法会使用“替换后字符串”来替换输入内容中与“匹配模式”一致的部分，并将替换结果输出到标准输出。比如前面介绍的 s/:/_/g 就是使用 _ 替换 : 的命令。这里的“匹配模式”将被视为基本正则表达式。

“替换后字符串”也可以是空字符串。这就相当于删除匹配到的部分。比如下面的示例会将 /etc/passwd 文件中的 : 删除。

▼ 使用 s 命令将匹配到指定模式的内容删除

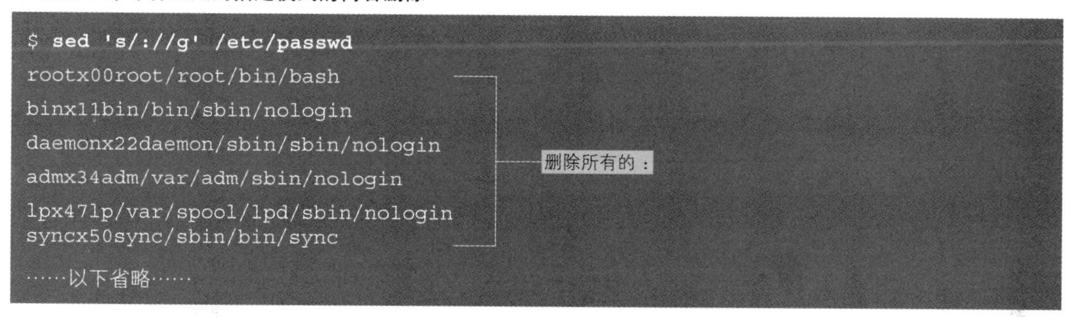
```
$ sed 's/://g' /etc/passwd
rootx00root/root/bin/bash
binx11bin/bin/sbin/nologin
daemonx22daemon/sbin/sbin/nologin
admx34adm/var/adm/sbin/nologin
lpx47lp/var/spool/lpd/sbin/nologin
syncx50sync/sbin/bin/sync
……以下省略……
```


s 命令末尾的标志是可以控制替换操作的符号，常用的主要是 g 和 i。标志 g 表示对匹配到匹配模式的所有结果进行替换。如果没有使用任何标志，则只替换每行中第 1 个匹配到的地方。使用了标志 g，就会对第 2 个及之后的所有匹配部分进行替换。大部分场景需要进行全部替换，因此一般使用标志 g。

i 是用于忽略字母大小写的标志。如果指定了此标志，则对匹配模式进行匹配时将不再区分大小写。

如果不需要使用任何标志，则标志部分可以省略。此外，如果要同时使用多个标志，可以像 ig 或 gi 这样以任意的顺序指定多个标志。

## 如何查找 /（分隔号）字符

如果想要在匹配模式和替换后字符串中包含 /（分隔号）字符，则需要特别注意。为了与 s 命令默认的分隔符相区分，需要使用 \/ 对 / 字符进行转义。比如下面的示例会将 /etc/passwd 文件中的 /bin/ 替换为 /usr/bin/。

▼ 对文件路径中的分隔符 / 进行转义处理

```
$ sed 's/\/bin\//\/usr\/bin\//g' /etc/passwd
root:x:0:0:root:/root:/usr/bin/bash
bin:x:1:1:bin:/bin:/sbin/nologin
daemon:x:2:2:daemon:/sbin:/sbin/nologin
adm:x:3:4:adm:/var/adm:/sbin/nologin
lp:x:4:7:lp:/var/spool/lpd:/sbin/nologin
……以下省略……
```

实际上，也可以使用 / 之外的字符作为 s 命令的分隔符。这种情况下，就可以在匹配模式和替换后字符串中直接使用 /，而不必进行转义处理。如果匹配模式中包含很多 / 字符，那么建议使用其他字符作为分隔符，这样代码也更容易阅读。下面将使用 % 来改写前面的示例。

▼ 使用 % 作为分隔符

```
$ sed 's%/bin/%/usr/bin/%g' /etc/passwd
root:x:0:0:root:/root:/usr/bin/bash
bin:x:1:1:bin:/bin:/sbin/nologin
……以下省略……
```

这时一般使用 % 或 ! 字符作为分隔符。

## sed 命令的选项

sed 命令也有很多选项，这里介绍一下表 10.8 中常用的 3 个选项。

表 10.8 sed 命令的选项

| 选　项 | 说　明 |
|---|---|
| -r | 使用扩展正则表达式 |
| -e 处理脚本 | 指定处理脚本 |
| -i | 对文件进行编辑并覆盖保存 |

-r 是用于在 sed 命令中使用扩展正则表达式的选项。如果没有指定选项，sed 命令会默认将基本正则表达式视为正则表达式。因此，在想使用扩展正则表达式时，可以指定该选项。

-e 选项用于为 sed 命令设置要执行的处理脚本。如果没有指定任何选项，sed 命令会将第 1 个非选项的参数作为处理脚本来运行。如果使用了 -e 选项，就可以显式地指定要执行的处理脚本。这个选项主要用于为 sed 命令指定多个处理脚本。比如下面的示例指定了 s/:/,/g 和 s/bin//g 两个处理脚本。

▼ 指定多个处理脚本

```
$ sed -e 's/:/,/g' -e 's/bin//g' /etc/passwd
root,x,0,0,root,/root,//bash
,x,1,1,,/,/s/nologin
daemon,x,2,2,daemon,/s,/s/nologin
adm,x,3,4,adm,/var/adm,/s/nologin
lp,x,4,7,lp,/var/spool/lpd,/s/nologin
sync,x,5,0,sync,/s,//sync
……以下省略……
```

-i 选项用于直接对输入文件进行编辑，并在编辑后对该文件进行覆盖保存。通常，sed 命令只会将处理结果输出到标准输出，不会对原输入文件进行任何修改。如果使用了 -i 选项，则处理结果将不会输出到标准输出，而是会对原文件进行编辑和覆盖保存。

下面的示例会将 name.txt 文件中的 XXX 替换为 okita。由于使用了 -i 选项，原文件会被直接修改。

▼ 通过 -i 选项直接编辑原文件

```
$ cat name.txt
user = XXX  ◀──── 原文件的内容
$ sed -i 's/XXX/okita/g' name.txt
$ cat name.txt
user = okita  ◀──── 直接编辑文件
```

如果在 -i 选项的后面指定一个字符串参数，sed 命令还会对编辑之前的原文件备份。这时，-i 选项指定的字符串就是备份文件的后缀名。比如下面的示例在 -i 选项后面指定了 .bak，因此 sed 命令会以 name.txt.bak 为文件名对编辑之前的原文件备份。

▼ 创建备份文件

```
$ cat name.txt
user = XXX
$ sed -i.bak 's/XXX/okita/g' name.txt
$ ls
name.txt  name.txt.bak  ◀──── 创建备份文件
$ cat name.txt
user = okita  ◀──── 通过 sed 命令编辑
$ cat name.txt.bak
user = XXX  ◀──── 备份文件内容与原文件一致
```

如果想在 shell 脚本中直接编辑文件，则可以使用此选项。

Column

## shell 脚本的输出信息要使用什么语言编写

shell 脚本有时会输出帮助信息和错误信息等。我们应该使用哪国语言来编写这些信息呢？大部分读者的母语是中文，因此编写中文的输出语句应该最容易。但是，Linux 是以英语为标准语言开发的，很多文档和命令的输出使用的是英语。

过去，如果不进行适当的配置，shell 脚本就不能正确显示英语以外的字符（更确切地说，是不能用 ASCII 码表示的字符），会出现乱码。现在各发行版的配置和应用程序都提供了对多语言的支持，即使是英语之外的字符，也可以在不进行特殊配置的情况下正常显示。而且，以前为了能显示 ASCII 码之外的字符，人们会使用多种字符编码，但是现在基本以 UTF-8 为标准的编码方式。因此，只要使用 UTF-8，基本上不会出现乱码的问题。

在这样的背景下，大家最好还是根据用户的需求选择使用哪种语言。如果目标用户很明显都以中文为主要语言，则选择使用中文来编写各种输出信息。如果是一个工具，不知道其目标用户是谁，或者希望各国用户都能使用它，则使用英语来编写输出信息才有助于更多的用户理解。所以，推荐大家根据目标用户的语言使用情况来选择使用哪种语言。

## 小 结

本章介绍了什么是正则表达式，以及如何查找和替换字符串。这些都是 shell 脚本中经常使用的操作，相信大家今后一定会遇到。可以到时候再回来参考本章的内容。

# Chapter 11

# shell 脚本的执行方法

为了执行 shell 脚本，我们在第 1 行都设置了 shebang 信息。但是，这个 shebang 到底有什么作用呢？本章将讲解 shell 脚本的执行方法、shebang 的含义以及执行 shell 脚本时脚本内部的处理。

# 11.1 如何执行 shell 脚本

如前所述，执行 shell 脚本需要以下 3 个步骤。

- 在脚本的第 1 行写上 shebang。
- 为脚本文件添加可执行权限。
- 在执行时指定脚本文件的路径。

本章将结合 Linux 系统的机制解释上面每一步的含义。

## 另一种执行方式

在开始解释之前，先来介绍一种不涉及上面 3 个步骤的执行方法。3.3 节（第 23 项）已经介绍过这种方法了，这里就当作复习吧。

假设有一个如代码清单 11.1 所示的文件。

**代码清单 11.1** shell 脚本的示例（hello.txt）

```
echo 'Hello, world!'
```

现在文件里只写了需要调用的命令，没有设置 shebang，也没有设置可执行权限。在这种情况下，可以像下面这样执行该脚本文件。

▼ 将 shell 脚本作为参数执行 bash 命令

```
$ bash hello.txt
Hello, world!
```

如 3.3 节所述，shell 也是一种命令，所以它可以在 shell 上执行。bash 在指定一个文件名作为参数后，从头开始按顺序执行该文件中记录的命令。最终，该文件是作为 shell 脚本执行的。

但是，使用这种方法执行 shell 脚本有一个前提，那就是必须知道被指定的文件是一个 bash 的脚本文件。而在实践中，能够不必考虑文件的内容，像其他命令一样只指定文件名就可以执行才更加方便。要实现此目的，就需要遵照前面介绍的 3 个步骤。

# 11.2 shebang 的作用

这里将使用本书最开始介绍的 shell 脚本 hello.sh 来说明为什么需要 shebang（代码清单 11.2）。

代码清单 11.2 hello.sh

```
#!/bin/bash
echo 'Hello, world!'
```

在执行这个 shell 脚本时，需要先为它添加可执行权限，然后像下面这样执行。

▼ 以命令的形式执行 shell 脚本

```
$ ./hello.sh
Hello, world!
```

此时，当前正在执行的 shell（当前 shell）会通过 fork 系统调用创建子进程，并在该子进程中通过 exec 系统调用执行 ./hello.sh 文件。

exec 系统调用本来是为执行像 ls 这样以二进制文件形式存在的命令而设计的，但是如果被调用文件的开头两个字节是 #!，它会执行文本文件。具体来说，exec 系统调用会将从 #! 后面到行尾的字符串当作命令，并执行该命令。而且，它还会将本来想要执行的文件名作为参数传递给该命令。

在这个示例中，第 1 行的内容为 #!/bin/bash，所以 exec 会执行 /bin/bash 命令，并将 ./hello.sh 当作 /bin/bash 命令的参数。因此这种方式就相当于在 shell 中直接执行下面这样的命令。

```
/bin/bash ./hello.sh
```

如前所述，bash 命令会执行参数指定的文件内容，因此 hello.sh 文件会被当作 shell 脚本执行。这就是 shebang 的作用。另外，由于 shebang 以 # 开始，所以会被解释为 bash 的注释行，并不会影响 shell 脚本的执行。

由 shebang 指定的命令可以是任何可执行文件。通过绝对路径的方式指定要执行的命令路径，exec 系统调用就会执行这条命令。比如，想执行安装在 /usr/local/bin/ 下面的 bash 执行脚本，就需要将 shebang 设置为 #!/usr/local/bin/bash。

# 11.3 命令搜索路径

在前面执行 shell 脚本时，我们在文件名前面添加了 ./（点号和分隔号），这个前缀用于指明要执行的文件位置。下面解释一下它的含义。

为了让 shell 执行指定的命令，需要让它知道命令的绝对路径。最简单的方法是直接用绝对路径指定要执行的命令。比如，想要执行 /home/okita/ 目录下的 hello.sh 文件，就可以像下面这样指定文件位置。

▼ 通过绝对路径指定并执行脚本

```
$ /home/okita/hello.sh
```

使用绝对路径的好处是可以消除歧义。/home/okita/hello.sh 文件会被执行。然而，绝对路径通常很长，如果每次都指定会很麻烦。因此，通过相对路径指定的方法也很常用。比如，当前目录是 /home/okita/，则可以使用以下命令执行 hello.sh 文件。

▼ 通过相对路径指定并执行脚本

```
$ ./hello.sh
```

由于当前目录是 /home/okita/，所以 ./hello.sh 会执行当前目录下的 hello.sh 文件，即 /home/okita/hello.sh。实际执行的文件和前面示例中的相同，但是用于指定文件的路径可以短很多。

不过，如果使用相对路径指定，则在当前目录每次发生变化时都必须更改指定的文件路径。而且，如果要执行的文件位于当前目录的深层次结构中，那么文件路径过长的问题还是无法解决。

有没有一种办法不需要指定文件的路径，只需要指定文件名就可以呢？如果有，那我们就可以不管当前路径，直接使用简短的文件名指定并执行文件了。命令搜索路径就是用于解决这个问题的一种机制。

命令搜索路径指的是 shell 搜索可执行文件的目录的列表。bash 会将变量 PATH 中设置的值作为命令搜索路径。变量 PATH 的值由使用 :（冒号）连接的多个目录组成。

假设环境变量 PATH 的值如下所示。

▼ 环境变量 PATH 的值

```
$ echo $PATH
/usr/sbin:/usr/bin:/sbin:/bin
```

在这种情况下，以下 4 个目录会被指定为命令搜索路径。

```
/usr/sbin
/usr/bin
/sbin
/bin
```

另外，在 Windows 的命令行提示符下，当前目录会被自动添加到命令搜索路径中，但是 Linux 的 shell 中没有这样的自动设置。

假设在这种状态下只指定了文件名。

▼ 仅指定文件名来执行命令

```
$ hello.sh
```

这时，bash 会先在环境变量 `PATH` 内设置的目录中查找名为 `hello.sh` 的文件，判断 `/usr/sbin/hello.sh` 或 `/usr/bin/hello.sh` 等文件是否存在。如果找到一个文件，就可以确定这个文件的绝对路径，因此 bash 将执行该绝对路径所指向的文件。由于该命令搜索过程是在命令搜索路径中按照从前往后的顺序逐个目录进行搜索的，所以如果一条命令在多个搜索路径中存在，则优先使用最先查找到的目录下的命令。

如果通过搜索找不到文件，bash 将无法执行命令。在这种情况下，shell 脚本会输出如下错误信息。

▼ 从命令搜索路径无法找到文件时的脚本报错

```
$ hello.sh
-bash: hello.sh: 未找到命令
```

利用这种命令搜索路径机制，用户就可以通过只指定文件名来执行命令，而不必知道文件实际保存在哪里。

此外，不管是绝对路径（`/home/okita/hello.sh`）还是相对路径（`./hello.sh`），如果指定的命令中包含 `/`（分隔号）字符，shell 就不会在命令搜索路径中查找。因此，如果指定路径的文件不存在，脚本也会像上面那样显示“未找到命令”的错误信息。

## 添加命令搜索路径

如果希望自己编写的 shell 脚本也可以像普通命令一样只使用文件名就可以执行，那么需要把 shell 脚本保存到命令搜索路径中指定的目录下面。但是，对于 `/usr/bin` 这种系统默认设置的命令搜索路径，一般用户不具有可写权限，因此我们自己编写的脚本不能直接放到它下面。即使能放，也会因为系统更新等原因导致文件被覆盖。因此，一般的做法是避开在系统范围内使用的目录，在自己的用户主目录下创建名为 bin 的目录来保存自己的 shell 脚本文件。

▼ 在用户主目录下创建用于存放 shell 脚本的目录

```
$ mkdir "$HOME/bin"
```

然后将该目录添加到命令搜索路径中。

▼ 将新创建的 bin 目录添加到命令搜索路径

```
$ PATH="$PATH:$HOME/bin"
```

这样就完成了准备工作。将想要执行的 shell 脚本保存到 $HOME/bin 目录下，就可以只使用文件名来执行脚本了。

▼ 只使用文件名来执行脚本

```
$ mv hello.sh "$HOME/bin"
$ hello.sh
Hello, world!  ◀—— 不使用路径信息就可以执行脚本
```

如果想在日常工作中经常使用自己编写的脚本，那么将这些脚本放到这个目录下将是一个很好的主意。

有一点需要注意，那就是在退出当前 shell，结束 shell 进程之后，刚刚设置的环境变量 PATH 将丢失。如果想要在再次登录 shell 时也启用这样的设置，则需要将对环境变量 PAHT 的修改保存到 ~/.bash_profile 文件中（代码清单 11.3）。

代码清单 11.3 在 bash 的启动配置文件中设置环境变量 PATH（.bash_profile）

```
# .bash_profile

# Get the aliases and functions
if [ -f ~/.bashrc ]; then
        . ~/.bashrc
fi

# User specific environment and startup programs
PATH=$PATH:$HOME/bin    ◀—— 将 $HOME/bin 添加到命令搜索路径
```

# 11.4 shell 脚本的权限

要想将 shell 脚本作为命令执行，需要为它赋予可执行权限。如果尝试执行没有执行权限的文件，会得到以下错误信息。

▼ 无法执行没有执行权限的 shell 脚本

```
$ chmod -x hello.sh    ◀——取消文件的可执行权限
$ ./hello.sh
-bash: ./hello.sh: 权限不够
```

这是因为 exec 系统调用会在执行文件时检查执行权限。如果使用其他 shell 脚本执行方式，将脚本文件作为 bash 命令的参数，exec 系统调用就不会直接执行 shell 脚本文件。因此在这种情况下，用户不必拥有对 shell 脚本文件的执行权限。

▼ 以输入参数的方式执行时，即使没有可执行权限也可以执行

```
$ chmod -x hello.sh    ◀——取消文件的可执行权限
$ bash hello.sh
Hello, world!
```

但是，即使在这种情况下，也需要拥有对该文件的读取权限（图 11.1）。因为 bash 命令需要读取该文件的内容。bash 命令会读取通过参数指定的 hello.sh 文件，并从头开始按顺序执行该文件中的命令。如果没有读取权限，就无法读取该文件中记录的命令，因此也就无法执行该 shell 脚本。

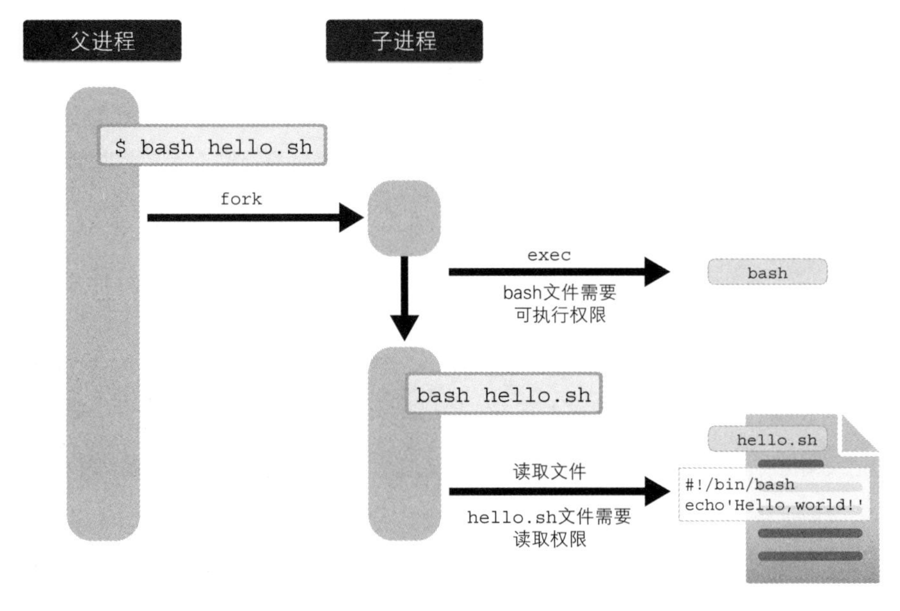


图 11.1 将 shell 脚本作为 bash 命令的参数

即使是以命令的方式执行 shell 脚本，也需要拥有读取权限。如果尝试执行一个没有读取权限的 shell 脚本，会得到如下错误信息。

▼ 执行没有读取权限的 shell 脚本

```
$ chmod +x hello.sh  ◀──── 添加文件的可执行权限
$ chmod -r hello.sh  ◀──── 取消文件的读取权限
$ ./hello.sh
/bin/bash: ./hello.sh: 权限不够
```

由于该文件具有可执行权限，因此 `exec` 系统调用会执行 shebang 中设置的命令（这里为 `/bin/bash`）。也就是会像下面这样执行命令。

```
/bin/bash ./hello.sh
```

这时，如果没有该文件的读取权限，那么 `bash` 命令就不能读取该文件中的命令，shell 脚本会因为不能被执行而报错（图 11.2）。

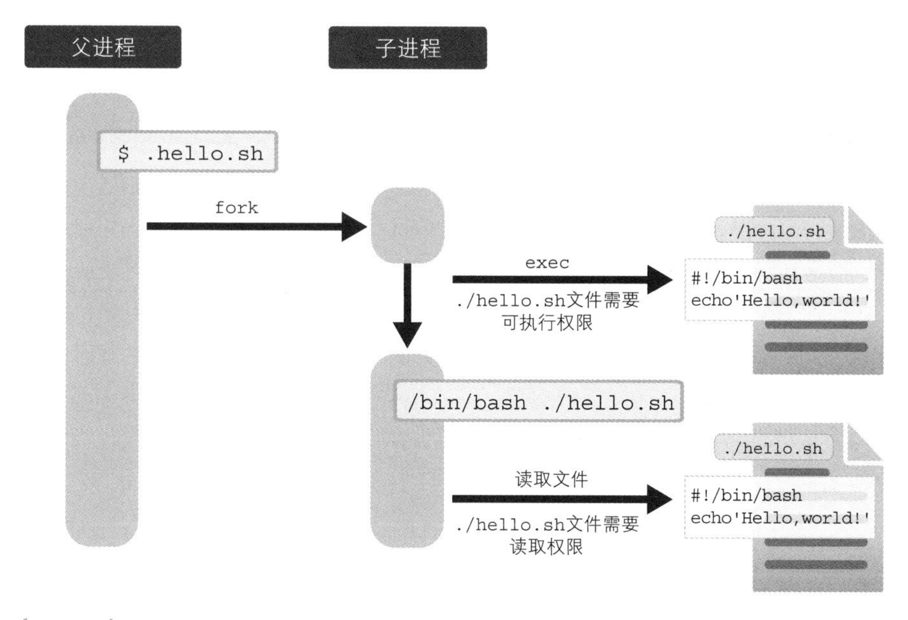


图 11.2 将 shell 脚本作为命令

由于文件在创建时就被赋予了读取权限，所以通常很少会出现这种错误，但是当创建 shell 脚本的用户和执行该脚本的用户不同时，就可能出现没有读取权限的情况。如果在尝试执行 shell 脚本时发生错误，可以检查一下是否具备这里介绍的权限。

# 11.5 source 命令

前面讲解了将文件作为命令来执行 shell 脚本的方法。

除此之外，还可以使用 `source` 命令执行 shell 脚本，下面就来介绍一下 `source` 命令。它是 bash 的内置命令，使用 shell 脚本的文件名作为参数。下页的示例展示了如何使用 `source` 命令执行 shell 脚本文件 `hello.sh`。

▼ 使用 source 命令执行 shell 脚本

```
$ source ./hello.sh
Hello, world!
```

source 命令会读取参数指定的文件内容并在当前 shell 中执行文件中的命令。换句话说，它会像直接在命令行输入脚本中的命令一样，逐行执行文件中的命令。这与将 shell 脚本当作命令执行的方法基本一样，但是在脚本是否在当前进程中执行这一问题上有几点不同。

在使用 source 命令的方法中，shell 脚本是在当前进程中执行的（图 11.3）。因此，执行 shell 脚本之前的当前 shell 的状态会影响 shell 脚本的执行。而且，shell 脚本执行之后的状态也会反映到当前 shell 中。比如在当前 shell 中定义的变量、函数和设置的别名等在 shell 脚本中都可以直接使用。另外，如果在 shell 脚本中切换了所在目录，那么在 source 命令结束之后，当前目录也会切换为新的目录。

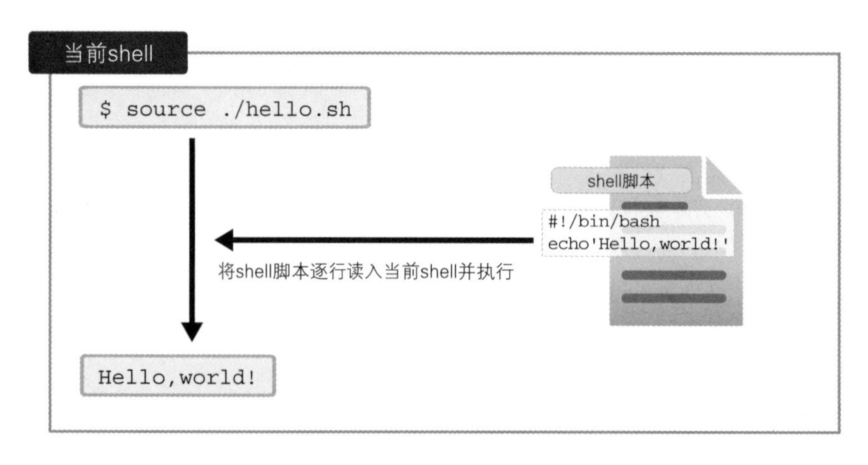


图 11.3 使用 source 命令执行 shell 脚本

与此相对，在通过命令方式执行 shell 脚本的方法中，shell 会从当前进程中创建新的子进程，并在子进程中执行 shell 脚本（图 11.4）。因此，执行前在当前 shell 中进行的设置不会对要执行的新进程产生影响（但是环境变量会被子进程继承）。另外，当 shell 脚本终止运行时，子进程本身也会被终止，且其状态不会被调用者的当前 shell 继承。

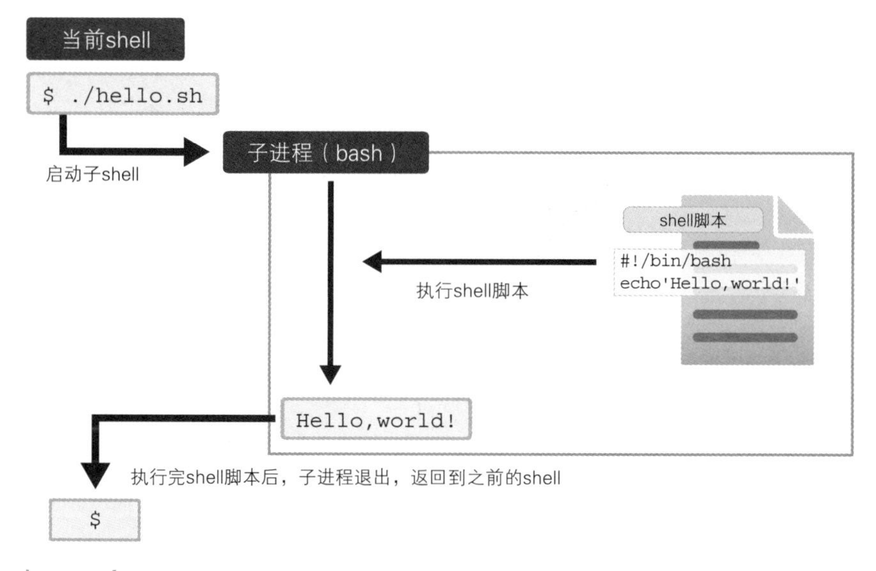


图 11.4 在子进程中执行 shell 脚本

根据当前 shell 的状态不同，使用 source 命令可能会出现编写 shell 脚本时没有想到的结果。而且，如果 shell 脚本中预想的 shell 和当前的 shell 种类不一致，那么也不能使用 source 命令。因此，shell 脚本通常通过将文件作为命令的方式来执行。

但是，source 命令也有它的用武之地。比如可以将设置 shell 的命令写到文件里，然后在设置时就可以只读取这个文件。通过这种方法，可以将别名或提示符的字符串配置等经常使用的配置写到文件中，然后通过 source 命令读取这个文件，修改当前 shell 的设置。

Column

## env 命令

env 命令是用于在设置环境变量后执行其他命令的命令，其使用方法如下。

语法 env 命令

```
$ env 环境变量名=值 ... 命令 参数 ...
```

参数中的命令可以是绝对路径，也可以是单独的命令名。如果是单独的命令名，则在命令的搜索路径中查找并执行该命令。

我们主要在想设置临时的环境变量值来执行命令时使用 env 命令。比如下面的示例会将 LANG 环境变量的值设置为 en_US.UTF-8，然后执行 date 命令。

▼ **设置变量 LANG 的值并执行该命令**

```
$ env LANG=en_US.UTF-8 date
Tue Oct  4 14:57:03 CEST 2018
```

env 命令的另一个用法是在 shebang 中使用（代码清单 11.4）。

**代码清单 11.4　使用 env 命令设置 shebang（hello2.sh）**

```
#!/usr/bin/env bash

echo 'Hello, world!'
```

执行这个 shell 脚本之后，bash 会对 shebang 进行解析，执行如下所示的命令。

```
/usr/bin/env bash ./hello2.sh
```

从结果上来说，这相当于使用 bash 命令执行 hello.sh 脚本。这时 bash 使用的是单独的命令名，因此命令搜索路径中的 bash 命令会被执行。

这种方法的优点是脚本的执行不依赖于 bash 命令的绝对路径。实际上，bash 命令不需要在 /bin/bash 中，根据环境不同，它可以被安装到 /usr/bin/bash 或 /usr/local/bin/bash 等位置。通过 env 命令执行 bash 命令，可以不用关心 bash 命令的绝对路径是什么，只要该命令在命令搜索路径中即可。因此，有些人更喜欢这种指定方法。

但是，在一些环境下，env 命令本身也可能位于 /usr/bin/env 之外的位置。而且，有的环境中可能没有 env 命令。在这些情况下，即使使用这种方法也无法执行脚本。也就是说，并不存在一种方法可以让脚本在任何环境中都肯定能被执行。通常来说，使用 #!/bin/bash 应该不会有太大问题。

## 小　结

本章介绍了如何执行 shell 脚本，以及脚本执行时的内部处理机制。如果各位读者也编写了很实用的 shell 脚本，可以将它们放置在命令搜索路径下，以便随时使用。

正如本章所述，Linux 的魅力之一就是可以使用 shell 脚本创建各种扩展命令，非常方便。

Chapter 12

# 通过示例学习 shell 脚本

前面介绍了 bash 的 shell 脚本的基本语法和执行方法。本章将通过各种各样的 shell 脚本示例介绍如何编写实用的 shell 脚本。

对于每个示例，本章首先介绍 shell 脚本的源代码，然后介绍使用该脚本的方法以及脚本内部实现的细节。各位读者不要只关注每个脚本的使用方法，还要着重阅读一下脚本内部实现的方式。相信本章介绍的各种方法对各位读者今后的实际工作会大有益处。

# 12.1 示例 1：计算数值合计值

第 1 个示例非常简单，是一个对数值进行加法计算并返回计算结果的 shell 脚本。这个脚本会在运行时计算命令行参数中指定的数值，并将计算结果输出到标准输出。

sum.sh

```
 1  #!/bin/bash
 2
 3  # 文件名
 4  #   sum.sh —— 计算数值的合计值
 5  #
 6  # 语法
 7  #   sum.sh NUMBER...
 8  #
 9  # 说明
10  #   将参数中指定的所有数值的合计值输出到标准输出
11  #   只能指定整数数值（包括 0 以及负数），不能指定小数
12
13  readonly SCRIPT_NAME=${0##*/}
14
15  result=0
16
17  for number in "$@"
18  do
19    if [[ ! $number =~ ^-?[0-9]+$ ]]; then
20      printf '%s\n' "${SCRIPT_NAME}: '$number': non-integer number" 1>&2
21      exit 1
22    fi
23
24    ((result+=number))
25  done
26
27  printf '%s\n' "$result"
```

## 运行示例

在执行该脚本时，需要把想要计算合计值的数值作为参数传递给该脚本，如下页所示。

▼ 使用 sum.sh 脚本对数值求和

```
$ ./sum.sh 4 1 2
7
```

## 代码解说

第 1 行代码是 shebang，表示这个文件是需要使用 /bin/bash 执行的 shell 脚本。

从第 3 行到第 11 行是注释，简单记述了该 shell 脚本的概要。像这样在文件开头记录相关说明，有助于他人理解该脚本的作用以及调用方法。当然，如果编写脚本的本人忘记了具体内容，这些说明也能提供帮助。建议大家今后在编写 shell 脚本时，都以这样的方式记录对脚本的说明，而且尽可能将它写在主体脚本之前。将脚本说明记录在文件头部，可以明确该脚本的调用方法和处理内容等需求规范，用较少的返工完成具有一致性的实现。

### 脚本的文件名

第 13 行的代码用于取出该脚本的文件名并保存到变量中。

```
13  readonly SCRIPT_NAME=${0##*/}
```

变量 $0 保存的是执行命令时指定的命令名（→第 40 页）。在进行错误输出等的时候，利用该变量就可以随时使用该 shell 脚本的文件名。不过，变量 $0 的值不一定是 sum.sh 这样的文件名。如果用户在执行时输入的是 ./sum.sh 或 /usr/bin/sum.sh 这种路径形式，那么用户输入的全部内容都会被直接保存到该变量中（代码清单 12.1）。

代码清单 12.1　输出变量 $0 的值的 shell 脚本（zero.sh）

```
#!/bin/bash

echo "\$0 = $0"
```

▼ 变量 $0 保存的是作为命令指定的路径

```
$ ./scripts/zero.sh
$0 = ./scripts/zero.sh
```

实际上，我们只想使用变量 $0 中末尾的文件名部分，因此可以使用参数展开功能将该变量

的值中从开头到 /（分隔号）之间的部分删除。如果使用 ##，那么当该路径中含有多个 / 时，最后一个 / 前的所有内容将被删除。关于参数展开的详细说明，请参考第 66 页的 5.4 节。另外，由于 shell 脚本名称在执行期间不会发生变化，所以为了防止这个变量被意外修改，可以在变量声明时使用只读模式（→第 45 页）。

## 处理所有参数

第 15 行声明了用于保存计算结果的变量 result。从第 17 行开始是这个 shell 脚本的主体部分。使用 for 语句对指定的参数逐个进行加法计算。由于我们希望在用户输入了数值之外的字符串时，脚本可以将其作为错误来处理，所以第 19 行使用了 =~ 来判断当前处理的参数是否为数值。如第 104 页 6.3 节所述，[[ ]] 语句中的 =~ 运算符会将右边的内容当作扩展正则表达式，判断左边的内容能否成功匹配该正则表达式。由于只允许输入连续的数值或者带负号的连续数值，所以第 19 行使用了正则表达式 ^-?[0-9]+$。

```
17  for number in "$@"
18  do
19    if [[ ! $number =~ ^-?[0-9]+$ ]]; then
```

## 将错误信息重定向到标准输出

如果参数不能成功匹配，脚本就会在第 20 行输出错误信息。这里使用了重定向符号 1>&2，因此错误信息会被输出到标准错误输出（→第 126 页）。明确区分正常输出和错误输出非常重要，几乎所有命令都会遵循这一规则。这样一来，在使用管道符连接命令或者对标准输出重定向时，就不会漏掉错误信息。在编写 shell 脚本时，推荐大家使用这种重定向功能。

```
20      printf '%s\n' "${SCRIPT_NAME}: '$number': non-integer number" 1>&2
```

这个错误信息中包括 shell 脚本的名称（${SCRIPT_NAME}）和实际导致出错的字符串（$number）。这样方便用户掌握出错的原因。如果使用多个管道符同时执行多条命令，或者在 shell 脚本中调用其他命令时发生错误，用户很难分辨是哪条命令导致的错误。因此，使用上面的方法让错误信息中包含 shell 脚本的名称，哪里出现了错误就会一目了然，用户也就可以基于该错误信息检查自己的使用方法或者阅读源代码，从而调查出现错误的原因。同时，将出错的字符串一起输出，用户就可以知道自己输入的哪个字符串出现了问题，从而快速解决问题。

另外，虽然用于输出信息的经常是 echo 命令，但是这里使用了 printf 命令。这是因为，输出的字符串可能被解释为 echo 命令的命令行选项。如第 9 章所述，echo 命令不会将被解释

为命令行选项的 -n 等字符作为普通字符串输出。因此，如果事先不知道要输出的字符串的具体内容，或者 echo 命令的参数中包含 -n 等字符，就可能导致输出结果出现异常。为了避免这个问题，这里使用了 printf 命令。

实际上，在这个示例中使用 echo 命令也不会有问题。-n 即使是变量 SCRIPT_NAME 的值，也不会被解释为 echo 命令的选项，因为将要输出的信息是一个内容为 -n: 'xxx': non-integer number 的字符串。但是，考虑到有时候不清楚输入字符串的具体内容是否会导致问题发生，所以本章基本上会使用 printf 命令来输出字符串。不过，如果要输出的信息不是变量而是直接编写在源代码里的固定字符串，那么由于很明显不包含可以作为命令行选项的内容，所以也可以使用 echo 命令。

## 发生错误时的退出状态码

在出现错误时，第 21 行将返回退出状态码 1，并退出 shell 脚本的执行。一般来说，命令的退出状态码遵循“正常退出时返回 0，发生错误时返回 0 以外的值”这一规则，我们最好也遵守该规则。

```
21      exit 1
```

## 执行加法计算

第 24 行用于进行加法计算。通过 shell 脚本进行数值计算的方法有好几种，这里使用 5.6 节介绍过的算术表达式求值。

```
24    ((result+=number))
```

除此之外，还有使用算术表达式展开的方法，或者使用外部的 expr 命令的方法等。

```
result=$((result + number))          ← 使用算术表达式展开
result=$(expr "$result" + "$number")  ← 使用 expr 命令
```

可以看到，算术表达式求值更简洁，也更容易理解。

## 输出合计值

最后的第 27 行用于输出计算结果。这个 shell 脚本的最后没有使用 exit 命令，因此在最后的命令完成的同时，脚本也会退出。这时，最后执行的命令的退出状态码就成为 shell 脚本的退出状态码。如果没有参数错误，`printf` 命令的退出状态码为 `0`，因此该脚本也以退出状态码 `0` 结束。

Column

## 一般命令行选项的解析规则

Linux 中的命令支持将命令行选项作为控制命令行为的标志。命令行选项一般位于 -（连字符）之后，使用单个字符指定。如果要同时指定多个单字符的命令行选项，可以将它们一起写在 - 之后。比如 `ls` 命令有 `-l` 和 `-a` 两个选项，如果想同时使用这两个选项，既可以分开写成 `ls -l -a`，也可以像 `ls -la` 这样写到一起。

此外，在同时使用命令行选项和非选项的参数时，其指定顺序也可以任意调换。比如 `ls -l /usr -a` 和 `ls -l -a /usr` 具有相同含义。不管是哪种方式，其中的 `-l` 和 `-a` 都是命令行选项，而 `/usr` 都是该命令的参数。

如果想将本来就是命令行选项的字符串当作普通的参数使用，那么可以使用 `--` 符号。`--` 符号表示命令行参数的结束，这之后的内容都会被当作命令的参数而不是命令行选项使用。比如，`-a` 本来是 `ls` 命令的选项，但是像 `ls -l -- -a` 这样在前面加上 `--`，`-l` 会被解释为命令行选项，而 `-a` 会被当作普通的参数而不是命令行选项处理。

有的命令行选项也支持指定自己的参数。一个字符的命令行选项的参数既可以直接写在选项名后面，也可以用一个空格隔开。比如，`ls` 命令的 `-w` 选项可以接收参数，参数的设置方法如 `ls -w40` 或 `ls -w 40` 所示。

有些命令也支持以 `--` 开始的长参数形式选项。对于长参数形式选项，可以在能确定其唯一性的前提下省略其余字符。比如，`ls` 目录的 `--inode` 选项可以被省略为 `ls --ino`，因为 `ls` 命令没有其他以 `--ino` 开始的选项。

在为长参数形式选项指定参数时，可以在选项名后面使用 `=` 或者空格分隔后面的参数。比如，`ls` 命令的 `--width` 选项支持指定参数，在为该选项指定参数时，可以使用 `ls --width=40` 或 `ls --width 40` 两种形式。单字符的选项所指定的参数可以直接紧跟在选项名后面，但是对于长参数形式选项所指定的参数，如果在指定时省略掉空格而写成 `ls --width40` 这样，就会被解释为命令行选项 `--width40`，这一点需要注意。

从示例 9 开始，本章将介绍支持命令行选项的 shell 脚本，那些脚本基本上是按照上面的规则实现的。

# 12.2 示例 2：计算数值列表的合计值

在刚才的示例中，需要计算合计值的数值都是通过命令行参数的形式指定的。但是，在通过管道符将多条命令组合起来使用时，从标准输入读取数值更便于使用。下面介绍从标准输入读取数据并执行处理的示例。

sumlines.sh

```
1   #!/bin/bash
2
3   # 文件名
4   #   sumlines.sh —— 计算数值的合计值
5   #
6   # 语法
7   #   sumlines.sh
8   #
9   # 说明
10  #   从标准输入读取数值，并将合计值输出到标准输出
11  #   规定 1 行只能输入 1 个数值
12  #   只能指定整数数值（包括 0 以及负数），不能指定小数
13
14  readonly SCRIPT_NAME=${0##*/}
15
16  result=0
17
18  while IFS= read -r number
19  do
20    if [[ ! $number =~ ^-?[0-9]+$ ]]; then
21      printf '%s\n' "${SCRIPT_NAME}: '$number': non-integer number" 1>&2
22      exit 1
23    fi
24
25    ((result+=number))
26  done
27
28  printf '%s\n' "$result"
```

## 运行示例

假设有如代码清单 12.2 所示的输入文件。

代码清单 12.2 输入文件示例（numbers.txt）

```
1
5
2
```

要想计算上面这个文件中数值的合计值，可以使用下面的命令。

▼ 使用 sumlines 脚本对数值求和

```
$ cat numbers.txt | ./sumlines.sh
8
```

## 代码解说

下面就来讲解该 shell 脚本的内容。前面的注释说明以及将 shell 脚本名保存到变量的部分与示例 1 一样。

从第 18 行的 `while` 语句开始才是这个 shell 脚本的主体部分。这里使用 `read` 命令从标准输入逐行读取了数据，然后将数据保存到了变量 `number` 中。关于 `read` 命令的详细内容和 `-r` 选项的含义，请参考第 175 页。

```
18  while IFS= read -r number
```

在此之后的错误处理以及数值计算部分也和示例 1 相同。基本上就是按顺序对保存到变量 `number` 的值进行加法计算，最后输出结果。

### 示例的实际应用

下面介绍一个示例，看看这个脚本可以在哪些场景下发挥作用。`ls` 命令的 `-l` 选项可以输出文件的详细信息，详细信息中包括文件的大小。下面示例中的第 5 列（日期左边的那一列）表示的就是文件大小。

▼ 使用 ls 命令的 -l 选项输出文件的详细信息

```
$ ls -l
总用量 12
-rw-rw-r-- 1 okita okita  4  10月 27 10:30 file1.txt
-rw-rw-r-- 1 okita okita 34  10月 27 10:31 file2.txt
-rw-rw-r-- 1 okita okita 15  10月 27 10:31 file3.txt
```

下面试着计算文件大小的合计值。首先，我们并不需要第 1 行的“总用量”，因此要将它删除。tail 命令后面的参数 -n +2 表示从第 2 行开始输出，这样就可以删除第 1 行的内容了。

▼ 删除第 1 行的内容

```
$ ls -l | tail -n +2
-rw-rw-r-- 1 okita okita  4  10月 27 10:30 file1.txt
-rw-rw-r-- 1 okita okita 34  10月 27 10:31 file2.txt
-rw-rw-r-- 1 okita okita 15  10月 27 10:31 file3.txt
```

接下来，使用 cut 命令取出第 5 列。但是，如果空格有连续两个以上，cut 命令会认为空格中间有一个空列。这里我们想将连续的空格当作一个空格处理，所以要先使用 sed 命令将连续的空格替换为一个空格。

▼ 取出第 5 列

```
$ ls -l | tail -n +2 | sed 's/ \{2,\}/ /g' | cut -d ' ' -f 5
4
34
15
```

这样就可以将文件大小的列取出来了。最后，使用 shell 脚本 sumlines.sh 计算合计值。

▼ 使用 shell 脚本 sumlines.sh 计算文件大小的合计值

```
$ ls -l | tail -n '+2' | sed 's/ \{2,\}/ /g' | cut -d ' ' -f 5 | ./sumlines.sh
53
```

如这个示例所示，通过管道符可以将多条命令组合起来使用。如果编写的 shell 脚本方便通过管道符进行组合，那么可以考虑让脚本从标准输入读取数据。

# 12.3 示例 3：输出指定用户的信息

这个示例是一个从 /etc/passwd 文件中取出指定用户的信息并输出的 shell 脚本。

userinfo.sh

```
#!/bin/bash

# 文件名
#   userinfo.sh —— 输出指定用户的信息
#
# 语法
#   userinfo.sh USER
#
# 说明
#   将指定用户的用户名、用户 ID、组 ID、
#   用户主目录和登录 shell 输出到标准输出

readonly SCRIPT_NAME=${0##*/}

user=$1

if [[ -z $user ]]; then
  printf '%s\n' "${SCRIPT_NAME}: missing username" 1>&2
  exit 1
fi

cat /etc/passwd \
  | grep "^${user}:" \
  | {
      IFS=: read -r username password userid groupid \
                    comment homedirectory loginshell

      if [[ $? -ne 0 ]]; then
        printf '%s\n' "${SCRIPT_NAME}: '$user': No such user" 1>&2
        exit 2
      fi

      cat <<END
username = $username
userid = $userid
groupid = $groupid
homedirectory = $homedirectory
loginshell = $loginshell
END
    }
```

## 运行示例

/etc/passwd 文件里保存了操作系统中所有用户的信息。

▼ /etc/passwd 文件的示例

```
$ cat /etc/passwd
root:x:0:0:root:/root:/bin/bash
bin:x:1:1:bin:/bin:/sbin/nologin
daemon:x:2:2:daemon:/sbin:/sbin/nologin
adm:x:3:4:adm:/var/adm:/sbin/nologin
lp:x:4:7:lp:/var/spool/lpd:/sbin/nologin
……中间省略……
okita:x:1002:1002::/home/okita:/bin/bash
```

这个文件中的一行是一个用户的信息。每行中的信息使用冒号分隔，从左往右的每项含义如下所示。

- 用户名
- 密码
- 用户 ID
- 组 ID
- 备注
- 用户主目录的路径
- 登录 shell 的路径

userinfo.sh 脚本会从用户信息文件中找到并输出指定用户的信息。可以像下面这样，通过在参数中指定用户名使用该脚本。

▼ 使用 userinfo.sh 脚本输出用户信息

```
$ ./userinfo.sh okita
username = okita
userid = 1002
groupid = 1002
homedirectory = /home/okita
loginshell = /bin/bash
```

## 代码解说

来看一下这个 shell 脚本文件的内容。它在第 15 行将 shell 脚本的输入参数赋值给了变量 `user`。虽然从语法上来说直接使用 `$1` 并没有什么问题，但是明确地以 `user` 为变量名更能表示变量的含义，所以这里将变量 `$1` 再次赋值给了 `user`。

第 17 行是没有指定启动参数时的错误处理。关于该处理，12.1 节已经进行了说明。

### 取出参数中指定用户所在行的内容

从第 22 行开始的代码用于在 `/etc/passwd` 文件中查找指定用户的信息。第 23 行的 `grep` 命令用于在该文件中读取含有指定用户名的那一行内容。每行中由冒号分隔开的第 1 列就是用户名，这个正则表达式用于筛选出只包含指定用户信息的那一行。

```
22  cat /etc/passwd \
23    | grep "^${user}:" \
```

### 读取并输出各种信息

第 25 行的代码是这个 shell 脚本的关键部分。由于前面的 `grep` 命令只会将包含指定用户信息的行输出到标准输出，所以这里要使用 `read` 命令从标准输入读取输入内容。将变量 `IFS` 的值设为 :（冒号），`read` 命令就会使用冒号分隔对读取的行的内容，然后从头依次赋值给 `username`、`password` 等变量。通过这些操作，我们就可以使用指定的分隔符分隔字符串，并赋值给变量。

```
25          IFS=: read -r username password userid groupid \
26                      comment homedirectory loginshell
```

最后，第 33 行的 `cat` 命令用于输出变量的值。由于需要输出多行的内容，所以这里使用了 here document 的语法。

```
33          cat <<END
34  username = $username
35  userid = $userid
36  groupid = $groupid
37  homedirectory = $homedirectory
38  loginshell = $loginshell
39  END
```

## 当用户不存在时的处理

但是，我们也可能在 /etc/passwd 文件中找不到指定的用户。第 28 行用来处理这种情况。当 read 命令读取到一整行的字符串时，返回退出状态码 0；当读到 EOF（文件的末尾）时，返回 0 以外的值。我们可以利用退出状态码判断命令是否读取到了用户的信息。

```
28        if [[ $? -ne 0 ]]; then
29          printf '%s\n' "${SCRIPT_NAME}: '$user': No such user" 1>&2
30          exit 2
31        fi
```

如果没有找到指定的用户名，则第 23 行的 grep 命令的输出为空。这时，使用 read 命令就可以读到 EOF，退出状态码是 0 之外的值。反过来，如果找到了指定的用户名，grep 命令会输出找到的那一行。更准确地说，输出到标准输出的内容是“找到的那一行的内容”加“换行符”，最后才是 EOF。如果这时调用 read 命令，那么它会在到达 EOF 之前先读到换行符，从而读取这一行的内容，并返回 0。

因此，第 28 行用于判断 read 命令的退出状态码，如果是 0 以外的值，就可以认为出错了。出错时第 30 行返回的退出状态码为 2。如果在第 19 行出现了参数不足的问题，那么该行返回 1。像这样根据错误的种类返回不同的退出状态码，调用方就可以区分不同的错误类型并执行不同的处理。

## 处理包含特殊符号的字符串

其实，这个 shell 脚本存在一个缺陷：当参数中包含特殊符号时，特殊符号会被解释为正则表达式的元字符。假设参数为字符串 oki..，那么第 23 行的 grep 命令会将其解释为如下所示的内容。

```
grep "^oki..:"
```

原本是要查找名为 oki.. 的用户，但实际上 .. 会被解释为正则表达式的元字符，因此像 okido、okita 等字符就会被匹配到，oki 后面的两个字符无论是什么都没关系。

▼ 特殊符号被解释为正则表达式的元字符

```
$ ./userinfo.sh oki..
username = okita
userid = 1002
groupid = 1002
homedirectory = /home/okita
loginshell = /bin/bash
```

为了防止这种情况发生，一种方法是不允许在参数中使用特殊符号。Linux 中可以用在用户名中的字符仅限小写字母、数字和 _（下划线），所以只要命令行参数中的字符不是这三种字符，那么即使不用 grep 命令查找，也能断定脚本出错了。

另一种方法是对变量 user 中包含的正则表达式中的元字符进行转义，将用户输入的字符串作为普通字符串去匹配。下一节将介绍执行此类转义处理的 shell 脚本。

Column

## 使用 read 命令读取最后不以换行符结束的文件

第 9 章介绍了使用 while 语句和 read 命令从标准输入中逐行读取数据的方法。代码清单 9.14（→第 177 页）通常会将标准输入的内容原封不动地输出到标准输出，但是如果输入文件最后一行不是以换行符结束的，那么就不会输出这一行。

这与 read 命令返回的退出状态码的值有关。read 命令使用换行符作为分隔符，从标准输入中逐行读取数据。在读取到包括换行符在内的一整行数据之后，它将返回退出状态码 0。如果先读取到 EOF（文件的末尾）而不是换行符，就返回 0 之外的值。因此，当它读取到最后一行时，while 语句的条件为假，里面的 printf 语句也就不会被执行了。

如果想使用 read 命令从这种文件中读取包括最后一行在内的全部内容，那么需要对判断条件进行如代码清单 12.3 所示的修改。

**代码清单 12.3　修改 while 语句的条件（read_all_nolf.sh）**

```
#!/bin/bash

while IFS= read -r line || [[ -n $line ]]    ←添加条件
do
  printf '%s\n' "$line"
done
```

在读取没有使用换行符结束的行时，read 命令会返回 0 之外的值作为退出状态码，这一行的内容则被保存到变量 line 中。这里了增加一个 OR 条件：当变量 line 的值非空时，while 语句的条件为真。这样一来，无论文件的最后一行是否以换行符结束，read 命令都能完整地读取这行数据。

# 12.4 示例 4：对正则表达式中的元字符进行转义

如示例 3 所示，有时需要对字符串里包含的正则表达式中的元字符进行转义。下面的示例就是进行转义处理的 shell 脚本。

escape_basic_regex.sh

```
 1  #!/bin/bash
 2
 3  # 文件名
 4  #   escape_basic_regex.sh —— 对正则表达式中的元字符进行转义
 5  #
 6  # 语法
 7  #   escape_basic_regex.sh REGEX_STRING
 8  #
 9  # 说明
10  #   使用 \ 对正则表达式中的元字符进行转义
11  #   并将转义后的结果输出到标准输出
12  #   默认按照基本正则表达式进行处理
13
14  printf '%s\n' "$1" \
15   | sed 's/[.*\^$[]/\\&/g'
```

## 运行示例

像代码清单 12.4 那样将字符串作为参数执行脚本，脚本就会在正则表达式中的元字符的前面加上 \ 并输出。

▼ 输出对正则表达式中的元字符转义之后的结果

```
$ ./escape_basic_regex.sh '^oki..'
\^oki\.\.
```

如果输入的字符串中不包含元字符，则该字符串会被原封不动地输出。

▼ 不包含元字符的情况

```
$ ./escape_basic_regex.sh linux
linux
```

## 代码解说

脚本中的第 14 行只用于将输入的参数输出到标准输出。后面的第 15 行才是该脚本的主体部分。这一行使用 sed 命令替换了字符串。

```
sed 's/[.*\^$[]/\\&/g'
```

sed 命令的替换后字符串中的 \\ 表示一个 \。因为替换后的字符串中的 \ 符号表示转义，所以如果想替换为单个 \，命令中就需要使用两个 \。也就是说，\\& 会使用“在匹配到的字符串前面插入 \ 后得到的字符串”进行替换。这样就可以在 [] 中的字符前面插入 \ 了。

在正则表达式中，需要进行转义处理的元字符主要有以下 6 种。

```
.  *  \  ^  $  [
```

[] 中是要被替换的上述 6 种字符。替换后的字符串为 \\&，这里使用了 sed 命令的回溯引用（back reference）功能。

### 什么是回溯引用

所谓回溯引用，指的是在替换后的字符串中引用替换前匹配到的字符串的功能。在替换字符中指定 & 符号，就会使用正则表达式匹配到的原字符串中的内容替换 &。比如，下面的示例使用 _& 对匹配到 [A-Z] 的部分进行了替换，因此大写字母的前面增加了 _ 符号。利用该功能就可以在匹配到的字符前面插入 _。

▼ 在大写字母前面插入 _

```
$ echo ReadMe.txt | sed 's/[A-Z]/_&/g'
_Read_Me.txt
```

### 对扩展正则表达式中的元字符进行转义

另外，对扩展正则表达式中的元字符进行转义的方法与前面一样，只修改要被替换的字符就可以了（代码清单 12.4）。

代码清单 12.4 对扩展正则表达式中的元字符进行转义（escape_extended_regex.sh）

```
#!/bin/bash

printf '%s\n' "$1" \
  | sed 's/[.*+?\^$(){|[]/\\&/g'
```

扩展正则表达式中需要转义的元字符有 12 种。

```
.    *    +    ?    \    ^
$    (    )    {    |    [
```

脚本 escape_extended_regex.sh 会在这 12 种字符前面加上 \ 再输出。

▼ 对扩展正则表达式中的元字符进行转义

```
$ ./escape_extended_regex.sh '^aa+bb{1,2}.xx'
\^aa\+bb\{1,2}\.xx
```

建议根据正则表达式的种类使用不同的转义方法。

Column

## 其他常见的 shell 程序

本书中用于运行脚本的 shell 程序是 bash。实际上，除此之外还存在很多 shell 程序，下面来介绍其中的几个。

zsh 集 bash、tcsh、ksh 等各种 shell 的功能于一身，并增加了独有的扩展机制，是一种功能非常强大的 shell。其基本语法和 bash 大致相同，只有语法规则不太一致，比如 zsh 默认不对单词进行分割。除此之外，与 bash 相比，zsh 提供了更多的内置命令以及命令行选项。如果将 zsh 用于运行 shell 脚本，它就是比 bash 还要方便的 shell 程序。

fish 是一个相对较新的 shell，其特征是重视易理解性和易用性。fish 脚本的语法和 bash 完全不一样。比如，在 bash 中为变量赋值时使用的是 message='Hello world!'，但是在 fish 中则是 set message 'Hello world!'。fish 的语法舍弃了与既有脚本的兼容性，在设计上遵循了容易学习以及不易出错的原则。尽管目前使用率不高，参考图书等相关信息也比较少，但 fish 是一个值得一试的 shell。

# 12.5 示例 5：根据文件格式解压缩

在 Linux 中使用的压缩文件有各种格式，如 gzip、bzip2 等。系统提供了不同的命令来处理不同格式的文件，但是有时候很难区分这些命令。特别是，当处理平常不怎么使用的格式的压缩文件时，必须要回想起相应命令的使用方法才能解压缩。所以，这里介绍一个可以根据文件的扩展名判断压缩文件的格式并进行解压缩处理的脚本。

extract.sh

```
1   #!/bin/bash
2
3   # 文件名
4   #   extract.sh —— 解压文件
5   #
6   # 语法
7   #   extract.sh FILE...
8   #
9   # 说明
10  #   解压指定的压缩文件
11  #   可以处理的压缩文件的格式如下
12  #     .gz
13  #     .bz2
14  #     .xz
15  #     .tar
16  #     .tar.gz, .tgz
17  #     .tar.bz2, .tbz2
18  #     .tar.xz, .txz
19  #     .zip
20
21  readonly SCRIPT_NAME=${0##*/}
22
23  extract_one()
24  {
25    local file=$1
26
27    if [[ -z $file ]]; then
28      printf '%s\n' "${SCRIPT_NAME}: missing file operand" 1>&2
29      return 1
30    fi
31
```

```
32      if [[ ! -f $file ]]; then
33        printf '%s\n' "${SCRIPT_NAME}: '$file': No such file" 1>&2
34        return 2
35      fi
36
37      local base="${file%.*}"
38
39      case "$file" in
40        *.tar.gz | *.tgz)
41          tar xzf "$file"
42          ;;
43        *.tar.bz2 | *.tbz2)
44          tar xjf "$file"
45          ;;
46        *.tar.xz | *.txz)
47          tar xJf "$file"
48          ;;
49        *.tar)
50          tar xf "$file"
51          ;;
52        *.gz)
53          gzip -dc -- "$file" > "$base"
54          ;;
55        *.bz2)
56          bzip2 -dc -- "$file" > "$base"
57          ;;
58        *.xz)
59          xz -dc -- "$file" > "$base"
60          ;;
61        *.zip)
62          unzip -q -- "$file"
63          ;;
64        *)
65          printf '%s\n' "${SCRIPT_NAME}: '$file': unexpected file type" 1>&2
66          return 3
67          ;;
68      esac
69    }
70
71    if [[ $# -le 0 ]]; then
72      printf '%s\n' "${SCRIPT_NAME}: missing file operand" 1>&2
73      exit 1
74    fi
75
76    result=0
77    for i in "$@"
```

```
78  do
79    extract_one "$i" || result=$?
80  done
81
82  exit "$result"
```

## 运行示例

这个脚本可以处理具有以下扩展名的文件。

| | | | | | |
|---|---|---|---|---|---|
| .gz | .bz2 | .xz | .tar | .tar.gz | .tgz |
| .tar.bz2 | .tbz2 | .tar.xz | .txz | .zip | |

在运行这个脚本时，像下面这样将要解压缩的文件指定为参数。

▼ 使用 extract.sh 脚本解压 tar.gz 格式的文件

```
$ ./extract.sh file1.tar.gz
```

这个脚本也可以同时解压多个文件。

▼ 使用 extract.sh 脚本同时解压缩 tar.gz 和 zip 格式的文件

```
$ ./extract.sh file1.tar.gz file2.zip
```

# 代码解说

接下来看一下该脚本的具体实现。第 23 行的 `extract_one` 函数用于对单个文件执行解压缩处理。在第 77 行的 `for` 语句的循环中，对参数指定的每个文件分别调用了这个函数。当想要对指定的每个参数执行相同处理时，可以像这个示例一样将处理内容抽取成一个函数，然后在循环处理中调用该函数，这样代码也更容易阅读。

## 对输入参数执行错误处理

第 27 行和第 32 行用于检查指定的参数是否为空字符串，以及参数所指向的文件是否存在。当检查到错误时，脚本会使用 `return` 命令终止函数的运行（→第 152 页）。如果这里使用的是 `exit` 命令，则会退出 shell 脚本本身的运行。在这个示例中，我们希望即使在解压缩时出错，也能继续对剩余文件执行解压缩操作，因此使用了 `return` 命令而不是 `exit` 命令。

```
27      if [[ -z $file ]]; then
28        printf '%s\n' "${SCRIPT_NAME}: missing file operand" 1>&2
29        return 1
30      fi
31
32      if [[ ! -f $file ]]; then
33        printf '%s\n' "${SCRIPT_NAME}: '$file': No such file" 1>&2
34        return 2
35      fi
```

## 获取文件名

第 37 行使用参数展开功能将删除了文件名中 .（点号）后面的部分之后得到的字符串赋值给变量。也就是说，这一行代码的功能是删除文件名中的扩展名部分。比如变量 `file` 的值是 `test1.zip`，则变量 `base` 的值会被设置为 `test1`。由于在使用解压命令解压缩时可能需要指定解压后的文件名，所以这里将原文件名取了出来，以便在解压缩时使用。

```
37      local base="${file%.*}"
```

## 处理不同的文件类型

从第 39 行开始，先使用 `case` 语句对文件名进行判断，再执行不同的处理。比如在第 40 行和第 41 行中，如果文件名的末尾是 `.tar.gz` 或者 `.tgz`，那么 `case` 语句会认为这个文件是基于 `tar+gz` 压缩的格式，然后 `tar` 命令会对其执行解压缩处理。之后的代码也沿用了这一方式，也就是对文件名进行模式匹配，根据扩展名使用不同的命令执行解压缩操作。如本例所示，在 `case` 语句的模式匹配中，可以使用通配符或 | 等符号进行多项匹配。关于多项匹配，请参考第 6 章。

```
39      case "$file" in
40        *.tar.gz | *.tgz)
41          tar xzf "$file"
```

第 53 行之所以在文件名前面指定 `--`，是为了显式地区分命令行选项和参数。如果变量 `file` 中的文件名是像 `--help` 这样以 `-` 开头的字符串，那么它会被解释为 `gzip` 命令的命令行选项。在这个示例中，不管变量 `file` 的值如何，我们都会把它当作普通的文件名执行解压缩处理，因此在文件名前面使用了 `--` 符号。`--` 之后的内容不会被解释为命令行选项，不管文件名是什么，都会被当作普通参数而不是命令行选项处理。这后面的命令 `bzip2`、`xz`、`unzip` 中使用的 `--` 也是这种用法。

```
52      *.gz)
53        gzip -dc -- "$file" > "$base"
```

另外，在第 41 行中 tar.gz 格式的处理中，文件名的前面并不需要 --。这是因为，f 这个命令行选项需要参数，f"$file" 是一组完整的命令行选项。一个字符串如果被用作命令行选项的参数，那么它即使是以 - 开头的，也不会被解释为命令行选项。如果写成 tar xzf -- "$file"，就表示对名为 -- 的文件执行解压缩，因此这里不能使用 --。其余使用 tar 命令的地方也是同样的道理。

## 处理未知类型的文件扩展名

第 64 行的 * 是不满足前面任一条件时的错误处理。如果运行时指定了不支持的文件扩展名，这里就会输出错误信息，函数的运行也会终止。

```
64      *)
65        printf '%s\n' "${SCRIPT_NAME}: '$file': unexpected file type" 1>&2
66        return 3
```

## 没有指定运行参数时的处理

第 71 行是该脚本没有指定参数时的错误处理。这行代码会在函数 extract_one 之前运行。$# 表示命令执行时输入的参数个数，如果这个值小于或等于 0，则认为没有指定任何参数，然后退出脚本的运行。

```
71  if [[ $# -le 0 ]]; then
72    printf '%s\n' "${SCRIPT_NAME}: missing file operand" 1>&2
73    exit 1
74  fi
```

如果 shell 脚本参数中像 '' 这样指定了空字符串，那么这个 if 语句的条件为真。因此，除了第 71 行的错误处理之外，在 extract_one 函数内的第 27 行也检查了空字符串。

## 用于保存退出状态码的变量

第 76 行的变量表示该 shell 脚本退出时的状态码。在解压缩多个文件时，这个 shell 脚本不会因为一部分文件解压缩失败就立即退出，而会继续解压缩其余的文件。但是，只要有任意一个文件解压缩出错，该 shell 脚本的退出状态码就会设置为 0 之外的值，表示处理过程发生了错误。

```
76  result=0
```

## 执行解压缩处理

for 语句用于处理参数指定的压缩文件，该语句中的第 79 行调用了 extract_one 函数，并使用 || 连接了赋值语句。如果 extract_one 函数的退出状态码为 0 之外的值，脚本就会执行右边的 result=$? 处理。因此，如果 extract_one 函数返回了 0 之外的值，这个值就会被赋值给变量 result；如果 extract_one 函数返回的值是 0，则不会执行右边的赋值语句，变量 result 的值不会再次被改写为 0。

```
77  for i in "$@"
78  do
79    extract_one "$i" || result=$?
80  done
```

从结果来看，如果这个 shell 脚本对所有文件处理都成功，就返回 0；如果有文件处理失败，哪怕只有一个文件失败也会返回 0 之外的退出状态码。只要是对多个对象逐个执行处理的 shell 脚本，就可以使用这种方法。

```
82  exit "$result"
```

Column

### bash_profile 和 .bashrc

bash 在启动时读取的用户配置文件有 ~/.bash_profile 和 ~/.bashrc 两种。

~/.bash_profile 是 bash 在作为登录 shell 启动时读取的文件。这个文件主要用于记录和环境变量的设置或在用户登录时只需要执行一次的命令。

~/.bashrc 是 bash 作为交互式 shell 且非登录 shell 启动时读取的文件。该文件记录的是以交互式使用 bash 时需要的 alias 或 bash 的选项等配置。

代表性的示例是，在命令行中单独执行 bash 命令时读取该文件。与此相对，如果启动 bash 时将脚本文件作为参数，shell 则处于非交互式 shell（而且是非登录 shell）模式，因此不会读取 ~/.bashrc 文件。

另外，从实用性的观点来说，有时候会采取在 ~/.bash_profile 文件中读取 ~/.bashrc 文件的方法。这样一来，在读取 ~/.bash_profile 文件的同时也会自动读取 ~/.bashrc 文件中的内容。

在使用依赖于环境变量的命令时，根据这些配置文件是否可以被读取，可能会产生不同的执行结果。由于可能会产生和预期不一样的结果，所以需要确保正确读取了配置文件。

# 12.6 示例 6：创建指定路径的文件以及中间目录

有时我们会想在层级较深的目录中创建文件。如果文件路径中的目录不存在，通常需要先创建这个目录，然后再创建文件。这里介绍一下如何通过 shell 脚本一次性完成这两种操作。

dtouch.sh

```
#!/bin/bash

# 文件名
#   dtouch.sh —— 创建新文件以及相应的目录
#
# 语法
#   dtouch.sh FILE...
#
# 说明
#   创建指定路径的新文件
#   如果文件路径中的目录不存在，则先创建该目录

readonly SCRIPT_NAME=${0##*/}

dtouch_one()
{
  local path=$1

  if [[ -z $path ]]; then
    printf '%s\n' "${SCRIPT_NAME}: missing file operand" 1>&2
    return 1
  fi

  local dir=
  if [[ $path == */* ]]; then
    dir=${path%/*}
  fi

  if [[ -n $dir && ! -d $dir ]]; then
    mkdir -p -- "$dir" || return 2
  fi

  if [[ ! -e $path ]]; then
    touch -- "$path"
```

```
35     fi
36   }
37
38   if [[ $# -le 0 ]]; then
39     printf '%s\n' "${SCRIPT_NAME}: missing file operand" 1>&2
40     exit 1
41   fi
42
43   result=0
44   for i in "$@"
45   do
46     dtouch_one "$i" || result=$?
47   done
48
49   exit "$result"
```

### 运行示例

在运行这个脚本时，需要指定新创建的文件的路径。像下面这样指定，该脚本就会在指定路径中不存在目录时自动创建这些目录，然后再创建指定文件。

▼ 创建指定文件，同时创建指定路径中不存在的目录

```
$ dtouch.sh work/project/README.txt
```

在这个示例中，如果 work/project/ 目录不存在则先创建该目录，然后再生成 work/project/README.txt 文件。

如果参数以 /（分隔号）结尾，则只创建目录。

▼ 如果参数以 / 结尾，则只创建目录

```
$ dtouch.sh work/project/src/
```

## 代码解说

第 15 行的 dtouch_one 函数和示例 5 中的思路相同。由于我们想让该脚本同时支持多个参数，所以这里将“对一个路径的处理”抽取成了单独的函数。

此外，第 19 行和第 38 行对参数的错误处理也和示例 5 一样。

## 获取目录部分

从第 24 行到第 27 行的代码用于从指定路径中取出目录部分。变量 dir 保存的是指定路径中目录部分的值。

第 26 行使用参数展开功能删除了变量值中的 /（分隔号）及其后的内容。由于这里只使用了 1 个 %，所以在包含多个 / 时，只删除最后一个 / 及其后的内容。假设变量 path 的值为 work/project/README.txt，则变量 dir 会被赋值为 work/project。如果其值为 work/project/src/ 这样以 / 结尾的字符串，则删除末尾的 / 之后得到的字符串会被赋值给变量 dir。变量 dir 中的值就是需要创建的目录的路径。

```
24    local dir=
25    if [[ $path == */* ]]; then
26      dir=${path%/*}
27    fi
```

但是，如果变量 path 的值是 README.txt 这样不包含 / 的字符串，则没有必要创建中间目录。因此，第 25 行的 if 语句会判断变量 path 是否包含 /，如果不包含，就直接将变量 dir 的值设置为空字符串。

## 创建目录

从路径中取出目录部分之后，在第 29 行到第 31 行创建该目录。如果指定的路径中不包含 /，或者该目录已经存在，则第 29 行的 if 语句就可以跳过创建目录操作。由于指定了 -p 选项，所以即使目录路径有两层以上，mkdir 命令也会创建路径中的所有目录。

```
29    if [[ -n $dir && ! -d $dir ]]; then
30      mkdir -p -- "$dir" || return 2
31    fi
32
```

第 30 行的 return 命令用于在创建目录失败时终止函数的运行。在没有被赋予相应权限等情况下，创建目录的操作有可能失败。目录都未能创建，再创建文件也是徒劳，因此在失败时要使用 return 命令终止函数的运行。

## 创建文件

如果文件不存在，那么从第 33 行到第 35 行的代码就会创建该文件。如果 path 的值是

work/project/README.txt 这种不以 / 结尾的字符串，而且该文件还不存在，那么就创建这个新文件；如果是 work/project/src/ 这样以 / 结尾的字符串，那么在第 30 行就已经创建了该目录。因此在第 33 行的条件判断中会默认变量 path 的目录已经存在，不再执行内侧的处理。需要注意的是 if 语句的 -e 运算符，无论是对文件还是对目录，只要指定路径存在，它就会为真。

```
33  if [[ ! -e $path ]]; then
34    touch -- "$path"
35  fi
```

从第 43 行到最后一行的代码与示例 5 的形式基本一样。如果想对指定的多个参数重复执行相同处理，可以使用这里采用的方式。

Column

## 依赖当前目录的 shell 脚本

在编写 shell 脚本时，有时会将处理内容保存到不同的文件中，然后在一个 shell 脚本中调用其他的 shell 脚本。在调用其他 shell 脚本时，被调用脚本一般会基于当前脚本所在目录的相对路径方式指定外部文件的路径。

但是，相对路径是依赖于当前目录的指定方法。被调用 shell 脚本内的当前目录继承自调用该脚本的父 shell 脚本的当前目录。因此在使用相对路径时，不一定能正确地引用到其他文件，而是会因执行脚本时的所在目录而异。

对于这个问题，一种解决方法是在 shell 脚本中将当前目录移动到其他目录（代码清单 12.5）。

**代码清单 12.5　移动到 shell 脚本文件所在目录下（cdbase.sh）**

```
#!/bin/bash

cd -- "${0%/*}"
# 以下部分为 shell 脚本原来的处理内容
```

这里使用了第 5 章中介绍的参数展开功能。在像这样执行 cd 命令之后，被调用 shell 的工作路径就会切换到该 shell 脚本所在目录。然后，以该目录为起始位置使用相对路径，就可以不依赖执行 shell 脚本时的所在目录，正确引用外部文件。

# 12.7 示例 7: 将相对路径转换为绝对路径

在 Linux 中，文件路径既可以是 /usr/bin/grep 这样的绝对路径形式，也可以是 ../work/project/README.txt 这样的相对路径形式。但是，相对路径会根据当前所在的目录而变化，有时候在 shell 脚本中使用它不太方便。所以，下面介绍一下如何将相对路径转换为绝对路径。

absolutepath.sh

```
1  #!/bin/bash
2  
3  # 文件名
4  #   absolutepath.sh —— 将相对路径转换为绝对路径
5  #
6  # 语法
7  #   absolutepath.sh FILE
8  #
9  # 说明
10 #   将指定的相对路径转换为绝对路径，并将结果输出到标准输出
11 
12 readonly SCRIPT_NAME=${0##*/}
13 
14 path=$1
15 
16 if [[ -z $path ]]; then
17   printf '%s\n' "${SCRIPT_NAME}: missing file operand" 1>&2
18   exit 1
19 fi
20 
21 if [[ -d $path && $path != */ ]]; then
22   path+=/
23 fi
24 
25 dir=
26 file=
27 
28 if [[ $path =~ ^(.*/)(.*)$ ]]; then
29   dir=${BASH_REMATCH[1]}
30   file=${BASH_REMATCH[2]}
31 else
32   printf '%s\n' "${PWD}/${path}"
33   exit 0
```

```
34  fi
35
36  if [[ ! -d $dir ]]; then
37    printf '%s\n' "${SCRIPT_NAME}: '$dir': No such directory" 1>&2
38    exit 2
39  fi
40
41  basedir=$(cd -- "$dir" && pwd)
42  if [[ $basedir == / ]]; then
43    basedir=
44  fi
45  printf '%s\n' "${basedir}/${file}"
```

## 运行示例

这个 shell 脚本会像下面这样将参数中指定的相对路径转换为绝对路径并输出。

▼ 将相对路径转换为绝对路径

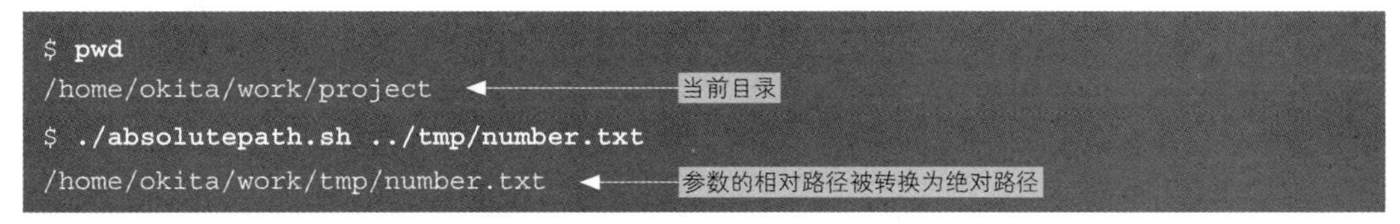


即使参数指定的只是当前目录中的文件名，这个脚本也会将其转换为绝对路径。

▼ 将文件名转换为绝对路径

```
$ pwd
/home/okita/work/project
$ ./absolutepath.sh test.txt
/home/okita/work/project/test.txt
```

如果参数中指定的是绝对路径，则直接输出所指定的字符串。

▼ 直接输出绝对路径

```
$ ./absolutepath.sh /usr/bin/grep
/usr/bin/grep
```

路径中的 `..` 会被解释为“上一层目录”。我们很少像下页这样使用相对路径，请确认它是否被正确转换为了绝对路径。

▼ 对路径中的 .. 也会进行相应的转换

```
$ ./absolutepath.sh /usr/local/../bin/gzip
/usr/bin/gzip
```

## 代码解说

这段脚本的前 20 行代码和前面介绍的示例一样，用于检查指定的参数是否为空字符串，并执行相应的错误处理。

### 添加 /（分隔号）

从第 21 行到第 23 行的代码会检查指定的目录是否以 /（分隔号）结尾，如果不以 / 结尾，就在该路径的最后添加 /。特别是在将 . 或 .. 单独作为参数时，要想在后续的处理中将其转换为绝对路径，这一步处理不可省略。第 22 行的 += 表示在变量的末尾添加字符串，其含义与 `path=${path}/` 相同。这种写法可以避免重复编写同一个变量名。

```
21  if [[ -d $path && $path != */ ]]; then
22    path+=/
23  fi
```

### =~ 运算符和变量 BASH_REMATCH

第 28 行的 `if` 语句使用 =~（→第 109 页）对正则表达式进行了匹配。需要重点注意的是，右边使用了 ()。在使用 =~ 运算符的匹配中，如果正则表达式部分含有 ()，那么匹配成功时括号中的内容会被保存到变量 `BASH_REMATCH` 中。

```
28  if [[ $path =~ ^(.*/)(.*)$ ]]; then
29    dir=${BASH_REMATCH[1]}
30    file=${BASH_REMATCH[2]}
31  else
32    printf '%s\n' "${PWD}/${path}"
33    exit 0
34  fi
```

`BASH_REMATCH` 是 bash 中创建的数组。当 =~ 左边的字符串和右边的正则表达式匹配成功时，匹配到的那一部分字符串会被保存到 `BASH_REMATCH` 数组的开头，也就是索引为 0 的位置。

如果正则表达式中包含 ()，则括号内的值会被按顺序保存到 BASH_REMATCH 数组中从索引 1 开始往后的位置。也就是说，BASH_REMATCH 数组索引为 1 的元素值为第 1 个括号里的内容，索引为 2 的元素值为第 2 个括号里的内容。

在这个示例中，字符串从开始到 / 为止（包括 /）的内容会保存到 ${BASH_REMATCH[1]}，/ 之后的内容会保存到 ${BASH_REMATCH[2]}。正则表达式中的 * 使用最长匹配原则进行匹配，因此如果有多个 /，到最后一个 / 为止的内容都会保存到 ${BASH_REMATCH[1]}。假如变量 path 的值为 /usr/local/../bin/gzip，则 ${BASH_REMATCH[1]} 的值为 /usr/local/../bin/，而 ${BASH_REMATCH[2]} 的值为 gzip。这样就可以将路径中的目录部分保存到变量 dir，将文件名部分保存到变量 file 中。

但是，如果变量 path 的值像 test.txt 这样不包含 /，那么这条 if 语句的判断结果就为假。这时会直接判断该变量 path 指定的文件位于当前目录下。因此，第 32 行会将当前目录和变量 path 连接起来输出，然后终止 shell 脚本的运行。

## 确认目录是否存在

第 36 行用于确认目录是否存在。这样可以在指定的目录不存在时执行错误处理。

```
36  if [[ ! -d $dir ]]; then
37    printf '%s\n' "${SCRIPT_NAME}: '$dir': No such directory" 1>&2
38    exit 2
39  fi
```

## 路径转换

第 41 行用于将变量 dir 中的路径转换为绝对路径。转换方法有好几种，这里使用的方法是实际进入到该目录后，通过执行 pwd 命令输出该目录的绝对路径。

```
41  basedir=$(cd -- "$dir" && pwd)
```

使用这种方法可以将以 . 开头或中间包含 .. 等各种情况下的路径，转换为以 / 开头的单纯的绝对路径。然后，最后的第 45 行用于将转换后的目录路径和文件名连接起来一起输出。

```
45  printf '%s\n' "${basedir}/${file}"
```

## 根目录的处理

从第 42 行到第 44 行的条件判断用于处理根目录这一例外情况。pwd 命令的输出结果一般不包含 /（分隔号），但如果它是在根目录下，那么输出结果为 /，末尾也就为 /。

因此当变量 dir 的值为 /，也就是根目录时，变量 basedir 的值就变成 /，第 45 行输出的结果的开头会有两个 /。为了避免出现这种问题，如果 basedir 的值为 /，就将其替换为空字符串。

```
42  if [[ $basedir == / ]]; then
43    basedir=
44  fi
```

在执行这种涉及路径的处理时，需要对根目录单独执行特殊处理。各位读者在处理文件路径时，需要确保在指定的目录为根目录的情况下，所编写的 shell 脚本也能正常工作。

Column

## 登录 shell 和交互式 shell

根据启动方法不同，bash 的运行状态可以细分为登录 shell 和非登录 shell，以及交互式 shell 和非交互式 shell。下面介绍一下这些不同的运行状态。

顾名思义，登录 shell 指的是在用户登录后启动的 shell。如果将 bash 设置为登录 shell，则在登录 Linux 之后，bash 将作为登录 shell 启动。更严谨的说法是，当 bash 命令的第 0 个参数（即 C 语言里的 argv[0]）的第 1 个字符是 -（连字符）时，才能称之为登录 shell。此外，如果在启动 bash 命令时指定了 --login 选项，那么也可以称之为登录 shell。

交互式 shell 指的是允许用户以交互方式输入命令的 shell。具体来说，比如 bash 在启动时没有以文件名作为参数，也没有使用 -c 选项，标准输入和标准错误输出都连接到当前的终端，这时的 bash 就是一个交互式 shell。此外，bash 如果在启动时指定了 -i 选项，那它也属于交互式 shell。

与此相对，在运行命令或者 shell 脚本时启动的 shell（→第 7 页），还有通过 bash 命令的 -c 选项启动的 shell，都不是交互式 shell。

bash 命令的 -c 选项使用“-c 命令”的形式指定，执行“命令”指定的命令并退出。比如下页的示例使用 -c 选项执行了 pwd 和 ls 两条命令。

▼ 使用 -c 选项在 bash 启动时运行指定命令

```
$ bash -c 'pwd;ls'
/home/okita
bash-completion  bin  local  tmp  work
$
```

登录 shell 和交互式 shell 这两种状态在读取 ~/.bash_profile 和 ~/.bashrc 文件的条件上也有区别。为了确保 shell 的配置文件能够被正确读取，需要理解 bash 的这两种状态。

# 12.8 示例 8：在多个文件中查找字符串

该示例是一个可以在多个文件中查找字符串的脚本。这个脚本会在指定的目录中递归地遍历所有文件，查找指定的字符串，因此如果要查找的文件分散在不同层级，这个脚本将非常有用。

findgrep.sh

```
1   #!/bin/bash
2
3   # 文件名
4   #   findgrep.sh —— 按照指定模式对目录下的文件进行匹配，并输出匹配到的行
5   #
6   # 语法
7   #   findgrep.sh PATTERN [DIRECTORY]
8   #
9   # 说明
10  #   递归查找指定目录下的文件，并输出文件中与指定模式相匹配的行
11  #   匹配模式按照基本正则表达式处理
12  #   如果没有指定要查找的目录，则把当前目录当作查找目录
13
14  readonly SCRIPT_NAME=${0##*/}
15
16  pattern=$1
17  directory=$2
18
```

```
19  if [[ -z $pattern ]]; then
20    printf '%s\n' "${SCRIPT_NAME}: missing search pattern" 1>&2
21    exit 1
22  fi
23
24  if [[ -z $directory ]]; then
25    directory=.
26  fi
27
28  if [[ ! -d $directory ]]; then
29    printf '%s\n' "${SCRIPT_NAME}: '$directory': No such directory" 1>&2
30    exit 2
31  fi
32
33  find -- "$directory" -type f -print0 | xargs -0 grep -e "$pattern" -- /dev/
    null
```

## 运行示例

这个脚本指定的第 1 个参数为匹配模式，第 2 个参数为要查找的目录，如下所示。

▼ 使用 findgrep.sh 脚本查找字符串

```
$ ./findgrep.sh YES work
work/dir1/if_str.sh:if [ "$str" == YES ] then
work/dir2/test.txt:YES NO
work/dir4/read_input.sh:if [[ $input == YES ]]; then
```

如果省略了第 2 个参数，则在当前目录下查找。

# 代码解说

该示例主要由两部分组成，一部分负责检查输入参数的正确性，另一部分负责在文件中查找指定的字符串。

## 检查第 1 个参数

从第 19 行到第 22 行的代码用于检查是否指定了第 1 个参数（匹配模式）。如果匹配模式为空，就不能进行查找，因此没有提供第 1 个参数会被视为错误，脚本也就此停止执行。

```
19  if [[ -z $pattern ]]; then
20    printf '%s\n' "${SCRIPT_NAME}: missing search pattern" 1>&2
21    exit 1
22  fi
```

## 检查第 2 个参数

从第 24 行到第 26 行的代码表示的是省略了第 2 个参数（要查找的目录）时的默认处理，即使用当前目录进行查找。像这样提前为输入参数设置好合适的默认值，在运行脚本时就可以省略这些参数，用户只需要指定最少的参数即可，使用起来非常方便。

```
24  if [[ -z $directory ]]; then
25    directory=.
26  fi
```

## 检查指定目录

从第 28 行到第 31 行的代码会检查第 2 个参数指定的目录是否存在。

```
28  if [[ ! -d $directory ]]; then
29    printf '%s\n' "${SCRIPT_NAME}: '$directory': No such directory" 1>&2
30    exit 2
31  fi
```

## find 命令和 xargs 命令

最后的第 33 行是该脚本的重点。在讲解这一行代码之前，我们先简单介绍一下 `find` 命令和 `xargs` 命令。

顾名思义，`find` 命令用于查找文件。

**语法** find 命令

```
find 查找起始目录 查找条件 动作
```

`find` 命令以指定的“查找起始目录”参数为起点，查找满足“查找条件”的文件。“查找条件”的指定方法如表 12.1 所示，如果没有指定这个参数，就查找所有的文件和目录。

**表 12.1 "查找条件"的指定方法（部分）**

| 指定方法 | 说明 |
| --- | --- |
| -name 文件名 | 查找与"文件名"一致的文件 |
| -type 文件类型 | 查找指定的文件类型。文件类型的指定方法为：d表示目录，f表示普通的文件，l表示符号链接 |
| -user 用户名 | 查找文件所有者为"用户名"的文件 |

"动作"用于指定输出查找结果的方式，其指定方法如表 12.2 所示。

**表 12.2 "动作"的指定方法（部分）**

| 指定方法 | 说明 |
| --- | --- |
| -print | 将查找结果输出到标准输出。多个结果使用换行符区分 |
| -print0 | 将查找结果输出到标准输出。多个结果使用空字符（null）区分 |
| -fprint 文件名 | 将查找结果输出到文件。如果存在同名文件，则覆盖 |

一般使用 -print 将查找结果输出到标准输出，但如果"动作"参数未指定，就默认使用 -print，所以这个参数可以省略。

xargs 命令会从标准输入接收数据，并将接收的数据作为参数传递给要执行的命令。

**语法** xargs 命令

```
xargs [命令行选项] 命令
```

可以指定的命令行选项如表 12.3 所示。

**表 12.3 xargs 命令的选项（部分）**

| 选项 | 说明 |
| --- | --- |
| -a 文件 | 从"文件"而不是标准输入读取数据 |
| -0 | 使用空字符而不是空白或者换行符作为分隔数据的字符 |
| -I 字符串 | 如果"命令"被指定了参数，则用从标准输入读取的数据替换参数中的"字符串" |

比如，执行 find 命令后的输出结果如下页所示。该示例查找了当前目录下的所有文件和目录。

▼ find 命令的输出

```
$ find . -print
.
./dir
./file1.txt
./file2.txt
```

在 find 命令后使用管道符连接 xargs 命令，那么 xargs 之后的命令会以 find 命令的结果为参数运行。

▼ 使用 xargs 命令将 find 命令的输出结果传递给 file 命令

```
$ find . -print | xargs file
.:           directory
./dir:       directory
./file1.txt: ASCII text
./file2.txt: ASCII text
```

也就是说，在这个示例中使用 xargs 命令相当于执行了下面的命令。

```
file . ./dir ./file1.txt ./file2.txt
```

这样我们就能使用 find 命令查找文件，并将查找结果作为参数传递给 grep 命令进行查找。可以像这样使用管道符连接 xargs 命令。

第 33 行考虑到了例外情况，所以写法有些复杂，下面先介绍核心部分的代码。

```
find "$directory" -type f -print | xargs grep "$pattern"
```

首先通过左边的 find 命令输出 $directory 目录下普通文件的路径。然后，通过管道符连接输出结果和 xargs 命令，这相当于将 find 命令查找到的文件放到 grep "$pattern" 之后再执行 grep 命令。从结果来说，就等同于在指定目录下的文件中使用 grep 命令查找字符串。这就是 xargs 命令的基本使用方法。

## 避免作为命令选项来处理

实际的代码中还要像下页这样添加一些处理。这些处理是为了保证脚本在变量的值或者文件名比较特殊的情况下也能正常运行。

```
33  find -- "$directory" -type f -print0 | xargs -0 grep -e "$pattern" -- /dev/
    null
```

find 命令后面的 -- 和示例 5 中的 -- 作用一样。如果使用这个参数，即使变量 $directory 的值以 - 开始也不会出错。

最后的 /dev/null/ 前面的 -- 也是同样的作用。find 命令找到的文件会作为参数，通过 xargs 命令传递给 grep 命令。由于文件名可能会像 -n 或 --hlep 这样以 - 开头，所以为了能支持各种文件名，这里需要显式地使用 -- 表明命令行选项的结束。需要注意的是，包括 grep 在内，Linux 中的很多命令支持在非命令行选项的参数之后继续指定命令行选项。如果在 /dev/null 参数后不添加 -- 而直接指定 -n 或者 --help，则它们会被解释为命令行选项。

$pattern 前面的 -e 也有类似的功能。如果 $pattern 的值是 --help 这样的字符串，那么它就会被视为 grep 命令的选项。这里使用了 -e 选项（→第 197 页），其参数为 $pattern，因此它能作为检索模式被正确解析。

## /dev/null 的作用

在最后追加 /dev/null（→第 126 页）是为了给 grep 命令提供至少一个输入文件。如果没有 /dev/null，那么当 find 命令没有找到任何文件时，grep 命令就只能在没有指定任何输入文件的情况下运行。这时，grep 命令会从标准输入中读取数据。但是在这个示例中，我们希望没有找到文件就不进行任何查找，因此使用了虚拟（dummy）的 /dev/null 作为 grep 命令的输入文件。这样一来，当 find 命令没有查找到文件时，grep 命令就会从 /dev/null 而不是标准输入中读取数据。读取 /dev/null 得不到任何数据，因此加上该参数也不会对查找结果产生任何影响。

此外，/dev/null 还有一个作用，就是让 grep 命令在输出查找结果时也输出文件名。如同第 199 页所述，如果只有一个输入文件，那么 grep 命令的输出结果中不包含文件名。这样就很难看出字符串是从哪个文件中查找到的。增加 /dev/null 就可以解决这个问题。即使 find 命令只找到一个文件，再加上 /dev/null 就会有两个文件作为 grep 命令的输入参数。这样一来，grep 命令的输出结果中就会包含匹配到的内容所在文件的名称。

## 使用空字符分隔

find 命令最后指定的 -print0 和 xargs 命令的 -0 选项合二为一，用于处理文件名中包含空格的特殊情况。xargs 命令在将从标准输入读取的数据传递给其他命令时，使用换行符、空格或者制表符对输入进行分隔。如果 find 命令查找到的文件名中包含空格，该空格将用于分隔文件名。

假设像下页这样，find 命令查找到的文件名中含有空格。

▼ find 命令查找到的文件名中含有空格

```
$ find . -type f -print
./file1.txt
./sp  ace.txt  ◀———文件名中含有空格
```

通过管道符将此结果传递给 xargs 命令。

▼ 将含有空格的结果传递给 xargs 命令

```
$ find . -type f -print | xargs grep -e test
```

这时，xargs 命令会将从标准输入读取的字符串分隔为 ./file1.txt、./sp 和 ace.txt，最终结果就会像 grep -e test './file1.txt' './sp' 'ace.txt' 这样，由三个文件作为参数来执行 grep 命令。不过，./sp 和 ace.txt 文件并不存在，所以 grep 命令会报错。为了防止这种问题出现，要将 find 命令最后的选项从 -print 改为 -print0。

指定 -print0 选项后，find 命令在输出查找到的文件时会使用空字符分隔文件名，而不使用换行符。这里所说的空字符指的是 ASCII 码表里的 0x00。与 Java 语言等不同，shell 脚本中的空字符没有任何特殊含义。

对 xargs 命令则使用 -0 选项。设置该选项后，xargs 命令会使用空字符分隔从标准输入读取的内容。这样一来，原文件名中的空格就不再被解释为分隔符。由于文件名中不存在空字符，所以文件名不会被分隔。

## Column 在 Mac 中执行 shell 脚本

各位读者中应该有不少人在使用苹果公司生产的 MacBook 等产品。这些产品使用的操作系统叫作 macOS。macOS 是苹果公司基于 UNIX 系列之一的 BSD 开发的操作系统。因此，Linux 和 macOS 有很多相同的命令和操作方法。

本书讲解的 shell 脚本虽然以在 Linux 下运行为前提，但是在 macOS 下一样可以运行。但毕竟是不同的操作系统，所以有一些脚本并不能直接在 macOS 上运行。

首先，两个系统自带的 bash 的版本不一致。macOS 10.13 High Sierra 中的 bash 版本是 3.2.57(1)-release，而 CentOS 7(1611) 中的 bash 版本是 4.2.46(1)-release，比 macOS 中的版本要新。

特别是 bash 4.0 版本，可以使用关联数组，还增加了新的内置命令，以及重定向和管道的新语法。因此在 Linux 下正常工作的脚本到了 macOS 下可能会出现错误。

此外，两个系统的外部命令也有差异。比如，虽然 Linux 和 macOS 都默认预装了 `ls`、`find`、`grep` 等命令，但是它们支持的参数可能不一样。相比之下，Linux 下的命令行选项更多，功能也更强大。因此，如果使用了只有 Linux 版才支持的命令行选项，到了 macOS 下就会出错，命令不能正常执行。

要想让自己编写的脚本在 Linux 和 macOS 下都能正常地工作，一种方法是基于 macOS 编写脚本，也就是不使用只有 Linux 支持的 bash 功能或者命令行选项等。

另一种方法是在 macOS 下安装和 Linux 相同的命令。一般在 macOS 下会使用包管理工具 Homebrew 安装各种命令。使用该工具可以安装最新版本的 bash 或者在 Linux 中也能使用的 `find` 等命令。像这样让 macOS 向 Linux 看齐也是一种解决方法，使用 macOS 的读者可以参考。

## 12.9 示例 9: 使用 getopt 解析命令行选项

平常我们使用示例 8 的脚本时，可能会希望原命令稍微多支持一些功能，比如不区分大小写、输出行号等。Linux 下的很多命令支持使用命令行选项控制命令的运行。因此，下面我们就来改动示例 8 的脚本，让它也支持命令行选项。

findgrep_getopt.sh

```
1   #!/bin/bash
2
3   # 文件名
4   #   findgrep_getopt.sh —— 按照指定模式匹配目录下的文件，并输出匹配到的行
5   #
6   # 语法
7   #   findgrep_getopt.sh [OPTION]... PATTERN
8   #
9   # 说明
10  #   递归查找指定目录下的文件，并输出文件中与指定模式相匹配的行
11  #   匹配模式按照基本正则表达式处理
12  #   如果没有指定要查找的目录，则把当前目录作为查找目录
```

```
13
14  readonly SCRIPT_NAME=${0##*/}
15  readonly VERSION=1.0.0
16
17  print_help()
18  {
19      cat << END
20  Usage: $SCRIPT_NAME [OPTION]... PATTERN
21  Find files in current directory recursively, and print lines which match
    PATTERN.
22  Interpret PATTERN as a basic regular expression.
23
24    -d, --directory=DIRECTORY  find files in DIRECTORY, instead of current
    directory
25    -s, --suffix=SUFFIX        find files which end with SUFFIX
26    -i, --ignore-case          ignore case distinctions
27    -n, --line-number          print line number with output lines
28
29    --help                     display this help and exit
30    --version                  display version information and exit
31
32  Example:
33    $SCRIPT_NAME printf
34    $SCRIPT_NAME -d work -s .html title
35  END
36  }
37
38  print_version()
39  {
40      cat << END
41  $SCRIPT_NAME version $VERSION
42  END
43  }
44
45  print_error()
46  {
47      cat << END 1>&2
48  $SCRIPT_NAME: $1
49  Try --help option for more information
50  END
51  }
52
53  parameters=$(getopt -n "$SCRIPT_NAME" \
54             -o d:s:in \
55             -l directory: -l suffix: -l ignore-case -l line-number \
56             -l help -l version \
```

```
57             -- "$@")
58
59  if [[ $? -ne 0 ]]; then
60    echo 'Try --help option for more information' 1>&2
61    exit 1
62  fi
63  eval set -- "$parameters"
64
65  directory=.              # 查找开始位置
66  find_name='*'            # 查找文件后缀
67  ignore_case=             # 是否指定了 -i 选项的标志
68  line_number=             # 是否指定了 -n 选项的标志
69
70  while [[ $# -gt 0 ]]
71  do
72    case "$1" in
73      -d | --directory)
74        directory=$2
75        shift 2
76        ;;
77      -s | --suffix)
78        find_name="*$2"
79        shift 2
80        ;;
81      -i | --ignore-case)
82        ignore_case=true
83        shift
84        ;;
85      -n | --line-number)
86        line_number=true
87        shift
88        ;;
89      --help)
90        print_help
91        exit 0
92        ;;
93      --version)
94        print_version
95        exit 0
96        ;;
97      --)
98        shift
99        break
100       ;;
101   esac
102 done
103
```

```
104  pattern=$1
105
106  if [[ -z $pattern ]]; then
107    print_error "${SCRIPT_NAME}: missing search pattern"
108    exit 1
109  fi
110
111  if [[ ! -d $directory ]]; then
112    print_error "${SCRIPT_NAME}: '$directory': No such directory"
113    exit 2
114  fi
115
116  grep_option=-G    # 匹配时将 PATTERN 作为基本正则表达式
117  if [[ $ignore_case == true ]]; then
118    grep_option+=i
119  fi
120  if [[ $line_number == true ]]; then
121    grep_option+=n
122  fi
123
124  find -- "$directory" -type f -name "$find_name" -print0 \
125    | xargs -0 grep "$grep_option" -e "$pattern" -- /dev/null
```

## 运行示例

这个脚本和示例 8 的脚本运行方式一样，但是它支持一些额外的命令行选项，基本的使用方式如下所示。

```
findgrep_getopt.sh [选项] 匹配模式
```

这个脚本可以使用的命令行选项如表 12.4 所示。如果没有指定任何选项，则以当前目录为起点按照匹配模式进行匹配。

表 12.4 示例 9 的命令行选项列表

| 短参数形式选项 | 长参数形式选项 | 参数 | 说明 |
|---|---|---|---|
| -d | --directory | 必选 | 指定要查找的文件的起始目录 |
| -s | --suffix | 必选 | 使用指定后缀筛选文件 |
| -i | --ignore-case | 可选 | 使用grep查找时不区分大小写 |
| -n | --line-number | 可选 | 输出匹配到的行的行号 |
|  | --help | 可选 | 输出帮助信息并退出 |
|  | --version | 可选 | 输出版本信息并退出 |

各选项的用法如下所示。

-d 选项或 --directory 选项之后需要指定目录位置，作为除当前目录之外的查找起始位置。

▼ 在 /work 下的文件中查找字符串 YES

```
$ findgrep_getopt.sh -d ~/work YES
```

使用 -s 选项或 --suffix 选项，可以通过该选项的参数匹配要查找的文件名的末尾部分。下面的示例会在当前目录下以 .html 结尾的文件中查找字符串 title。

▼ 在 .html 文件中查找字符串 title

```
$ findgrep_getopt.sh -s .html title
```

我们也可以组合使用多个命令行选项。比如下面的示例会在 ~/work 目录下查找以 .html 结尾的文件，并忽略大小写来查找字符串 title。

▼ 组合使用命令行选项

```
$ findgrep_getopt.sh -d ~/work -s .html -i title
```

关于其他的命令行选项，大家可以自己尝试使用一下。

## getopt 命令

在 shell 脚本中，只需要按顺序处理命令行参数，就可以对命令行选项进行解析。但是，一般的命令会将 -a -b -c 连起来写成 -abc，或者将 -n 10 中的选项参数连起来写成 -n10。命令行选项的使用方法并不统一，要想支持所有的选项格式非常麻烦。

要想解决这个问题，可以使用专门用来解析命令行选项的命令。具有代表性的是 getopt 命令和 getopts 命令。getopt 命令支持 --number 这样的长参数形式选项，比 getopts 功能更强大。因此，这里先介绍使用 getopt 命令解析命令行选项的方法。getopts 命令也很常用，我们将通过示例 10 去了解它。

getopt 命令的具体功能根据版本不同而有所差异，本章中介绍的内容在旧版本的 getopt 命令中不能正常执行。这里以 CentOS 7(1611) 中自带的 2.23.2 版本的 getopt 为前提进行解说。

▼ 本章中使用的 getopt 命令的版本

```
$ getopt --version
getopt from util-linux 2.23.2
```

即使和该版本不一致也没关系，下面要介绍的内容对目前常见的 Linux 发行版中的 `getopt` 命令来说都可以直接使用。

`getopt` 命令的使用方法如下。

语 法 getopt 命令

```
getopt -o 短参数形式选项名 -l 长参数形式选项名 -- 命令行参数
```

`--` 左边的 `-o` 选项和 `-l` 选项用于定义需要解析的命令行选项。`-o` 后面是短参数形式选项的选项名列表，而长参数形式选项的选项名放到 `-l` 选项后面来定义。当长参数形式选项有两个及以上时，可以像 `-l help,version` 这样使用逗号分隔，也可以像 `-l help -l version` 这样使用多个 `-l` 选项。

假设一个 shell 脚本支持短参数形式选项 `-a`、`-b`、`-c` 和长参数形式选项 `--help`、`--version`，则 `--` 左边的部分如下所示。

```
getopt -o abc -l help -l version
```

`getopt` 命令也支持带参数的命令行选项。要支持这样的命令行选项，需要在选项名后面使用 `:`（冒号）符号。比如 `-a` 和 `-b` 选项没有参数，`-n` 和 `-m` 选项有参数，则需要写成 `-o abn:m:`。长参数形式选项的选项名也一样。比如 `--number` 选项有参数，则需要写作 `-l number:`。

`--` 右边是需要解析的命令行参数。shell 脚本中一般使用 `"$@"`。按照上面所说的方法执行 `getopt` 命令，解析结果就会输出到标准输出。

▼ 使用 getopt 解析命令行选项的示例

```
$ getopt -o abn: -l help -l version -- -ab --help -n20 file1.txt 'file 2.txt'
 -a -b --help -n '20' -- 'file1.txt' 'file 2.txt'
```

从结果可以看出，`-ab` 会被解析为 `-a`、`-b`，`-n20` 会被解释为 `-n '20'`。像这样，`getopt` 命令可以分隔并输出这些连起来指定的命令行选项。要想让这些结果成为 shell 脚本中的新参数，需要使用第 9 章中介绍的 `set` 命令（→第 169 页）。使用 `set` 命令，就可以使用 `getopt` 命令解析后的结果覆盖脚本的位置参数的值。

实际上，为了正确处理空格或 * 等特殊字符，getopt 命令会在输出时使用 ''（单引号）将参数引起来。要想重新解释这样的参数，需要组合使用 eval 命令和 set 命令。

此外，如果 -- 之后的设置方法不正确，getopt 命令会输出错误信息并返回退出状态码 1。用户指定了不支持的选项，或者没有为需要参数的选项指定参数等情况，都属于这类错误。

▼ **如果指定了非法的命令行选项，则会报错**

```
$ getopt -o abn: -l help -l version -- -ab -d
getopt: 无效选项 -- 'd'
 -a -b --
```

利用 getopt 命令返回的错误信息，就可以判断用户是否指定了不正确的命令行选项。这里将 getopt 命令的基本使用方法总结如下。

```
parameters=$(getopt -o abn: -l help -l version -- "$@")
if [[ $? -ne 0 ]]; then
  # 命令行选项解析失败
  exit 1
fi
eval set -- "$parameters"
```

比如在运行该 shell 脚本时输入的参数为 -ab  --help  -n20  file1.txt  file2.txt。这时，使用 getopt 命令解析后，位置参数的变化如表 12.5 和表 12.6 所示。

**表 12.5　使用 getopt 命令之前的位置参数**

| 位置参数 | 值 |
|---|---|
| $1 | -ab |
| $2 | --help |
| $3 | -n20 |
| $4 | file1.txt |
| $5 | file2.txt |

表 12.6 使用 getopt 命令之后的位置参数

| 位置参数 | 值 |
|---|---|
| $1 | -a |
| $2 | -b |
| $3 | --help |
| $4 | -n |
| $5 | 20 |
| $6 | -- |
| $7 | file1.txt |
| $8 | file2.txt |

像上面这样使用 getopt 命令之后，不管用户以何种方式指定命令行选项，都可以将这些命令行选项分隔为简单的格式。之后只需要在循环处理中检查位置参数，针对不同的命令行选项实现相应的处理即可。

## 代码解说

第 17 行、第 38 行和第 45 行分别是用于输出帮助信息、版本信息和错误信息的函数。由于这些函数只是简单地通过 here document 输出，所以这里不做详细介绍。

### 解析命令行选项

在第 53 行，使用 getopt 命令解析脚本的命令行选项。-n "$SCRIPT_NAME" 部分设置的是脚本出错时输出的命令名。

```
53  parameters=$(getopt -n "$SCRIPT_NAME" \
54              -o d:s:in \
55              -l directory: -l suffix: -l ignore-case -l line-number \
56              -l help -l version \
57              -- "$@")
```

当命令行选项解析失败时，getopt 命令会在错误信息的开头部分输出发生错误的命令名，即 getopt。

▼ getopt 命令在错误信息的开头输出 getopt

```
$ getopt -o abn: -l help -l version -- -ab -d
getopt: 无效选项 -- 'd'
 -a -b --
```

在错误信息的开头使用 shell 脚本的名称代替 getopt，就可以非常方便地知道是哪个脚本出现了错误。-n 选项就用于实现该功能。getopt 命令通过“-n 命令名”选项就可以将错误信息开头的 getopt 部分替换为指定的命令名。

▼ 使用 -n 选项修改错误信息开头部分的命令名

```
$ getopt -n findgrep_getopt.sh -o abn: -l help -l version -- -ab -d
findgrep_getopt.sh: 无效选项 -- 'd'
 -a -b --
```

当命令行选项解析发生错误时，getopt 会像上面那样输出具体的错误信息，因此从第 59 行到第 62 行的代码会输出让用户查看帮助信息的提示，然后退出脚本。

```
59  if [[ $? -ne 0 ]]; then
60    echo 'Try --help option for more information' 1>&2
61    exit 1
62  fi
```

如前所述，第 63 行代码会使用 getopt 命令的解析结果更新位置参数。

```
63  eval set -- "$parameters"
```

## 将解析后的参数赋值给变量

从第 65 行开始声明的变量用于保存命令行选项指定的内容。

从第 70 行到第 102 行的 while 循环语句体现了 getopt 命令的典型使用方式。使用 shift 命令按顺序移动位置参数，根据 $1（最开始的位置参数）的值执行不同的处理。对于支持参数的命令行选项，就如同第 74 行那样将下一个位置参数的值保存为该选项的参数。对于没有参数的命令行选项，则像第 82 行那样用一个变量标记“指定了该命令行选项”。由于这里已经使用 getopt 命令进行了解析，所以这里不需要额外考虑 -in 这样多个选项被组合指定的情况，或者预想之外的选项被指定的情况等。

```
65  directory=.            # 查找开始位置
66  find_name='*'          # 查找文件后缀
67  ignore_case=           # 是否指定了 -i 选项的标志
68  line_number=           # 是否指定了 -n 选项的标志
69
70  while [[ $# -gt 0 ]]
71  do
72    case "$1" in
73      -d | --directory)
74        directory=$2
75        shift 2
76        ;;
77      -s | --suffix)
78        find_name="*$2"
79        shift 2
80        ;;
81      -i | --ignore-case)
82        ignore_case=true
83        shift
84        ;;
85      -n | --line-number)
86        line_number=true
87        shift
88        ;;
89      --help)
90        print_help
91        exit 0
92        ;;
93      --version)
94        print_version
95        exit 0
96        ;;
97      --)
98        shift
99        break
100       ;;
101   esac
102 done
```

另外，由于我们希望 `--help` 选项或 `--version` 选项在输出信息之后立即退出，所以在第 90 行和第 95 行使用了 `exit` 命令。

当循环匹配到 `--` 时，就可以断定命令行选项结束了。即使用户指定的命令行参数中没有 `--`，`getopt` 命令也会添加 `--` 来作为命令行选项和参数之间的分隔符。因此 `--` 肯定会在这个循环中出现。遇到 `--` 符号就意味着命令行选项的处理结束了，因此第 99 行使用 `break` 语句退出了循环。

对命令行选项的解析到此结束，指定的值也保存到了相应的变量中。在 while 循环结束时，非命令行选项的普通参数（匹配模式）还保存在从 $1 开始的位置参数中。第 104 行用于将它保存到变量 pattern 中。

```
104  pattern=$1
```

## grep 命令选项

从第 116 行到第 122 行的代码用于组装要传递给 grep 命令的命令行选项，目的是实现本示例的“不区分大小写”和“输出匹配到的行号”两个选项。

```
116  grep_option=-G     # 匹配时将 PATTERN 作为基本正则表达式
117  if [[ $ignore_case == true ]]; then
118    grep_option+=i
119  fi
120  if [[ $line_number == true ]]; then
121    grep_option+=n
122  fi
```

## 执行查找

后面的内容和一般的脚本一样。使用获取的命令行选项的值和位置参数指定的值，执行 find 命令和 grep 命令。

```
124  find -- "$directory" -type f -name "$find_name" -print0 \
125    | xargs -0 grep "$grep_option" -e "$pattern" -- /dev/nul
```

到这里，通过命令行选项控制具体执行过程的脚本就编写完成了。

# 12.10 示例 10：使用 getopts 解析命令行选项

示例 9 中介绍的 getopt 是一个功能强大且非常方便的命令，但它是一个外部命令，在某些操作系统的发行版中无法正常工作。这里要介绍的 getopts 可以与 getopt 一样解析命令行选项，不过它是一个 bash 的内置命令，使用时可以不依赖外部环境。

findgrep_getopts.sh

```
1   #!/bin/bash
2
3   # 文件名
4   #   findgrep_getopts.sh —— 按照指定模式匹配目录下的文件，并输出匹配到的行
5   #
6   # 语法
7   #   findgrep_getopts.sh [OPTION]... PATTERN
8   #
9   # 说明
10  #   递归查找指定目录下的文件，并输出文件中与指定模式相匹配的行
11  #   匹配模式按照基本正则表达式处理
12  #   如果没有指定要查找的目录，则把当前目录作为查找目录
13
14  readonly SCRIPT_NAME=${0##*/}
15  readonly VERSION=1.0.0
16
17  print_help()
18  {
19      cat << END
20  Usage: $SCRIPT_NAME [OPTION]... PATTERN
21  Find files in current directory recursively, and print lines which match
    PATTERN.
22  Interpret PATTERN as a basic regular expression.
23
24    -d DIRECTORY  find files in DIRECTORY, instead of current directory
25    -s SUFFIX     find files which end with SUFFIX
26    -i            ignore case distinctions
27    -n            print line number with output lines
28
29    -h            display this help and exit
30    -V            display version information and exit
31
32  Example:
```

```
33      $SCRIPT_NAME printf
34      $SCRIPT_NAME -d work -s .html title
35  END
36  }
37
38  print_version()
39  {
40      cat << END
41  $SCRIPT_NAME version $VERSION
42  END
43  }
44
45  print_error()
46  {
47      cat << END 1>&2
48  $SCRIPT_NAME: $1
49  Try -h option for more information
50  END
51  }
52
53  directory=.              # 查找开始位置
54  find_name='*'            # 查找文件后缀
55  ignore_case=             # 是否指定了 -i 选项的标志
56  line_number=             # 是否指定了 -n 选项的标志
57
58  while getopts :d:s:inhV option
59  do
60    case "$option" in
61      d)
62        directory=$OPTARG
63        ;;
64      s)
65        find_name="*$OPTARG"
66        ;;
67      i)
68        ignore_case=true
69        ;;
70      n)
71        line_number=true
72        ;;
73      h)
74        print_help
75        exit 0
76        ;;
77      V)
78        print_version
```

```
 79          exit 0
 80          ;;
 81        :)
 82          print_error "option requires an argument -- '$OPTARG'"
 83          exit 1
 84          ;;
 85        \?)
 86          print_error "unrecognized option -- '$OPTARG'"
 87          exit 1
 88          ;;
 89    esac
 90  done
 91  shift $((OPTIND - 1))
 92
 93  pattern=$1
 94
 95  if [[ -z $pattern ]]; then
 96    print_error "${SCRIPT_NAME}: missing search pattern"
 97    exit 1
 98  fi
 99
100  if [[ ! -d $directory ]]; then
101    print_error "${SCRIPT_NAME}: '$directory': No such directory"
102    exit 2
103  fi
104
105  grep_option=-G    # 匹配时将 PATTERN 作为基本正则表达式
106  if [[ $ignore_case == true ]]; then
107    grep_option+=i
108  fi
109  if [[ $line_number == true ]]; then
110    grep_option+=n
111  fi
112
113  find -- "$directory" -type f -name "$find_name" -print0 \
114    | xargs -0 grep "$grep_option" -e "$pattern" -- /dev/null
```

## 运行示例

该示例支持的命令行选项如表 12.7 所示，基本上与示例 9 一样，但是由于 getopts 命令的限制，这个脚本并不支持长参数形式选项的命令行选项。

表 12.7 findgrep_getopts.sh 的命令行选项列表

| 短参数形式选项 | 参数 | 说　明 |
|---|---|---|
| -d | 必选 | 指定要查找的文件的起始目录 |
| -s | 必选 | 使用指定后缀筛选文件 |
| -i | 可选 | 使用grep查找时不区分大小写 |
| -n | 可选 | 输出匹配到的行的行号 |
| -h | 可选 | 输出帮助信息后退出 |
| -V | 可选 | 输出版本信息后退出 |

除了执行时不支持使用长参数形式选项的命令行选项，其余都与示例 9 相同，所以请参考上一节的内容。

## getopts 命令

在讲解 shell 脚本之前，我们先介绍一下如何使用 getopts 命令解析命令行选项。前面已经提到，getopts 是 bash 的内置命令，因此它与前面介绍的 getopt 命令的使用方法有很大差别。

getopts 命令的使用方法如下。

语法　getopts 命令

```
getopts 短参数形式选项名 变量名
```

“短参数形式选项名”的要点与 getopt 命令的 -o 选项一样，用作选项的字符要列在后面。需要参数的选项也一样，在后面加上 :（冒号）即可。这里的“变量名”部分指定的是用于存放 getopts 命令解析到的选项名的变量的名称。

但是，getopts 并不支持随意改变命令行选项和非命令行选项的参数之间的顺序。实际上，如果出现了非命令行选项的参数，则对命令行选项的解析也即告终止，之后的内容都会被解析为命令行参数，而非命令行选项。此外，getopts 命令不支持长参数形式选项的命令行选项，因此不能使用 --width 这样的选项。

下面介绍一个简单的示例，请看代码清单 12.6。

代码清单 12.6 使用 getopts 命令的简单示例（getopts_easy.sh）

```
#!/bin/bash

a_flag=
b_flag=
n_arg=
```

```
while getopts abn: option
do
  case "$option" in
    a)
      # 指定了 a 选项时的处理
      a_flag=true
      ;;
    b)
      # 指定了 b 选项时的处理
      b_flag=true
      ;;
    n)
      # 指定了 n 选项时的处理
      n_arg=$OPTARG
      ;;
    \?)
      # 指定了不合法的选项时的处理
      # 或者命令行参数个数不足时的处理
      exit 1
      ;;
  esac
done

shift $((OPTIND - 1))

cat <<END
a_flag = $a_flag
b_flag = $b_flag
n_arg = $n_arg
\$1 = $1
\$2 = $2
END
```

getopts 命令会检查开头的位置参数是不是命令行选项。如果是，就将该选项的名称保存到指定的变量（该例中的变量 option）中。这时，选项前面的连字符会被删除。

此外，getopts 命令在找到命令行选项时返回 0，在没有找到时返回 0 之外的值作为退出状态码。因此在 while 语句的循环中，命令行选项会被逐个解析，直到发现非命令行选项的参数。这时，getopts 命令内部会保存关于解析到了哪个位置参数的信息，所以在再次执行 getopts 命令时，可以从之前的位置继续解析。

如果找到的是需要参数的命令行选项，则参数的值会被保存到变量 OPTARG 中。这是一个由 bash 定义的变量。在这个示例中，当指定了 n 选项时，shell 脚本会从 OPTARG 读取该选项的参数，并保存到变量 n_arg 中。

当命令行解析发生错误时，getopts 命令会输出表示错误详细情况的错误信息，并将指定变量（变量 option）的值设置为 ?（问号）。指定了不支持的选项，或者没有为需要参数的选项指定参数等情况，都会按上述方式处理。

while 语句后面立刻调用了 shift 命令，目的是从位置参数中删除已经被解析为命令行选项的部分。getopts 命令运行之后会将下一个要检查的位置参数的编号保存到变量 OPTIND 中。也就是说，所有的命令行选项都解析完毕之后，变量 OPTIND 里保存的是非命令行选项的第 1 个位置参数的编号。OPTIND 和 OPTARG 一样，都是由 bash 定义的变量。

比如像下面这样指定参数并调用前面的脚本。

▼ 调用 getopts_easy 脚本

```
$ ./getopts_easy.sh -a -n 20 file1 file2
a_flag = true
b_flag =
n_arg = 20
$1 = file1
$2 = file2
```

在这个示例中，当 while 语句的循环结束之后，变量 OPTIND 的值为 4（表 12.8）。也就是说，$((OPTIND - 1)) 相当于 shift 3，位置参数的前 3 个参数会被删除。于是，$1 变成 file1，$2 变成 file2，位置参数中只保留了非命令行选项的普通参数（表 12.9）。因此，脚本的剩余部分就可以像普通脚本一样，不必再处理命令行选项。

表 12.8 运行 shift $((OPTIND – 1)) 前的位置参数

| 位置参数 | 值 |
| --- | --- |
| $1 | -a |
| $2 | -n |
| $3 | 20 |
| $4 | file1.txt |
| $5 | file2.txt |

表 12.9 运行 shift $((OPTIND – 1)) 后的位置参数

| 位置参数 | 值 |
| --- | --- |
| $1 | file1.txt |
| $2 | file2.txt |

以上就是 getopts 命令的使用方法。当然，这条命令也支持像 -ab 或 -n10 这样合并指定命令行选项。采用这种方法时，也由 getopts 命令内部执行处理，调用方并不需要关心具体的处理过程。

## 代码解说

这个脚本的前半部分和示例 9 基本一样，因此这里省略相关讲解。

从第 58 行开始的 while 语句将使用 getopts 命令解析命令行参数。通过 getopts 命令参数指定的 :d:s:inhV 定义了这个 shell 脚本假定的命令行选项。我们还没有介绍过参数前面的 :（冒号）。这个符号是与 getopts 命令的错误处理有关的设置。

```
58  while getopts :d:s:inhV option
59  do
60    case "$option" in
61      d)
62        directory=$OPTARG
63        ;;
64      s)
65        find_name="*$OPTARG"
66        ;;
67      i)
68        ignore_case=true
69        ;;
70      n)
71        line_number=true
72        ;;
73      h)
74        print_help
75        exit 0
76        ;;
77      V)
78        print_version
79        exit 0
80        ;;
81      :)
82        print_error "option requires an argument -- '$OPTARG'"
83        exit 1
84        ;;
85      \?)
86        print_error "unrecognized option -- '$OPTARG'"
87        exit 1
88        ;;
```

```
89     esac
90   done
```

如前所述，getopts 命令会在解析命令行选项出错时输出错误信息。但是，如果第 1 个参数的开头是冒号，表示开启了静默模式。在静默模式下解析，即使遇到错误，getopts 命令也不会输出错误信息。这种模式可以让用户自己来控制错误信息的输出。

在普通模式（即开头没有指定冒号的情况）下，getopts 命令输出的错误信息的开头部分包括 shell 脚本名。这个脚本名使用的是 $0 的值，因此在使用相对路径运行脚本时，将直接输出 ./getopts_easy.sh 这样的字符串。

▼ getopts 命令的错误信息包括 $0 的值

```
$ ./getopts_easy.sh -x
./getopts_easy.sh: 无效选项 -- x
```

这种错误输出不够简洁，如果只输出 getopts_easy.sh 这样的 shell 脚本文件名，会更容易阅读。因此该示例中指定了静默模式。这样就可以禁止自动输出错误信息，通过自己编写的代码来控制所要输出的错误信息的具体内容。

在静默模式下发生错误时，指定变量（变量 option）的值会发生变化。如果在需要参数的选项中参数不足，该变量的值会被设置为 :（冒号）。这时，指定的选项名会被保存到变量 OPTARG 中。此外，如果指定了不支持的选项，那么该选项的值会被设置为 ?（问号）。这时，指定的选项名也会被保存到变量 OPTARG 中。第 81 行和第 85 行将使用这两个值区分不同的错误内容并输出精确的错误信息。

第 91 行使用变量 OPTIND 将被解析为命令行选项的部分从位置参数中移除了。此外，如果没有指定任何选项，变量 OPTIND 的值为 1，将执行 shift  0 命令。从结果来看，位置参数的值不发生变化，因此不会出现问题。

```
91   shift $((OPTIND - 1))
```

对命令行选项的解析到此结束，之后的代码和示例 9 相同。

## 区分使用 getopt 和 getopts

前面已经通过示例说明了 getopt 命令和 getopts 命令的使用方法。那么，我们该如何正确地区分使用它们呢？它们的主要区别如表 12.10 所示。

表 12.10 getopt 和 getopts 的比较

| 比较项目 | getopt | getopts |
|---|---|---|
| 命令类型 | 外部命令 | 内置命令 |
| 长参数形式选项 | 支持 | 不支持 |
| 环境依赖性 | 比较大 | 比较小 |

首先，它们的调用方式不同。getopt 命令需要配合使用 eval 命令或 set 命令，技巧性稍微高一些。与之相对，getopts 命令的使用方法更容易理解。但是两者的语法都很固定，一旦记住之后，用起来并没有太大的差别。

除此之外的区别是，getopts 命令是 bash 的内置命令，因此只要安装了 bash，该命令在任何环境下使用起来都一样；而 getopt 命令是外部命令，根据使用的环境不同，其功能可能有所不同。实际上，在 Linux 之外的一些环境下，getopt 命令可能不支持长参数形式选项。另外，老版本的 getopt 命令也不能很好地处理带空格的参数。而且，有些环境可能根本就没有安装 getopt 命令。

有时，我们会为了避免出现环境依赖导致的问题而刻意使用 getopts 命令，但是 getopt 命令支持长参数形式选项，如果可以，还是使用它更方便一些。本书暂且推荐使用 getopt 命令，因为在现在常见的 Linux 发行版下，getopt 命令基本上不会出现问题。因此可以先使用 getopt 命令实现，如果真的出现环境导致的问题，到时候再切换到 getopts 命令即可。

## help 命令

bash 提供了内置命令 help。它用于显示 bash 的内置命令或与控制结构相关的帮助信息。将想要获得帮助的对象作为参数，就能输出该对象或语法相关的详细信息。比如下面的示例会输出与 pwd 命令相关的帮助信息。

▼ 使用 help 命令输出 pwd 命令的帮助信息

```
$ help pwd
```

而且，在 help 命令的参数中还可以使用包含 * 或 ? 的模式。使用这些符号就可以输出与模式相匹配的所有内容的帮助信息。比如下面的示例指定了 *set 模式，因此会输出与该模式相匹配的命令 set、typeset 和 unset 相关的帮助信息。

▼ 在 help 命令中使用匹配模式

```
$ help '*set'
```

help 命令输出的内容和 bash 的手册页中记录的内容基本相同。由于 bash 的手册页非常不方便查找，所以在想要获取特定命令的相关信息时，可以使用 help 命令。

## 12.11 示例 11：在命令行中管理回收站

最后介绍一个稍微复杂的 shell 脚本。在一般的 Linux 发行版中，GUI 桌面提供了回收站的功能。这里所说的回收站，指的是用于保存被删除文件的区域。本示例介绍的脚本支持 3 种操作：将文件移动到回收站，显示回收站中的文件列表，以及将回收站中的文件恢复到原位置。

trash.sh

```
1  #!/bin/bash
2
3  # 文件名
4  #   trash.sh —— 在命令行中管理回收站
5  #
6  # 语法
7  #   trash.sh put [OPTION]... FILE...
8  #   trash.sh list [OPTION]...
9  #   trash.sh restore [OPTION]... FILE [NUMBER]
10 #
11 # 说明
12 #   用于管理回收站的 shell 脚本
13 #   支持如下操作：
14 #   - 将文件移动到回收站
15 #   - 输出回收站中的文件列表
16 #   - 将回收站中的文件恢复到原位置
17 #
18 #   回收站使用的目录通过环境变量 TRASH_DIRECTORY 设置
19 #   如果没有设置这个环境变量，则默认使用 $HOME/.Trash 保存回收站中的文件
```

```
20
21  readonly SCRIPT_NAME=${0##*/}
22  readonly VERSION=1.0.0
23  readonly DEFAULT_TRASH_BASE_DIRECTORY=$HOME/.Trash
24  readonly TRASH_FILE_DIRECTORY_NAME=files
25  readonly TRASH_INFO_DIRECTORY_NAME=info
26
27  print_help()
28  {
29      cat << END
30  Usage: $SCRIPT_NAME put [OPTION]... FILE...            (1st form)
31    or:  $SCRIPT_NAME list [OPTION]...                   (2nd form)
32    or:  $SCRIPT_NAME restore [OPTION]... FILE [NUMBER]  (3rd form)
33
34  In the 1st form, put FILE to the trashcan.
35  In the 2nd forms, list items in the trashcan.
36  In the 3rd form, restore FILE from the trashcan.
37
38  OPTIONS
39    -d, --directory=DIRECTORY  specify trashcan directory
40    --help                     display this help and exit
41    --version                  display version information and exit
42
43  Default trashcan directory is '$DEFAULT_TRASH_BASE_DIRECTORY'.
44  You can specify the directory with TRASH_DIRECTORY environment variable
45  or -d/--directory option.
46  END
47  }
48
49  print_version()
50  {
51      cat << END
52  $SCRIPT_NAME version $VERSION
53  END
54  }
55
56  print_error()
57  {
58      cat << END 1>&2
59  $SCRIPT_NAME: $1
60  Try --help option for more information
61  END
62  }
63
64  # 使用 \ 对正则表达式的元字符进行转义，并将转义后的结果输出到标准输出
65  # 默认按照基本正则表达式处理
```

```
66  # 参数
67  #   $1 : 正则表达式字符串
68  escape_basic_regex()
69  {
70    printf '%s\n' "$1" | sed 's/[.*\^$[]/\\&/g'
71  }
72
73  # 对回收站目录进行初始化
74  # 参数
75  #   $1 : 回收站目录
76  trash_init()
77  {
78    local trash_base_directory=$1
79    local trash_file_directory=${trash_base_directory}/${TRASH_FILE_
    DIRECTORY_NAME}
80    local trash_info_directory=${trash_base_directory}/${TRASH_INFO_
    DIRECTORY_NAME}
81
82    if [[ ! -d $trash_base_directory ]]; then
83      mkdir -p -- "$trash_base_directory" || return 1
84    fi
85
86    if [[ ! -d $trash_file_directory ]]; then
87      mkdir -p -- "$trash_file_directory" || return 1
88    fi
89
90    if [[ ! -d $trash_info_directory ]]; then
91      mkdir -p -- "$trash_info_directory" || return 1
92    fi
93  }
94
95  # 用于检查回收站目录是否存在的函数
96  # 若回收站目录存在则返回 0，不存在则返回 1
97  # 参数
98  #   $1 : 回收站目录
99  trash_directory_is_exists()
100 {
101   local trash_base_directory=$1
102   local trash_file_directory=${trash_base_directory}/${TRASH_FILE_
    DIRECTORY_NAME}
103   local trash_info_directory=${trash_base_directory}/${TRASH_INFO_
    DIRECTORY_NAME}
104
105   if [[ ! -d $trash_base_directory ]]; then
106     print_error "'$trash_base_directory': Trash directory not found"
107     return 1
```

```
108     fi
109
110     if [[ ! -d $trash_file_directory ]]; then
111       print_error "'$trash_file_directory': Trash directory not found"
112       return 1
113     fi
114
115     if [[ ! -d $trash_info_directory ]]; then
116       print_error "'$trash_info_directory': Trash directory not found"
117       return 1
118     fi
119
120     return 0
121   }
122
123   # 用于将文件移动到回收站的函数
124   # 参数
125   #   $1 : 回收站目录
126   #   $2 : 移动对象的文件路径
127   trash_put()
128   {
129     local trash_base_directory=$1
130     local file_path=$2
131
132     if [[ ! -e $file_path ]]; then
133       print_error "'$file_path': File not found"
134       return 1
135     fi
136
137     # 如果文件为相对路径，则先将其转换为绝对路径形式
138     # 即使是目录，也不需要在末尾添加 /
139     file_path=$(realpath -- "$file_path")
140     local file=${file_path##*/}
141
142     if [[ -z $file ]]; then
143       print_error "'$file_path': Can not trash file or directory"
144       return 1
145     fi
146
147     local trash_file_directory=${trash_base_directory}/${TRASH_FILE_
      DIRECTORY_NAME}
148     local trash_info_directory=${trash_base_directory}/${TRASH_INFO_
      DIRECTORY_NAME}
149
150     # 移动到回收站之后的文件名
151     local trashed_file_name=$file
```

```
152     if [[ -e ${trash_file_directory}/${trashed_file_name} ]]; then
153       # 为了避免回收站目录中的文件名重复，
154       # 如果已经存在同名文件，那么在文件末尾添加从 1 开始的编号
155       # 比如 file1.txt, file1.txt_1, file1.txt_2
156
157       local rescape_file_name
158       rescape_file_name=$(escape_basic_regex "$file")
159       local current_max_number
160       current_max_number=$(
161         find -- "$trash_file_directory" -mindepth 1 -maxdepth 1 -printf
      '%f\n' \
162           | grep -e "^${rescape_file_name}\$" -e "^${rescape_file_name}_[0-9]
      [0-9]*\$" \
163           | sed "s/^${rescape_file_name}_\\{0,1\\}//" \
164           | sed 's/^$/0/' \
165           | sort -n -r \
166           | head -n 1
167       )
168       trashed_file_name+="_$((current_max_number + 1))"
169     fi
170
171     trash_init "$trash_base_directory" || return 2
172
173     mv -- "$file_path" "${trash_file_directory}/${trashed_file_name}" \
174       || return 3
175
176     # 以 YYYY-MM-DDThh:mm:ss 的格式输出 DeletionDate。时区为本地时区
177     # 示例：2018-09-12T19:11:27
178     cat <<END > "${trash_info_directory}/${trashed_file_name}.trashinfo"
179   [Trash Info]
180   Path=$file_path
181   DeletionDate=$(date '+%Y-%m-%dT%H:%M:%S')
182   END
183
184   }
185
186   # 输出 trashinfo 文件中的内容
187   # 参数
188   #   $1 : trashinfo 文件路径
189   # trashinfo 文件的格式
190   #   [Trash Info]
191   #   Path=/home/xxx/tmp/2015-07-16/file1.txt
192   #   DeletionDate=2018-09-20T21:37:16
193   # 输出格式
194   #   2018-09-20T21:37:16 /home/xxx/tmp/2015-07-16/file1.txt
195   #   2018-09-20T21:37:16 /home/xxx/tmp/2015-07-16/file1.txt 1
```

```
196  print_trashinfo()
197  {
198    local trashinfo_file_path=$1
199    local line=
200    local -A info
201
202    # 使用 = 分隔输入文件中的内容，并将结果保存到关联数组
203    while IFS= read -r line
204    do
205      if [[ $line =~ ^([^=]+)=(.*)$ ]]; then
206        info["${BASH_REMATCH[1]}"]=${BASH_REMATCH[2]}
207      fi
208    done < "$trashinfo_file_path"
209
210    local trashinfo_file_name=${trashinfo_file_path##*/}
211    local restore_file_name=${info[Path]##*/}
212    local rescape_restore_file_name
213    rescape_restore_file_name=$(escape_basic_regex "$restore_file_name")
214
215    # 输出要恢复的文件名末尾的文件编号
216    local file_number
217    file_number=$(
218      printf '%s' "$trashinfo_file_name" \
219        | sed -e 's/\.trashinfo$//' -e "s/^${rescape_restore_file_name}_\\
     {0,1\\}//"
220    )
221
222    printf '%s %s %s\n' "${info[DeletionDate]}" "${info[Path]}" "$file_
     number"
223  }
224
225  # 显示回收站中的文件列表
226  # 参数
227  #   $1 : 回收站目录
228  trash_list()
229  {
230    local trash_base_directory=$1
231    local trash_info_directory=${trash_base_directory}/${TRASH_INFO_
     DIRECTORY_NAME}
232
233    trash_directory_is_exists "$trash_base_directory" || return 1
234
235    local path=
236    find -- "$trash_info_directory" -mindepth 1 -maxdepth 1 -type f -name
     '*.trashinfo' -print \
237      | sort \
```

```
238      | while IFS= read -r path
239        do
240          print_trashinfo "$path"
241        done
242  }
243
244  # 将回收站中的文件恢复到原来的位置
245  # 参数
246  #   $1 : 回收站目录
247  #   $2 : 要恢复的原文件名
248  #   $3 : 文件编号（可以省略）
249  trash_restore()
250  {
251    local trash_base_directory=$1
252    local file_name=$2
253    local file_number=$3
254    local trash_file_directory=${trash_base_directory}/${TRASH_FILE_
     DIRECTORY_NAME}
255    local trash_info_directory=${trash_base_directory}/${TRASH_INFO_
     DIRECTORY_NAME}
256
257    trash_directory_is_exists "$trash_base_directory" || return 1
258
259    if [[ -z $file_name ]]; then
260      print_error 'missing file operand'
261      return 1
262    fi
263
264    # 如果没有指定文件编号，则直接使用文件名
265    # 如果指定了文件编号，则查找“文件名 _ 文件编号”文件并恢复
266    local restore_target_name=
267    if [[ -z $file_number ]]; then
268      restore_target_name=$file_name
269    else
270      restore_target_name=${file_name}_${file_number}
271    fi
272
273    local restore_trashinfo_path=${trash_info_directory}/${restore_target_
     name}.trashinfo
274    local restore_from_path=${trash_file_directory}/${restore_target_name}
275    if [[ ! -f $restore_trashinfo_path || ! -e $restore_from_path ]]; then
276      print_error "'$restore_target_name': File not found"
277      return 2
278    fi
279
280    local restore_to_path
```

```
281    restore_to_path=$(grep '^Path=' -- "$restore_trashinfo_path" | sed 's/
   ^Path=//')
282    if [[ -z $restore_to_path ]]; then
283      print_error "'$restore_trashinfo_path': Restore path not found"
284      return 2
285    fi
286
287    # 如果 trashinfo 文件中保存的要恢复的原文件名和指定的文件名不一致，则报错
288    local restore_to_file=${restore_to_path##*/}
289    if [[ $file_name != "$restore_to_file" ]]; then
290      print_error "'$restore_target_name': File not found"
291      return 2
292    fi
293
294    # 如果要恢复的原文件已经存在，则不覆盖该文件，直接报错
295    if [[ -e "$restore_to_path" ]]; then
296      print_error "can not restore '$restore_to_path': File already exists"
297      return 3
298    fi
299
300    # 在必要时创建要恢复的原文件的父目录
301    local restore_base_path=${restore_to_path%/*}
302    if [[ -n $restore_base_path && ! -d $restore_base_path ]]; then
303      mkdir -p -- "$restore_base_path" || return 4
304    fi
305
306    mv -- "$restore_from_path" "$restore_to_path" || return 5
307    rm -- "$restore_trashinfo_path"
308  }
309
310  sub_command=
311
312  case "$1" in
313    put | list | restore)
314      sub_command=$1
315      shift
316      ;;
317    --help | help)
318      print_help
319      exit 0
320      ;;
321    --version | version)
322      print_version
323      exit 0
324      ;;
325    '')
```

```
326       print_error 'missing command'
327       exit 1
328       ;;
329     *)
330       print_error "'$1': Unknown command"
331       exit 1
332       ;;
333   esac
334
335   parameters=$(getopt -n "$SCRIPT_NAME" \
336              -o d: \
337              -l directory: \
338              -l help -l version \
339              -- "$@")
340
341   if [[ $? -ne 0 ]]; then
342     echo 'Try --help option for more information' 1>&2
343     exit 1
344   fi
345   eval set -- "$parameters"
346
347   # TRASH_DIRECTORY 可以在调用该脚本的地方使用环境变量来设置
348   trash_base_directory=${TRASH_DIRECTORY:-$DEFAULT_TRASH_BASE_DIRECTORY}
349
350   while [[ $# -gt 0 ]]
351   do
352     case "$1" in
353       -d | --directory)
354         trash_base_directory=$2
355         shift 2
356         ;;
357       --help)
358         print_help
359         exit 0
360         ;;
361       --version)
362         print_version
363         exit 0
364         ;;
365       --)
366         shift
367         break
368         ;;
369     esac
370   done
371
```

```
372  if [[ -z $trash_base_directory ]]; then
373    print_error 'missing directory operand'
374    exit 1
375  fi
376
377  result=0
378
379  if [[ $sub_command == put ]]; then
380    if [[ $# -le 0 ]]; then
381      print_error 'missing file operand'
382      exit 1
383    fi
384
385    for i in "$@"
386    do
387      trash_put "$trash_base_directory" "$i" || result=$?
388    done
389
390  elif [[ $sub_command == list ]]; then
391    trash_list "$trash_base_directory"
392    result=$?
393
394  elif [[ $sub_command == restore ]]; then
395    if [[ $# -le 0 ]]; then
396      print_error 'missing file operand'
397      exit 1
398    fi
399
400    trash_restore "$trash_base_directory" "$1" "$2"
401    result=$?
402
403  fi
404
405  exit "$result"
```

## 运行示例

再来回顾一下这个脚本可以实现的 3 种操作：将文件移动到回收站，显示回收站中的文件列表，以及将回收站中的文件恢复到原位置。

要想将文件移动到回收站，可以在 put 参数后指定要移动的文件的路径。

▼ 将文件移动到回收站

```
$ ./trash.sh put test.txt
```

要想显示回收站中的文件列表，可以使用 list 参数。

▼ 显示回收站中的文件列表

```
$ ./trash.sh list
2018-09-26T11:57:13 /home/okita/tmp/README.txt
2018-09-28T21:36:37 /home/okita/work/test.txt
```

第 1 列是文件移动到回收站的时间，第 2 列是文件的原路径。为了对重复删除两次及以上的文件进行区分，同名文件的末尾会加上文件编号。关于文件编号，我们会在后面讲解。

▼ 将文件编号添加到文件末尾

```
$ ./trash.sh list
2018-09-26T11:57:13 /home/okita/tmp/README.txt
2018-09-28T21:36:37 /home/okita/work/test.txt
2018-09-29T09:27:08 /home/okita/work/src/test.txt 1
2018-10-15T18:39:26 /home/okita/work/src/test.txt 2
```

要想恢复被删除的文件，可以在 restore 参数后面指定要恢复的文件名。

▼ 恢复回收站中的文件

```
$ ./trash.sh restore test.txt
```

如果同一文件名的文件被删除两次及以上，那么需要指定想恢复的文件的文件编号，以明确想恢复的是哪一个文件。

▼ 当存在同名的文件时，需要在最后指定文件编号

```
$ ./trash.sh restore test.txt 2
```

此外，该脚本还支持如表 12.11 所示的选项。

表 12.11 本示例的命令行选项的列表

| 短参数形式选项 | 长参数形式选项 | 参数 | 说　明 |
|---|---|---|---|
| -d | --directory | 必选 | 指定作为回收站的目录。如果省略了该参数，则默认使用用户主目录下的 .Trash 目录 |
| | --help | 可选 | 输出帮助信息并退出 |
| | --version | 可选 | 输出版本信息并退出 |

## Linux 中回收站的工作原理

在讲解代码之前，这里先简单地说明一下 Linux 中回收站的工作原理。

用户可以将文件移动到回收站而不是直接删除。移动到回收站的文件并不会被彻底删除。即使是被移动到回收站的文件，用户也可以在需要时从回收站恢复。

常见的 Linux 桌面环境中使用的回收站，在实现上遵循了 freedesktop 所指定的规范。从数据结构上来说，这些回收站只保存删除前的原文件，以及文件路径和删除时间，因此我们也可以使用脚本对回收站进行相同的操作。本节介绍了从命令行对回收站进行操作的 `trash.sh` 脚本。使用该脚本来代替 `rm` 命令，就不用再为丢失重要文件而担心了。

这里，先说明一下 freedesktop 所制定的回收站的文件格式。用户需要先在任意一个地方创建作为回收站的目录。这里以在用户主目录下创建 `.Trash` 目录为例。

回收站目录下面有 `files` 和 `info` 两个子目录。`files` 目录用于保存被删除的文件本身，而 `info` 目录用于保存被删除文件的元数据。

假设将文件 `/home/okita/work/tmp/test.txt` 移动到了回收站。这时，文件本身会被保存到 `.Trash/files/test.txt`，然后会有一个名为 `.Trash/info/test.txt.trashinfo` 的新文件被创建。我们称之为 trashinfo 文件。trashinfo 文件的内容请见代码清单 12.7。

**代码清单 12.7**　trashinfo 文件示例

```
[Trash Info]
Path=/home/okita/work/tmp/test.txt
DeletionDate=2018-09-20T21:37:16
```

第 1 行是一个标志，这也是规范中所规定的语法。第 2 行是文件被删除前的绝对路径。第 3 行是该文件被移动到回收站的时间。

像上面这样，回收站里同时保存了被移动到回收站的文件本身和 trashinfo 文件。从回收站中恢复文件时，需要根据 trashinfo 文件中记录的原文件位置进行恢复。

回收站也考虑到了有两个及以上的同名文件被删除的情况。在这种情况下，`files` 目录下的文件名会重复，因此在回收站中，对于同名的文件，会在文件名后面加上 _1、_2 这样的编号区分。这种连续编号称为文件编号。比如名为 `test.txt` 的文件被移动到回收站 3 次，那么回收站下面保存的文件就会如图 12.1 所示。

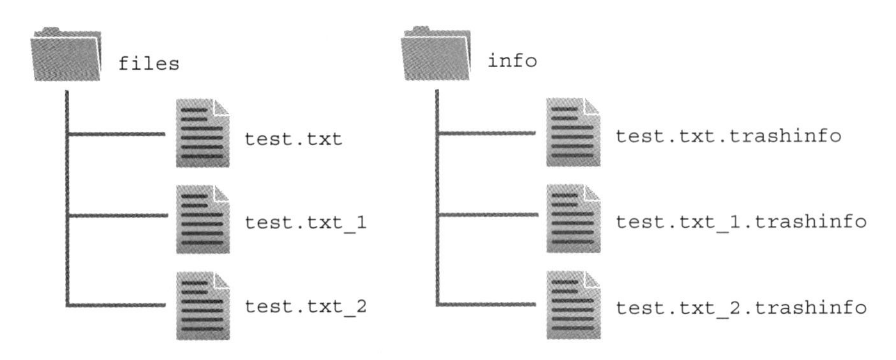


图 12.1 名称相同的文件移动到回收站的示例

实际上，在回收站的规范里并没有严格定义如何命名移动到回收站的文件。规范只做了最低限度的定义，即 trashinfo 文件名必须符合“在 `files` 目录中创建的文件名 +`.trashinfo`”这样的格式。只要满足了这一要求，并保证文件名不重复，就可以自定义文件名。在该示例中，我们从便于查看，以及其他回收站工具常用的文件名格式两方面综合考虑，采用了这一规则。

## 代码解说

这个脚本的前半部分是对各种变量和函数的定义，关于这部分，我们稍后再说明。

### 根据第 1 个参数执行指定的处理

该脚本的主要处理从第 310 行开始。首先需要判断第 1 个参数是 `put`、`list` 还是 `restore`。这里使用了 `shift` 命令，所以 `put` 或 `list` 等第 1 个参数会被删除，之后的参数则继续保存在位置参数中。同时这里还会判断是否需要显示帮助信息或版本信息。

```
310  sub_command=
311  
312  case "$1" in
313    put | list | restore)
314      sub_command=$1
315      shift
316      ;;
317    --help | help)
318      print_help
319      exit 0
320      ;;
321    --version | version)
```

```
322         print_version
323         exit 0
324         ;;
325       '')
326         print_error 'missing command'
327         exit 1
328         ;;
329       *)
330         print_error "'$1': Unknown command"
331         exit 1
332         ;;
333     esac
```

## 解析命令行选项

第 335 行使用 getopt 命令（→第 264 页）对命令行参数进行了解析。执行该处理是为了让用户能够设置回收站目录的路径。使用哪个位置作为目录取决于用户的使用方法，因此如果用户能够自由指定该目录，使用起来就会方便很多。

```
335 parameters=$(getopt -n "$SCRIPT_NAME" \
336                -o d: \
337                -l directory: \
338                -l help -l version \
339                -- "$@")
```

所以该脚本支持通过命令行选项或者环境变量设置回收站的路径。如果想使用命令行选项，则可以使用 -d 选项或者 --directory 选项；如果想使用环境变量，则可以设置环境变量 TRASH_DIRECTORY。如果这两者都没有指定，则默认使用变量 DEFAULT_TRASH_BASE_DIRECTORY 的值。这个变量的定义在第 23 行，默认值为 $HOME/.Trash。也就是说，如果用户没有指定回收站路径，那么默认使用用户主目录下的 .Trash 目录。

## 指定回收站路径

第 348 行声明的变量 trash_base_directory 用于保存回收站路径。这里使用了参数展开功能来设置该变量的初始值。这种写法表示，如果 TRASH_DIRECTORY 设置的值是非空字符串，则使用这个值，否则就使用变量 DEFAULT_TRASH_BASE_DIRECTORY 的值。关于参数展开功能的详细介绍，请参考第 5 章。

```
348 trash_base_directory=${TRASH_DIRECTORY:-$DEFAULT_TRASH_BASE_DIRECTORY}
```

由于这个脚本并没有为变量 TRASH_DIRECTORY 赋值，所以如果没有其他操作，该变量会处于未初始化的状态。但是，可以通过环境变量的方式从外部为该变量赋值。也就是说，如果我们定义一个名为 TRASH_DIRECTORY 的环境变量并为该环境变量赋值，就使用该环境变量的值，否则就将脚本中定义的默认值赋给变量 trash_base_directory。

在第 353 行和第 354 行，如果指定了 -d 选项或 --directory 选项，那么命令行中参数的值会被赋值给变量 trash_base_directory。请注意，这里是先引用了环境变量 TRASH_DIRECTORY 的值，然后才使用 -d 选项、--directory 选项赋值的。这样一来，如果同时设置了环境变量和命令行选项，命令行选项就会被优先使用。命令行选项优先于环境变量的设置方式不局限于 trash.sh 脚本，也被其他很多命令所采用。

```
352    case "$1" in
353      -d | --directory)
354        trash_base_directory=$2
```

如果想使用某一特定的路径作为回收站目录，那么需要在每次执行命令时指定这个选项，这样会很麻烦。因此，像这样的配置一般会通过在 ~/.bash_profile 文件中定义一个环境变量来实现。这样一来，在每次执行命令时就不必关心具体的配置是什么了。

但是，有时需要在执行命令时使用和环境变量中的配置不一样的值。在这种场景下，如果命令行选项优先，就可以使用命令行选项覆盖环境变量的值。

## trash_put 函数

从第 379 行开始，分别执行 put、list 和 restore 处理。处理过程本身在 trash_put、trash_list、trash_restore 等函数中进行，让我们来详细地看一看。

从第 127 行开始的 trash_put 函数用于将指定的文件移动到回收站。

```
127  trash_put()
128  {
129    local trash_base_directory=$1
130    local file_path=$2
131
132    if [[ ! -e $file_path ]]; then
133      print_error "'$file_path': File not found"
134      return 1
135    fi
136
137    # 如果文件为相对路径，则先将其转换为绝对路径形式
138    # 即使是目录，也不需要在末尾添加 /
```

```
139     file_path=$(realpath -- "$file_path")
140     local file=${file_path##*/}
141 
142     if [[ -z $file ]]; then
143       print_error "'$file_path': Can not trash file or directory"
144       return 1
145     fi
146 
147     local trash_file_directory=${trash_base_directory}/${TRASH_FILE_
    DIRECTORY_NAME}
148     local trash_info_directory=${trash_base_directory}/${TRASH_INFO_
    DIRECTORY_NAME}
149 
150     # 移动到回收站之后的文件名
151     local trashed_file_name=$file
152     if [[ -e ${trash_file_directory}/${trashed_file_name} ]]; then
153       # 为了避免回收站目录中的文件名重复，
154       # 如果已经存在同名文件，那么在文件末尾添加从 1 开始的编号
155       # 比如 file1.txt, file1.txt_1, file1.txt_2
156 
157       local rescape_file_name
158       rescape_file_name=$(escape_basic_regex "$file")
159       local current_max_number
160       current_max_number=$(
161         find -- "$trash_file_directory" -mindepth 1 -maxdepth 1 -printf
    '%f\n' \
162           | grep -e "^${rescape_file_name}\$" -e "^${rescape_file_name}_[0-9]
    [0-9]*\$" \
163           | sed "s/^${rescape_file_name}_\\{0,1\\}//" \
164           | sed 's/^$/0/' \
165           | sort -n -r \
166           | head -n 1
167       )
168       trashed_file_name+="_$((current_max_number + 1))"
169     fi
170 
171     trash_init "$trash_base_directory" || return 2
172 
173     mv -- "$file_path" "${trash_file_directory}/${trashed_file_name}" \
174       || return 3
175 
176     # 以 YYYY-MM-DDThh:mm:ss 的格式输出 DeletionDate。时区为本地时区
177     # 示例：2018-09-12T19:11:27
178     cat <<END > "${trash_info_directory}/${trashed_file_name}.trashinfo"
179 [Trash Info]
180 Path=$file_path
```

```
181    DeletionDate=$(date '+%Y-%m-%dT%H:%M:%S')
182    END
183
184 }
```

第 139 行调用的 realpath 命令用于将文件的路径转换为绝对路径。因为在脚本运行时，通过参数指定的可能是相对路径。在 trash_restore 中将文件复原到原位置时，必须知道该文件的绝对路径。因此这里需要将文件路径转换为绝对路径。如果没有安装 realpath 命令，可以使用示例 7 所介绍的将相对路径转换为绝对路径的方法。

第 147 行和第 148 行用于为回收站中的 files 目录和 info 目录的路径赋值。在默认情况下，trash_file_directory 的值为 $HOME/.Trash/files，而 trash_info_directory 的值为 $HOME/.Trash/info。

后面的代码用于生成移动到回收站之后的文件名。如果回收站中不存在同名文件，则直接使用该文件名即可；但是，如果存在同名文件，那么为了不覆盖之前的文件，需要为被删除文件分配一个新的不重复的文件名。从第 153 行开始的代码会完成该工作。在本例中，我们想在文件的末尾加上 _1、_2 等“_+ 文件编号”形式的后缀，因此首先需要在回收站的文件中查找最大的文件编号。

第 158 行用于对正则表达式中的元字符进行转义，目的是在 grep 命令中直接使用指定的文件名作为字符串进行查找。这里调用的 escape_basic_regex 函数的处理和示例 4 的相同。

第 161 行使用 find 命令输出了在 trash_file_directory 目录下查找到的文件名。-mindepth 1 和 -maxdepth 1 两个选项表示查找时不进入子目录，只输出 trash_file_directory 下面的文件名。-printf '%f\n' 用于设置输出格式。%f 表示删除目录前面的内容，只输出末尾的文件名。这样就可以输出 files 目录下的文件名列表了。另外，这里写成 ls -A -- "$trash_file_directory" 也能达到同样的效果。

第 162 行使用指定的文件名或者在文件名后面加上“_+ 文件编号”进行筛选。以这种形式匹配到的文件名，基本上就是与将要移动到回收站中的原文件名相匹配的文件名。

有一点需要注意：在这一行中，我们在 "" 中最后的 $ 前面使用 \ 进行了转义。在 "" 内部，$ 会被 bash 当作参数展开的符号使用。由于这里希望在 grep 命令中使用 $ 符号本身，所以需要使用 \ 进行转义。而 ${rescape_file_name} 中的 $ 则表示使用参数展开功能获取变量的值，因此不需要添加 \。

第 163 行用于删除路径中的文件名部分，只保留末尾的文件编号。像 "\\{0,1\\}" 这样写两个 \ 的原因与前面相同，即因为 "" 内部的 \ 对于 bash 来说有特殊含义。这里需要将字符串 "\{0,1\}" 作为 sed 命令的参数，因此需要在 \ 前面添加 \ 进行转义。在使用该正则表达式后，不管文件名后面是否有 _，都会被删除。

我们来看一下上述字符串替换流程的具体示例。假设变量 rescape_file_name 的值为

tmp_file，第 161 行的 find 命令输出的结果如下。

```
src_dir
tmp_file
tmp_file_1
tmp_file_2
VERSION.txt
```

使用 grep 命令输出匹配到 tmp_file 的行。

```
tmp_file
tmp_file_1
tmp_file_2
```

然后，使用 sed 命令的替换功能单独输出文件编号。

```
1
2
```

请注意，没有文件编号的行（第 1 行）变成了空行。我们要在第 164 行将该空行替换为 0。也就是说，默认没有文件编号的文件为 0 号。这里要将所有的行都统一为有编号的状态，方便后续处理。

到这里，我们已经获取了文件编号的列表。第 165 用于将编号按照降序排序，第 166 行用于输出最上面的一行。这样就获取了最大的文件编号。给这个数值加 1，就可以避免新生成的文件编号和已有文件编号重复。第 168 行用于使用新生成的文件名进行赋值。

第 171 行调用了 trash_init 函数。关于这个函数的定义，请参考第 76 行。在这个函数中，如果回收站目录还不存在，就先创建该目录。这样一来，在第 1 次将文件移动到回收站时，即使不事先创建回收站目录，也不会出现问题。但是，在创建目录时，存在由于权限不足而创建失败的可能性。这时，我们会使用 return 命令立即退出函数。

第 173 行是实际将原文件移动到回收站的处理。由于此时已经确保新的文件名不会与回收站中已有的文件名重复，所以直接使用 mv 命令移动文件即可。

第 178 行用于创建 trashinfo 文件。新创建的文件名为“移动到 files 目录之后的名称 +.trashinfo”。这里保存了文件被删除前的绝对路径和删除时间。在通过 trash.sh list 命令输出回收站中的内容时，需要使用这个文件的内容。此外，文件中的绝对路径还可以用于将文件恢复到其原来的位置。

我们在前面已经获取了原文件的绝对路径，而时间也可以通过 date 命令获取。之后只需要通过 here document 和重定向创建新文件即可。将文件移动到回收站的处理到此就完成了。

## trash_list 函数

下面介绍一下 trash_list 函数。这个函数从第 228 行就开始了，用于列表显示被移动到回收站里的文件信息。

```
228  trash_list()
229  {
230    local trash_base_directory=$1
231    local trash_info_directory=${trash_base_directory}/${TRASH_INFO_DIRECTOR
     Y_NAME}
232
233    trash_directory_is_exists "$trash_base_directory" || return 1
234
235    local path=
236    find -- "$trash_info_directory" -mindepth 1 -maxdepth 1 -type f -name
     '*.trashinfo' -print \
237      | sort \
238      | while IFS= read -r path
239        do
240          print_trashinfo "$path"
241        done
242  }
```

第 233 行调用的 trash_directory_is_exists 函数（第 99 行）用于确认回收站目录是否存在。在该操作中只检查目录是否存在。如果不存在，就不能输出文件的详细信息列表，所以会返回错误信息并退出函数。

第 236 行使用 find 命令在回收站中查找 trashinfo 文件信息。第 238 行的 read 语句用于对查找结果逐行循环，并以其为参数调用 print_trashinfo 函数。

## print_trashinfo 函数

print_trashinfo 函数用于输出一个 trashinfo 文件的详细信息，这个函数从第 196 行开始。输入“参数为 trashinfo 文件”的路径后，该函数会读取该文件的内容并格式化，然后输出“删除时间”和“原文件绝对路径”信息。如果文件的末尾有文件编号，还会同时输出文件编号。

```
196  print_trashinfo()
197  {
198    local trashinfo_file_path=$1
```

```
199     local line=
200     local -A info
201 
202     # 使用 = 分隔输入文件中的内容，并将结果保存到关联数组
203     while IFS= read -r line
204     do
205       if [[ $line =~ ^([^=]+)=(.*)$ ]]; then
206         info["${BASH_REMATCH[1]}"]=${BASH_REMATCH[2]}
207       fi
208     done < "$trashinfo_file_path"
209 
210     local trashinfo_file_name=${trashinfo_file_path##*/}
211     local restore_file_name=${info[Path]##*/}
212     local rescape_restore_file_name
213     rescape_restore_file_name=$(escape_basic_regex "$restore_file_name")
214 
215     # 输出要恢复的文件名末尾的文件编号
216     local file_number
217     file_number=$(
218       printf '%s' "$trashinfo_file_name" \
219         | sed -e 's/\.trashinfo$//' -e "s/^${rescape_restore_file_name}_\\
{0,1\\}//"
220     )
221 
222     printf '%s %s %s\n' "${info[DeletionDate]}" "${info[Path]}" "$file_numbe
r"
223   }
```

通过管道符将 trashinfo 文件中的多行内容合并为 1 行并输出是比较困难的，因此这里先将文件的内容读取到关联数组中。这就是从第 203 行到第 208 行的代码完成的工作。如果 trashinfo 文件中的每一行都是“键 = 值”的形式，那么将使用 = 分隔后的内容赋值到 info 关联数组中。关于这里的 BASH_REMATCH 的用法，请参考示例 7 中的讲解。

读取文件之后，info 关联数组的内容如表 12.12 所示。

表 12.12 info 关联数组示例

| 键 | 值 |
|---|---|
| Path | /home/okita/work/src/file1.txt |
| DeletionDate | 2018-09-20T21:37:16 |

从第 210 行到第 220 行的代码用于获取文件编号。如果添加了文件编号，则移动到回收站后被保存到 files 中的文件名为“原文件名 +_+ 文件编号”。在此文件名后添加 .trashinfo 后

缀，得到的就是 trashinfo 文件的文件名。因为已经知道 trashinfo 文件名和原文件名，所以只需进行逆向转换就可以获取文件编号。

作为参考，这里介绍一些 trashinfo 文件名和从中获取的文件编号的示例（表 12.13）。

表 12.13 trashinfo 文件名和文件编号的示例

| trashinfo 文件名 | 删除前原文件名 | 文件编号 |
|---|---|---|
| file1.txt_2.trashinfo | file1.txt | 2 |
| file1.txt.trashinfo | file1.txt | 无 |
| README_1_3.trashinfo | README_1 | 3 |
| README_1.trashinfo | README_1 | 无 |

第 210 行将 trashinfo 文件的文件名部分保存到了变量。第 211 行也一样，将删除前的文件的文件名部分保存到了变量。后面的第 218 行和第 219 行先删除了 trashinfo 文件后面的 .trashinfo 后缀，再删除了文件名前面的“删除前的原文件名 +_”部分。这样一来，变量 file_number 里保存的就是文件编号了。如果文件编号不存在，该变量的值会被设置为空字符串。

到此，我们已经获取了想要输出的所有信息。然后，第 222 行代码会将这些信息合并成一行输出。trash_list 函数中会循环调用 print_trashinfo 函数，对 trashinfo 文件逐个进行处理，然后输出所有文件的详细信息列表。

## trash_restore 函数

最后讲解一下 trash_restore 函数。这个函数从第 249 行开始，用于将移动到回收站的文件恢复到原来的位置。由于已经指定了待恢复文件的文件名和文件编号作为参数，所以基本的工作流程就是根据这些信息拼接出移动到回收站之后的文件名，再将这个文件移动到原文件的位置。

```
249  trash_restore()
250  {
251    local trash_base_directory=$1
252    local file_name=$2
253    local file_number=$3
254    local trash_file_directory=${trash_base_directory}/${TRASH_FILE_
     DIRECTORY_NAME}
255    local trash_info_directory=${trash_base_directory}/${TRASH_INFO_
     DIRECTORY_NAME}
256
257    trash_directory_is_exists "$trash_base_directory" || return 1
```

```
258
259   if [[ -z $file_name ]]; then
260     print_error 'missing file operand'
261     return 1
262   fi
263
264   # 如果没有指定文件编号，则直接使用文件名
265   # 如果指定了文件编号，则查找“文件名 _ 文件编号”文件并恢复
266   local restore_target_name=
267   if [[ -z $file_number ]]; then
268     restore_target_name=$file_name
269   else
270     restore_target_name=${file_name}_${file_number}
271   fi
272
273   local restore_trashinfo_path=${trash_info_directory}/${restore_target_
name}.trashinfo
274   local restore_from_path=${trash_file_directory}/${restore_target_name}
275   if [[ ! -f $restore_trashinfo_path || ! -e $restore_from_path ]]; then
276     print_error "'$restore_target_name': File not found"
277     return 2
278   fi
279
280   local restore_to_path
281   restore_to_path=$(grep '^Path=' -- "$restore_trashinfo_path" | sed 's/
^Path=//')
282   if [[ -z $restore_to_path ]]; then
283     print_error "'$restore_trashinfo_path': Restore path not found"
284     return 2
285   fi
286
287   # 如果 trashinfo 文件中保存的要恢复的原文件名和指定的文件名不一致，则报错
288   local restore_to_file=${restore_to_path##*/}
289   if [[ $file_name != "$restore_to_file" ]]; then
290     print_error "'$restore_target_name': File not found"
291     return 2
292   fi
293
294   # 如果要恢复的原文件已经存在，则不覆盖该文件，直接报错
295   if [[ -e "$restore_to_path" ]]; then
296     print_error "can not restore '$restore_to_path': File already exists"
297     return 3
298   fi
299
300   # 在必要时创建要恢复的原文件的父目录
301   local restore_base_path=${restore_to_path%/*}
```

```
302      if [[ -n $restore_base_path && ! -d $restore_base_path ]]; then
303        mkdir -p "$restore_base_path" || return 4
304      fi
305
306      mv -- "$restore_from_path" "$restore_to_path" || return 5
307      rm -- "$restore_trashinfo_path"
308    }
```

从第 266 行到第 271 行的代码用于确定移动到回收站之后的文件名。该处理非常简单，如果没有指定文件编号，则直接使用原文件名；如果指定了文件编号，就将“文件名 +_+ 文件编号”作为文件名。

这样就得到了移动到回收站中的文件和 trashinfo 文件的路径。第 273 行和第 274 行分别用于将这两个值保存到相应的变量中。由于用户指定的文件名可能有错误，所以在这之后要立刻检查文件是否存在。

然后，只要知道要恢复的文件路径，也就是移动到回收站之前的原文件的路径，就可以恢复文件了。该处理由第 281 行完成。要恢复的目标路径保存在 trashinfo 文件的 `Path` 这一行的绝对路径中，只需要取出该值即可。

基本的准备工作到此结束。接下来要做的就是处理细微的错误。从第 288 行到第 292 行的代码检查了参数指定的文件名是否与恢复目标路径的文件名相匹配，以确认用户尝试恢复的文件是否就是用户想要的文件。

第 295 行用于判断要恢复的目标路径上是否已经有文件存在。因为存在删除文件之后，该位置上又创建了同名文件的情况。如果已经有文件存在，那么直接恢复文件会覆盖之后创建的新文件。因此在这种情况下需要报错，并终止脚本的运行，以防止意外丢失文件。

从第 301 行到第 304 行的代码进行的是当恢复的目标路径的父目录不存在时的处理。文件被移动到回收站之后，它之前所在的目录也有被删除的可能性。在遇到这种情况时，需要在恢复文件之前先创建原文件所在的目录。因此这里要先检查原目录是否存在，如果不存在，就通过第 303 行创建该目录。

然后，恢复文件的处理在第 306 行进行，使用 `mv` 命令移动文件即可。最后的第 307 行用于删除不再需要的 trashinfo 文件。

## 改进意见

对 `trash.sh` 脚本的讲解到此结束。使用了这个脚本，我们就可以像在桌面环境下一样，在命令行中使用回收站功能了。但是，这个脚本还有一些地方可以改进。

首先，按照 freedesktop 对回收站的规范，trashinfo 文件中记录的文件路径应该是 URL 编码的。但是这个脚本直接使用了原文件路径，因此它和基于规范编写的其他回收站管理软件在文件格式上并不完全兼容。

此外，如果长期使用该脚本，回收站中的文件数量会不断增加。为了节约磁盘的使用空间，需要可以彻底删除回收站中的文件的功能，即清空回收站的功能。再完美一点来说，如果可以将多余文件删除，只保留最近删除的 30 个文件，就更方便了。

如果以后想根据上述思路扩展脚本，那么代码会变得冗长。因此在扩展之前，可以先将脚本拆分为 3 个文件：`trash-put.sh`、`trash-list.sh` 和 `trash-restore.sh`。让每个文件都专注于单一功能的实现，就可以保持文件的精炼，这是提高代码可读性并减少 Bug 的关键之一。如果以后要扩展该脚本，对文件进行分割是一个不错的选择。

这里列举出来的几点改进意见是留给各位读者的课后作业。如果你已经掌握了本书中前面讲解的知识，那么完全有能力实现上述改进。所以，想检验自己脚本编程能力的读者，请一定挑战一下。

Column

## 各种各样的编辑器

要想编写 shell 脚本，自然离不开编辑器。编辑器的种类有很多，其中有不少是专门用于编写程序的。这里介绍几种常见的编辑器。

在 Linux 等 UNIX 系列的操作系统中，Vim 和 Emacs 是两款非常著名的编辑器。这两款都不需要图形界面，在终端下即可使用。它们也被移植到了 Windows 和 macOS 下。而且，它们都有很多用于编写程序的插件，可以说非常适合编写 shell 脚本。虽然这两款编辑器的使用方法比较独特，需要用一定的时间来学习，但是它们的忠实用户是非常多的。

Atom 是 GitHub 公司开发的编辑器，可以在 Linux、Windows 和 macOS 下使用（图 12.2）。与 Vim 和 Emacs 相比，Atom 算是一款比较新的编辑器，它没有 CLI 版，以 GUI 的方式运行。Atom 的安装也比较简单，输入、保存等操作和普通的 GUI 编辑器一样。它也有很多便于程序开发的功能和插件，可以根据需求定制。Atom 还支持 shell 脚本需要的功能和自动补全，因此也可以用来编写 shell 脚本。

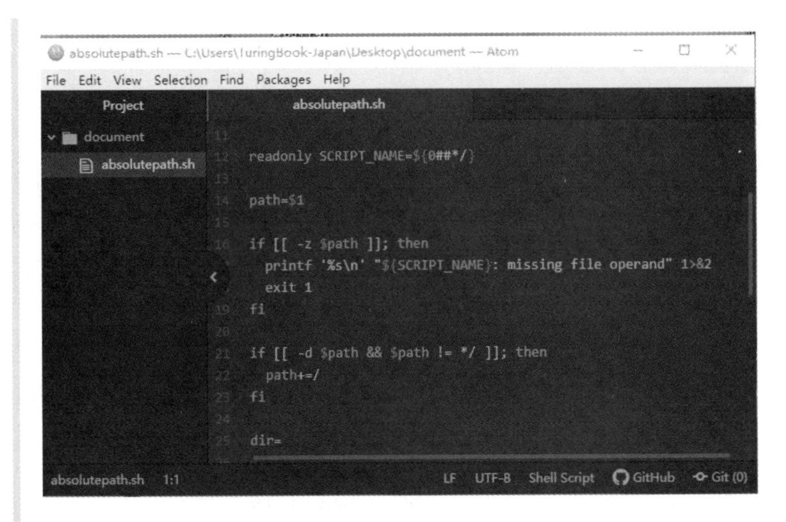


图 12.2 Atom 的界面

Visual Studio Code 是微软公司开发的编辑器。它以 GUI 的方式运行，可以在 Linux、Windows 和 macOS 下使用。这也是一个比较新的编辑器，使用感受与 Atom 比较相似。Visual Studio Code 是一款功能强大的编辑器，提供了很多便于程序开发的功能，当然也可以用于编写 shell 脚本。与 Vim 及 Emacs 相比，它不需要用户额外学习它的使用方法，对于进行简单编辑工作的用户来说非常有吸引力。

上面介绍了 4 种编辑器。当然除此之外还有很多。现在编辑器的性能都比较高，使用起来都非常方便。但是，每种编辑器具体的功能或使用方法有所不同，大家可以根据自己的实际情况选择合适的编辑器。

本章通过实用的脚本示例说明了 shell 脚本编程。本章的 shell 脚本使用的语法和命令基本上是前面章节中介绍过的。了解这些语法和命令的具体使用方式有利于加深对它们的理解。

请各位参考这些示例，试一试亲自动手编写 shell 脚本。shell 脚本的编写和运行都非常简单，所以我们可以边使用边改良，这也是 shell 脚本的魅力所在。希望各位读者的工作也可以通过 shell 脚本变得更加轻松和简单。

Chapter 13

# shell 脚本的应用场景

前面以 shell 脚本的编写方法为中心，介绍了 bash 的语法和命令的使用方法等。各位读者应该已经掌握了阅读和编写 shell 脚本的能力，因此本章将介绍如何在 Linux 系统中使用编写好的 shell 脚本。作为前面内容的实际应用，我们来看一看如何在各种场景下使用 shell 脚本。

# 13.1 将 shell 脚本用作命令

我们可以像使用普通命令一样从命令行调用 shell 脚本。这是 shell 脚本的典型用法，第 12 章介绍的 shell 脚本就是这样的用法。实际上，在 Linux 系统中很多命令就是通过 shell 脚本实现的。

▼ 通过 shell 脚本实现的命令

```
$ find /usr/bin /usr/sbin/ -type f | xargs file | grep shell
/usr/bin/catchsegv:  POSIX shell script, ASCII text executable
/usr/bin/zgrep:      POSIX shell script, ASCII text executable
/usr/bin/zless:      POSIX shell script, ASCII text executable
/usr/bin/ldd:        Bourne-Again shell script, ASCII text executable
/usr/bin/xzgrep:     POSIX shell script, ASCII text executable
/usr/bin/xzless:     POSIX shell script, ASCII text executable
/usr/bin/xzmore:     POSIX shell script, ASCII text executable
/usr/bin/zmore:      POSIX shell script, ASCII text executable
/usr/bin/sotruss:    Bourne-Again shell script, ASCII text executable
/usr/bin/znew:       POSIX shell script, ASCII text executable
……以下省略……
```

比如，gunzip 命令就是通过 sh 的 shell 脚本实现的。它用于对使用 gzip 命令压缩的文件解压缩。

▼ 以 shell 脚本的方式实现的 gunzip 命令

```
$ file /usr/bin/gunzip
/usr/bin/gunzip: POSIX shell script, ASCII text executable
```

实际上，即使没有 gunzip 命令，也可以进行 gzip 格式的压缩和解压缩——使用 gzip 命令即可。通过“gzip -d 文件名”就可以完成解压缩操作。gunzip 命令是一个封装了 gzip -d 操作的单独的 shell 脚本。通过这种方式，用户可以将解压缩这种特定的操作命名为更容易理解的命令。

查看 gunzip 命令的具体实现，可以发现里面调用了 gzip 命令。

▼ gunzip 命令中调用了 gzip 命令

```
$ tail -n 6 /usr/bin/gunzip
case $1 in
--help)    exec echo "$usage";;
--version) exec echo "$version";;
esac

exec gzip -d "$@"
```

gunzip 命令只在最后使用 exec 命令调用 gzip -d "$@"，其余部分用于显示帮助信息和版本信息。有时，为了给特定的命令另起一个名字，我们会像这样创建一个 shell 脚本用于封装该命令。

下面介绍另一个示例，即 ldd 命令。它用于输出二进制可执行文件所链接的共享库列表。

▼ 显示 grep 命令所链接的共享库列表

```
$ ldd /usr/bin/grep
        linux-vdso.so.1 =>  (0x00007fff937fe000)
        libpcre.so.1 => /lib64/libpcre.so.1 (0x00007fb6b2656000)
        libc.so.6 => /lib64/libc.so.6 (0x00007fb6b2295000)
        libpthread.so.0 => /lib64/libpthread.so.0 (0x00007fb6b2078000)
        /lib64/ld-linux-x86-64.so.2 (0x00007fb6b28bf000)
```

ldd 命令是通过 bash 的 shell 脚本实现的。

▼ ldd 命令通过 shell 脚本实现

```
$ file /usr/bin/ldd
/usr/bin/ldd: Bourne-Again shell script, ASCII text executable
```

输出列表的处理本身由名为 ld-linux.so 的链接器完成。不过，ld-linux.so 文件的保存位置会根据操作系统是 64 位的还是 32 位的而不同，而且在执行 ldd 命令时还需要指定很多环境变量。每次执行 ld-linux.so 命令都需要进行很多设置，非常麻烦。因此，人们将查找 ld-linux.so 文件的位置和设置环境变量等需要事前准备的内容封装成一个 shell 脚本。这样一来，即使不理解该命令复杂的使用方法，也可以在命令行中通过封装后的脚本非常方便地使用该命令。

如上所述，即使是能直接运行的命令，也可以通过在 shell 脚本中设置合适的参数或环境变量等进行封装，以此让命令使用起来更加方便。这就是 shell 脚本的典型用法之一。

# 13.2 cron 批处理

cron 是任务调度器的一种，是用于执行定期处理的守护进程。事先注册任意的处理内容，cron 就会以指定的间隔定期启动该处理。在 cron 中用于定期处理的内容经常采用 shell 脚本编写。典型的示例是编写一个用于删除不需要的文件或者对数据进行备份的 shell 脚本，然后在 cron 中定期调用 shell 脚本。

比如在 CentOS 中，cron 每天执行一次的处理内容保存在 `/etc/cron.daily/man-db.cron` 命令中。这条命令就是使用 bash 的 shell 脚本编写的。

▼ man-db.cron 是 bash 的 shell 脚本

```
$ file /etc/cron.daily/man-db.cron
/etc/cron.daily/man-db.cron: Bourne-Again shell script, ASCII text executable
```

查看该文件的内容，可以发现它确实是采用 shell 脚本编写的。

▼ man-db.cron 的内容

```
$ cat /etc/cron.daily/man-db.cron
#!/bin/bash

if [ -e /etc/sysconfig/man-db ]; then
    . /etc/sysconfig/man-db
fi

if [ "$CRON" = "no" ]; then
   exit 0
fi

renice +19 -p $$ >/dev/null 2>&1
ionice -c3 -p $$ >/dev/null 2>&1
……以下省略……
```

shell 脚本 `man-db.cron` 会使用 `mandb` 命令更新 man 手册页的索引，它会在内部调用 `mandb` 命令。

由于 shell 脚本适合用来操作文件或者调用其他命令，所以在 cron 中，它经常被用于执行定期处理。

# 13.3 命令补全

在使用交互式的 bash 时，按下 Tab 键可以使用补全功能。补全功能提示的候选一般局限于命令名称或者文件名等。但是，bash 可以为不同的命令提供相应的命令行选项或参数，该功能称为命令补全。

要想使用命令补全功能，需要读取补全所需的配置文件。比如在 CentOS 7 中，/usr/share/bash-completion/completions/cal 文件就是为 cal 命令准备的配置文件。通过 source 命令读取该配置文件，就可以为 cal 命令开启补全功能。开启补全功能，并在输入 cal -- 后连续按 2 次 Tab 键，就会补全 --help 或 --julian 等 cal 命令的选项字符串。

▼ 使用 cal 命令的命令补全功能

```
$ source /usr/share/bash-completion/completions/cal
$ cal --  ◀――在这里连续按 2 次 Tab 键
--help      --julian    --monday    --one       --sunday    --three
--version    --year
```

使用命令补全功能，不仅可以防止输入错误，而且可以在没有准确记住选项名的情况下使用命令。

命令补全的配置文件也是 bash 的 shell 脚本。查看前面读取的 cal 文件的内容，可以发现它是以 bash 函数形式定义的处理（代码清单 13.1）。

代码清单 13.1 cal 命令的命令补全配置文件（cal）

```
_cal_module()
{
  local cur prev OPTS
  COMPREPLY=()
  cur="${COMP_WORDS[COMP_CWORD]}"
  prev="${COMP_WORDS[COMP_CWORD-1]}"
  case $prev in
    '-h'|'--help'|'-V'|'--version')
      return 0
      ;;
  esac
  case $cur in
    -*)
      OPTS="--one --three --sunday --monday --julian --year --version --help"
      COMPREPLY=( $(compgen -W "${OPTS[*]}" -- $cur) )
```

```
        return 0
        ;;
    esac
    return 0
}
complete -F _cal_module cal
```

像这种为某一命令编写的命令补全的配置文件，在本书中称为补全文件。

如果具备 bash 的 shell 脚本相关知识，就可以为任意命令编写上面这样的补全文件。这里，我们将为 12.9 节中创建的 findgrep_getopt.sh 和 12.11 节中创建的 trash.sh 编写补全文件，让它们支持命令补全功能。作为初步的准备，需要将这两个 shell 脚本全部保存到命令的查找路径下。

## 简单的补全文件

首先编写一个最简单的补全文件，内容如代码清单 13.2 所示，并将它保存到当前目录下。文件名可以是任意的，这里假设为 findgrep_getopt。

**代码清单 13.2　简单的补全文件（findgrep_getopt）**

```
_findgrep_getopt()
{
  COMPREPLY=(aaa)
}

complete -F _findgrep_getopt findgrep_getopt.sh
```

这个补全文件用于在输入 findgrep_getopt.sh 命令时使用字符串 aaa 补全。使用 source 命令读入该补全文件，就开启了命令补全功能。

▼ 读取补全文件

```
$ source ./findgrep_getopt
```

这时输入 findgrep_getopt.sh 并按下 Tab 键，那么原本应该被文件名补全的地方这时会被单词 aaa 补全。

▼ 按下 Tab 键后进行单词补全

```
$ findgrep_getopt.sh  ←——— 在这里按下 Tab 键
$ findgrep_getopt.sh aaa  ←——— 会使用 aaa 补全
```

这里先讲解补全文件的内容。最后一行调用的 complete 是 bash 的内置命令，用于为任意的命令定义补全处理。它有多种调用方法，典型的使用方法如下。

语 法 complete 命令

```
complete -F 函数名 命令名 ...
```

该语法表示，将调用“函数名”所定义的函数作为指定的“命令名”的命令补全处理。代码清单 13.2 中的 complete -F _findgrep_getopt findgrep_getopt.sh 表示将调用 _findgrep_getopt 函数作为输入 findgrep_getopt.sh 命令时的补全处理。像这样为了进行命令补全而调用的函数称为补全函数。

complete 命令可以指定两个及以上的命令作为参数。比如在下面的示例中，findgrep_getopt.sh 和 cal 两个命令的补全函数都会被设置为 _findgrep_getopt。

```
complete -F _findgrep_getopt findgrep_getopt.sh cal
```

在代码清单 13.2 中，函数 _findgrep_getopt 的定义在该文件的开始部分。

```
_findgrep_getopt()
{
  COMPREPLY=(aaa)
}
```

补全函数中的数组 COMPREPLY 是一种 bash shell 变量，用于保存补全的候选。将单词列表作为数组保存到 COMPREPLY 中，bash 就会使用这个数组中的元素作为补全的候选。上面的示例使用了只包含 1 个元素 aaa 的数组。如果 COMPREPLY 数组只有 1 个元素，那么 bash 会认为只有 1 个补全的候选，当我们按下 Tab 键时，它会直接将该单词插入到命令行中。

补全的候选也可以有多个。代码清单 13.3 的示例会将 help、verbose 和 version 作为候选保存到 COMPREPLY 数组中。

代码清单 13.3 包含 3 个候选的补全文件（findgrep_getopt）

```
_findgrep_getopt()
{
  COMPREPLY=(help verbose version)
}

complete -F _findgrep_getopt findgrep_getopt.sh
```

在有多个候选时，按 1 次 Tab 键不能补全任何内容。这时需要再次按下 Tab 键，然后所有的候选就会显示到屏幕上。

▼ 有 3 个候选时的补全处理示例

```
$ source ./findgrep_getopt
$ findgrep_getopt.sh  ◀── 在这里连续按 2 次 Tab 键
help      verbose  version
```

## 使用已输入字符串筛选补全候选

前面介绍了如何设置补全所用的单词。但是，现在的补全函数并没有利用当前命令行中已经输入的内容。也就是说，即使已经输入了部分内容，补全候选还是会显示 help、verbose 和 version 这 3 项。

▼ 显示所有的候选，不考虑已经输入的字符串

```
$ findgrep_getopt.sh v  ◀── 在这里连续按 2 次 Tab 键
help      verbose  version  ◀── 候选中包括不以 v 开头的单词
```

在实际使用中，如果能根据当前已经输入的部分内容筛选补全候选，将非常方便。用前面的示例来说，就是当输入完 findgrep_getopt.sh v 之后，按下 Tab 键只显示 verbose 和 version。要想实现这个功能，需要对代码进行如代码清单 13.4 所示的修改。

代码清单 13.4 使用已经输入的内容筛选补全候选的补全文件（findgrep_getopt）

```
_findgrep_getopt()
{
  local cur=${COMP_WORDS[${COMP_CWORD}]}
  COMPREPLY=( $( compgen -W 'help verbose version' -- "$cur" ) )
}

complete -F _findgrep_getopt findgrep_getopt.sh
```

为了方便大家理解上面的代码，这里讲解一下变量 COMP_WORDS 和 COMP_CWORD，以及 compgen 命令。

补全函数第 1 行中的 ${COMP_WORDS[${COMP_CWORD}]} 用于获取当前命令行中正在输入的单词。它使用了设置在补全函数中的特殊变量。bash 的补全函数中可以使用的变量如表 13.1 所示。

表 13.1 补全函数中可以使用的变量

| 变 量 名 | 说 明 |
|---|---|
| COMP_LINE | 当前命令行的所有内容 |
| COMP_WORDS | 当前命令行拆分后的单词数组 |
| COMP_POINT | 当前光标位置 |
| COMP_CWORD | 当前光标所在单词的位置索引 |

实际上，在补全函数中还可以使用更多的变量，不过通常这 4 个变量就足够了。在下面的示例中，光标位置处于字符 y 之后，假设在这种状态下通过 Tab 键调用补全函数（图 13.1）。

图 13.1 在命令行的最后调用补全函数

此时，4 个变量的值分别如表 13.2 所示。

表 13.2 变量的值的示例

| 变 量 名 | 值 |
|---|---|
| COMP_LINE | 'findgrep_getopt.sh xxx yyy' |
| COMP_WORDS | 'findgrep_getopt.sh' 'xxx' 'yyy' |
| COMP_POINT | 26 |
| COMP_CWORD | 2 |

变量 COMP_LINE 的值为字符串 findgrep_getopt.sh xxx yyy。变量 COMP_WORDS 是数组，包含 3 个元素：findgrep_getopt.sh、xxx 和 yyy。变量 COMP_POINT 表示的是当前光标的位置。光标位置是从 0 开始计数的，因此在这个示例中光标所在位置为 26。

变量 COMP_CWORD 表示当前光标所在单词在 COMP_WORDS 数组中的索引位置。在这个示例中，当前光标所在位置对应的单词是 yyy。这是因为，当前光标紧跟在 yyy 之后，可以认为当前正在输入 yyy 这个单词，也就是说，现在的光标包含在单词 yyy 之内。由于 yyy 是数组 COMP_WORDS 的第 3 个元素，所以变量 COMP_CWORD 的值为 2。需要注意的是，数组的索引位置也是从 0 开始计数的。

再来看一下示例，在命令行中的 yyy 之后输入 1 个空格，然后按下 Tab 键（图 13.2）。

```
$ findgrep_getopt.sh xxx yyy ▌
```

在这里调用补全函数

图 13.2 在命令行最后输入 1 个空格并调用补全函数

这时，每个变量的值如表 13.3 所示。

表 13.3 该例中变量的值

| 变量名 | 值 |
|---|---|
| COMP_LINE | 'findgrep_getopt.sh xxx yyy ' |
| COMP_WORDS | 'findgrep_getopt.sh' 'xxx' 'yyy' '' |
| COMP_POINT | 27 |
| COMP_CWORD | 3 |

与前面的示例相比，变量 COMP_LINE 的末尾增加了 1 个空格。此外，COMP_WORDS 数组增加了 1 个值为空字符串的元素。这表示已经输入好单词 yyy，正在输入下一个新的参数。同时，变量 COMP_CWORD 的值也增加了 1。现在光标的位置指向的是命令行中最后的空单词。

到此，上面几个变量的含义已经介绍完毕。原补全文件在之后的一行中调用了 compgen 命令。这是一个 bash 的内置命令，其使用方法如下。

语法 compgen 命令

```
compgen -W 单词列表 [ 单词 ]
```

使用上面的语法，就可以利用空格分割“单词列表”中的字符串，并将分割后的结果列表输出到标准输出（更准确的说法是，使用变量 IFS 的字符分割“单词列表”）。

比如，下面的示例将输出 3 个单词 help、verbose 和 version。

▼ 输出 3 个单词

```
$ compgen -W 'help verbose version'
help
verbose
version
```

最后的参数（即 [ 单词 ]）可以省略。如果指定了这个参数，就筛选并只输出以该参数开头的字符串。

▼ 筛选出以指定单词开头的字符串

```
$ compgen -W 'help verbose version' v
verbose
version
$ compgen -W 'help verbose version' vers
version
```

根据上面的说明，我们来看一下代码清单 13.4 中补全函数的内容。

```
local cur=${COMP_WORDS[${COMP_CWORD}]}
COMPREPLY=( $( compgen -W 'help verbose version' -- "$cur" ) )
```

第 1 行从 COMP_WORDS 数组中取出索引位置为 COMP_CWORD 的元素。也就是将当前光标所在位置的单词保存到变量 cur 中。

第 2 行使用命令替换 $() 调用了 compgen 命令，并将执行结果保存到了 COMPREPLY 数组中。如果变量 cur 是一个空字符串，则直接将 help、verbose 和 version 保存到 COMPREPLY 数组中。如果变量 cur 的值不为空，则从 help、verbose 和 version 中选择以变量 cur 的值开头的单词保存到 COMPREPLY 数组。这样就可以筛选出与当前输入的单词一致的补全候选并执行补全处理。

最后的 "$cur" 前面的 -- 表示命令行选项的结束。由于变量 cur 的值也可能以 - 字符开头，所以需要避免 compgen 命令将其作为命令行选项处理。

接着看一下读入该补全文件后，实际按下 Tab 键进行补全的过程。首先在没有向 findgrep_getopt.sh 命令输入任何参数的情况下按下 Tab 键，此时显示出来的是 3 个用于补全的单词选项。

▼ 没有输入参数时的补全

```
$ source ./findgrep_getopt
$ findgrep_getopt.sh   ◀------ 在这里连续按 2 次 Tab 键
help     verbose   version   ◀------ 3 个单词都作为候选显示出来
```

如果在输入 ver 后连续按 2 次 Tab 键，就会显示根据当前输入内容筛选之后的结果，即只有 verbose 和 version 这 2 个单词会成为补全候选。

▼ 输入参数 ver 之后的补全

```
$ findgrep_getopt.sh ver   ◀------ 在这里连续按 2 次 Tab 键
verbose   version   ◀------ 只有以 ver 开始的单词会成为候选
```

假设接着再输入字符 s。这时，光标所在位置的单词是 vers。因此，只有以 vers 开头的单词，即 version 会被保存到 COMPREPLY 数组中。COMPREPLY 数组中只有 1 个元素，因此可以确定补全候选是唯一的。此时，单词 version 就会被插入到当前的命令行之中。

▼ 输入参数 vers 之后的补全

```
$ findgrep_getopt.sh vers        ◀------ 在这里按下 Tab 键
$ findgrep_getopt.sh version     ◀------ 由于已经确定了唯一的候选，因此会使用单词 version 补全
```

## findgrep_getopt.sh 的补全文件——基本结构

前面讲解了命令补全的基础知识。接着，我们正式编写 findgrep_getopt.sh 的补全文件。

首先，需要确定进行补全的命令的调用方式。如第 263 页所述，findgrep_getopt.sh 的使用方法如下。

```
findgrep_getopt.sh [ 选项 ] 匹配模式
```

最后的匹配模式是用户输入的任意字符串，不需要进行补全。

命令行选项中可以使用的字符串如表 13.4 所示。

| 表 13.4 | findgrep_getopt.sh 支持的命令行选项

| 短参数形式选项 | 长参数形式选项 | 参数 | 说　明 |
|---|---|---|---|
| -d | --directory | 必选 | 指定查找起点位置的目录 |
| -s | --suffix | 必选 | 筛选拥有指定后缀的文件名 |
| -i | --ignore-case | 可选 | 在 grep 查找时忽略大小写 |
| -n | --line-number | 可选 | 同时输出匹配到的行的行号 |
|  | --help | 可选 | 输出帮助信息并退出 |
|  | --version | 可选 | 输出版本信息并退出 |

该命令有很多命令行选项，因此我们需要让它支持补全功能。

首先，像代码清单 13.5 这样修改刚才编写的 findgrep_getopt 文件。

代码清单 13.5 findgrep_getopt.sh 的补全文件（findgrep_getopt）

```
_findgrep_getopt()
{
  local cword=${COMP_CWORD}
  local cur=${COMP_WORDS[${cword}]}

  local options='-d --directory -s --suffix -i --ignore-case -n --line-number
--help --version'

  if [[ $cur == -* ]]; then
    COMPREPLY=( $( compgen -W "$options" -- "$cur" ) )
  fi
}

complete -F _findgrep_getopt findgrep_getopt.sh
```

下面介绍一下这个补全函数 _findgrep_getopt。

首先，用开始的两行将当前光标所在位置的单词赋值给变量 cur，然后让其后的变量 options 保存使用空格分隔的、需要支持补全功能的命令行选项列表。这些都是事先准备工作。

接下来的 if 语句是补全函数的主要处理部分。

这里，如果光标所在位置的单词以 - 开头，就补全选项名。先使用 if 语句判断当前的单词是否以 - 开头，如果是，就使用 compgen 命令设置补全候选。

在这个补全函数中，如果当前单词不以 - 开头，则不进行补全设置。单词不以 - 开头，表示它只是普通的输入参数，并非选项。对 compgen 命令来说，参数就是用户输入的匹配模式，因此不需要执行补全处理。

读入并使用该补全文件的过程如下所示。

▼ 输入 - 之后的补全

```
$ source ./findgrep_getopt
$ findgrep_getopt.sh -  ◄── 在这里连续按 2 次 Tab 键
--directory    --ignore-case  --suffix     -d           -n
--help         --line-number  --version    -i           -s
```

输入 - 之后按下 Tab 键，命令行选项的候选就被列了出来。继续输入，直到输入的内容已经可以决定唯一的命令行选项，这时按下 Tab 键，这个选项就会被用来补全当前命令。

▼ 补全特定的选项

```
$ findgrep_getopt.sh --d ◄────── 在这里按下 Tab 键
$ findgrep_getopt.sh --directory ◄────── 补全命令行选项
```

到此，命令行选项的补全就实现了。但是，我们有时会在命令行选项之后指定参数。为了让命令更方便使用，下面接着实现在命令行选项后面指定参数时的补全功能。

## 补全命令行选项参数

这条命令的 `-d` 选项或者 `--directory` 选项后面会使用目录作为参数。因此在 `-d` 选项或者 `--directory` 选项之后按下 Tab 键，可使它支持使用目录名称补全。

虽然 `-s` 选项或者 `--suffix` 选项后面也需要指定参数，但是这个参数可以是用户输入的任意值，因此不需要执行补全处理。

修改前面的代码清单，可以得到如代码清单 13.6 所示的对命令行选项后面的参数进行补全的配置文件。

代码清单 13.6 改进后的补全文件（findgrep_getopt）

```
_findgrep_getopt()
{
  local cword=${COMP_CWORD}
  local cur=${COMP_WORDS[${cword}]}
  local prev=${COMP_WORDS[${cword}-1]}

  local options='-d --directory -s --suffix -i --ignore-case -n --line-number
--help --version'

  # 对支持参数的命令行选项执行补全处理
  case "$prev" in
    -d | --directory)
      compopt -o filenames
      COMPREPLY=( $( compgen -A directory -- "$cur" ) )
      return
      ;;
    -s | --suffix)
      return
      ;;
  esac

  if [[ $cur == -* ]]; then
    COMPREPLY=( $( compgen -W "$options" -- "$cur" ) )
  fi
}
```

```
complete -F _findgrep_getopt findgrep_getopt.sh
```

要想支持对选项后面的参数进行补全，首先要将正在输入的单词前面的单词保存到变量 prev 中。

```
local prev=${COMP_WORDS[${cword}-1]}
```

接下来的 case 语句是关键。这里会根据前面的单词是 -d 选项还是 -s 选项执行不同的处理。

如果之前的单词是 -d 或者 --directory，就使用目录名补全，处理过程如下所示。

```
case "$prev" in
  -d | --directory)
    compopt -o filenames
    COMPREPLY=( $( compgen -A directory -- "$cur" ) )
```

第 4 行的 compgen -A directory -- "$cur" 在执行 compgen 命令时使用了 -A 参数。前面我们都在用 -W 选项显式地指定单词列表。一旦替换为 -A，则 compgen 命令会根据指定的处理方式生成具体的单词列表。

具有代表性的处理方式有 file 和 directory。如果指定了 -A file，就输出文件名或者目录名的列表作为补全候选。

▼ 使用 -A file 输出文件或目录的列表

```
$ ls -F
file1.txt work/  ◀──── 存在文件和目录
$ compgen -A file
file1.txt  ◀──── 文件名和目录名被补全
work
```

如果指定了 -A directory，就输出目录名的列表。

▼ 使用 -A directory 输出目录名列表

```
$ ls -F
file1.txt work/  ◀──── 存在文件和目录
$ compgen -A directory
work  ◀──── 目录名被补全
```

由于 -d 选项和 --directory 选项只接受以目录名为参数，所以这里将处理方式设置为 directory，只使用目录名进行补全。这样一来，在输入 -d 或 --directory 之后按下 Tab 键，就是使用目录名进行补全。

compopt -o filenames 选项用于设置使用目录内的文件名进行补全。

如果没有执行这个 compopt 命令，则只使用当前目录下的目录名进行补全。

▼ 没有调用 compopt -o filenames 时的补全操作

```
$ ls -F
file1.txt work/                              ← work 目录已存在
$ findgrep_getopt.sh --directory             ← 在这里按下 Tab 键
$ findgrep_getopt.sh --directory work        ← 目录名被补全
```

但是在实际输入 work 之后按下 Tab 键时，我们还会希望能使用该目录下的目录名进行补全。像这个示例一样，如果执行了 compopt -o filenames 命令，则在使用目录名进行补全后，会自动在末尾添加一个 /（分隔号），并继续使用补全后的目录下的目录名进行补全操作。

▼ 调用 compopt -o filenames 时的补全操作

```
$ ls -F
file1.txt work/
$ ls -F work/                                ← work 下有 3 个目录
log/  src/  tmp/
$ findgrep_getopt.sh --directory             ← 在这里按下 Tab 键
$ findgrep_getopt.sh --directory work/       ← 自动补全目录名之后，再连续按 2 次 Tab 键
log/ src/ tmp/                               ← work 目录下的目录名被补全
```

另外，-s 或 --suffix 选项的后面需要用户手动输入参数。我们无法对这个参数使用自动补全功能，因此这里直接执行 return 语句退出补全函数。

```
    -s | --suffix)
      return
```

这样就完成了 findgrep_getopt.sh 命令的补全文件的编写，它能够支持命令行选项和选项参数的自动补全功能了。

# 13.4 为 trash.sh 编写补全文件

我们再来看另外一个例子，尝试为 12.11 节的 trash.sh 命令编写补全文件。在这之前，我们先来复习一下 trash.sh 命令的使用方法。trash.sh 命令会像下面这样，为第 1 个参数指定 put、lis、restore、help、--help、version 或 --version 中的任何一个。在使用 put 或 restore 时，在第 1 个参数之后还可以指定文件名。

```
trash.sh put 文件名
trash.sh list
trash.sh restore 文件名
trash.sh help
trash.sh --help
trash.sh version
trash.sh --version
```

put、list、restore 的后面可以使用“-d 目录名”或“--directory 目录名”命令行选项。

```
trash.sh put -d 目录名 文件名
trash.sh list -d 目录名
trash.sh restore -d 目录名 文件名
```

在使用 restore 时，可在要恢复的文件名参数之后，指定文件编号作为参数。

```
trash.sh restore 文件名 文件编号
```

## restore 之外的处理

restore 的处理比较复杂，我们往后放一放，这里先来看看如何为其他调用方法编写补全文件。我们将补全文件命名为 trash，并将它保存到当前目录下（代码清单 13.7）。

**代码清单 13.7 适用于 restore 之外的补全文件（trash）**

```
_trash()
{
  local cword=${COMP_CWORD}
  local cur=${COMP_WORDS[${cword}]}
  local prev=${COMP_WORDS[${cword}-1]}

  # 对第 1 个参数进行补全
  local commands='put list restore help version --help --version'
  if [[ $cword -eq 1 ]] ; then
    COMPREPLY=( $( compgen -W "$commands" -- "$cur" ) )
    return
  fi

  # 对第 2 个及之后的参数进行补全
  case "$prev" in
    -d | --directory)
      compopt -o filenames
      COMPREPLY=( $( compgen -A directory -- "$cur" ) )
      return
      ;;
  esac

  local options='-d --directory --help --version'
  if [[ $cur == -* ]]; then
    COMPREPLY=( $( compgen -W "$options" -- "$cur" ) )
    return
  fi

  local command=${COMP_WORDS[1]}
  case "$command" in
    put)
      compopt -o filenames
      COMPREPLY=( $( compgen -A file -- "$cur" ) )
      return
      ;;
    list)
      return
      ;;
    restore)
      # TODO : 对要恢复的文件名进行补全
      return
      ;;
  esac

}

complete -F _trash trash.sh
```

这段代码的关键在于变量 cword，也就是根据当前正在输入的单词所在的索引位置，修改用于补全的单词。cword 的值为 1，也就是在输入第 1 个参数时，对 put 和 list 进行补全。

```
# 对第 1 个参数进行补全
local commands='put list restore help version --help --version'
if [[ $cword -eq 1 ]] ; then
  COMPREPLY=( $( compgen -W "$commands" -- "$cur" ) )
  return
fi
```

后面对 -d 选项和 --directory 选项的参数的补全与 findgrep_getopt.sh 命令的情况类似。

后面的代码会根据第 1 个参数是 put、list 还是 restore 修改用于补全的单词。

```
local command=${COMP_WORDS[1]}
case "$command" in
  put)
    compopt -o filenames
    COMPREPLY=( $( compgen -A file -- "$cur" ) )
    return
    ;;
  list)
    return
    ;;
  restore)
    # TODO : 对要恢复的文件名进行补全
    return
    ;;
esac
```

首先，local command=${COMP_WORDS[1]} 将索引为 1 的单词保存到了变量 command 中。这个变量的值就是 put 或 list 等第 1 个参数的值。

如果第 1 个参数是 put，该参数后面需要指定要移动到回收站的文件名。因此这里使用 $( compgen -A file -- "$cur" ) 补全了文件名。

list 之后不需要其他参数，因此不需要进行补全。

## restore 的处理

接着来考虑可以恢复文件的 restore 的补全处理。

在 restore 参数之后，紧跟着需要恢复的文件名。也就是说，需要使用回收站里面的文件名进行补全。这个处理虽然有些麻烦，但我们还是挑战一下。

回收站中的文件信息可以使用 trash.sh list 获取。

▼ 输出回收站中的文件信息

```
$ ./trash.sh list
2018-09-06T13:42:19 /home/okita/tmp/README.txt
2018-09-06T13:42:28 /home/okita/tmp/README.txt 1
2018-10-25T17:52:17 /home/okita/tmp/file1
2018-03-18T13:42:53 /home/okita/tmp/index.html
2018-05-08T13:42:54 /home/okita/tmp/index.html 1
2018-07-06T13:42:55 /home/okita/tmp/index.html 2
```

我们需要进行补全的只是文件名部分。因此，使用 cut 命令取出输出结果的第 2 列。

▼ 只取出文件路径

```
$ trash.sh list | cut -d ' ' -f 2
/home/okita/tmp/README.txt
/home/okita/tmp/README.txt
/home/okita/tmp/file1
/home/okita/tmp/index.html
/home/okita/tmp/index.html
/home/okita/tmp/index.html
```

然后删除文件路径中开头的目录部分，只保留末尾的文件名。由于不需要重复的文件名，所以最后还要使用 uniq 命令去重。

▼ 只取出文件名

```
$ trash.sh list | cut -d ' ' -f 2 | sed 's%^.*/%%' | uniq
README.txt
file1
index.html
```

这就是想要作为补全候选输出的单词。将这些单词保存到 COMPREPLY 数组，就完成了使用回收站中的文件进行补全的处理。最后一步处理的代码如下页所示。

```
# 对文件名进行补全
local restore_files=
restore_files=$("$1" list | cut -d ' ' -f 2 | sed 's%^.*/%%' | uniq)
COMPREPLY=( $( compgen -W "$restore_files" -- "$cur" ) )
```

需要注意的是，这里使用了变量 `$1`。在补全函数中，变量 `$1` 保存的是需要进行补全的命令名。由于该补全函数是用于 `trash.sh` 命令的，所以 `$1` 的值为 `trash.sh`。虽然可以直接使用 `trash.sh` 这个名称，但是为了将来命令名被修改时，不需要修改代码就能让它正常运行，这里使用了 `$1` 来保存命令的名称。

文件编号的补全处理也一样。像下面这样，在需要恢复的文件名后面将文件编号指定为参数即可。

▼ 指定文件编号的示例

```
$ trash.sh restore index.html 1
```

也就是说，在输入第 4 个单词时按下 Tab 键，就会对文件编号进行补全处理。变量 `prev` 里保存的是当前位置之前的参数（本例中为 `index.html`），我们可以对 `trash.sh list` 命令的结果进行筛选，只取出末尾的文件编号，将文件编号当作用于补全的单词。其处理过程的代码如下所示。

```
# 对文件编号进行补全
local restore_file_numbers=
restore_file_numbers=$("$1" list | sed 's%^.*/%%' | grep -F "$prev " | cut -d
 ' ' -f 2)
COMPREPLY=( $( compgen -W "$restore_file_numbers" -- "$cur" ) )
```

`trash.sh` 命令所用的补全文件完整版如代码清单 13.8 所示。

**代码清单 13.8**　完整的 trash.sh 的补全文件

```
_trash()
{
  local cword=${COMP_CWORD}
  local cur=${COMP_WORDS[${cword}]}
  local prev=${COMP_WORDS[${cword}-1]}

  # 对第 1 个参数进行补全
  local commands='put list restore help version --help --version'
  if [[ $cword -eq 1 ]] ; then
```

```
    COMPREPLY=( $( compgen -W "$commands" -- "$cur" ) )
    return
  fi

  # 对第 2 个及之后的参数进行补全
  case "$prev" in
    -d | --directory)
      compopt -o filenames
      COMPREPLY=( $( compgen -A directory -- "$cur" ) )
      return
      ;;
  esac

  local options='-d --directory --help --version'
  if [[ $cur == -* ]]; then
    COMPREPLY=( $( compgen -W "$options" -- "$cur" ) )
    return
  fi

  local command=${COMP_WORDS[1]}
  case "$command" in
    put)
      compopt -o filenames
      COMPREPLY=( $( compgen -A file -- "$cur" ) )
      return
      ;;
    list)
      return
      ;;
    restore)
      if [[ $cword == 2 ]]; then
        # 对要恢复的文件名进行补全
        local restore_files=
        restore_files=$("$1" list | cut -d ' ' -f 2 | sed 's%^.*/%%' | uniq)
        COMPREPLY=( $( compgen -W "$restore_files" -- "$cur" ) )
      elif [[ $cword == 3 ]]; then
        # 对要恢复的文件的文件编号进行补全
        # 获取指定文件名的文件编号，并对该编号进行补全
        local restore_file_numbers=
        restore_file_numbers=$("$1" list | sed 's%^.*/%%' | grep -F "$prev " |
cut -d ' ' -f 2)
        COMPREPLY=( $( compgen -W "$restore_file_numbers" -- "$cur" ) )
      fi
      return
      ;;
```

```
  esac
}

complete -F _trash trash.sh
```

实际上，该补全文件还有一些不完善的地方。比如，当像 trash.sh restore --directory ~/local/.Trash 这样在 restore 之后使用了 --directory 选项时，即使按下 Tab 键，需要恢复的文件也不会被补全。要想解决这个问题，就需要修改上面的代码，让它可以先去除 trash.sh restore 后面的命令行选项，然后再进行补全处理。不过，要想应对各种各样的情况，补全函数就会变得非常复杂。实际上在自己编写补全文件时，没有必要追求完美无缺，只需要让它支持常见的补全功能就足够了。因为只要有常见的补全功能，命令使用起来就比没有这些功能时方便多了。

# 13.5 读取补全文件

在日常工作中，如果想使用前面编写好的补全文件，那么让它能在用户登录之后被自动读取会非常方便。因此我们来创建一个用于保存补全文件的目录。作为示例，我们在用户主目录下创建名为 bash-completion 的目录。它下面的文件如图 13.3 所示。

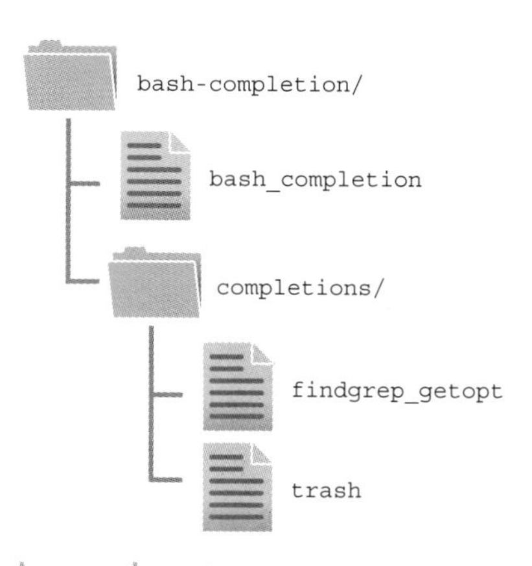


图 13.3 补全文件的配置示例

我们编写的补全文件都保存在 bash-completion/completions 目录下。

bash-completion/bash_completion 文件负责统一读取 bash-completion/completions 目录下的所有补全文件。该文件的内容如代码清单 13.9 所示。

**代码清单 13.9 读取所有补全文件（bash_completion）**

```
completions_directory=./completions
if [[ $BASH_SOURCE == */* ]]; then
  completions_directory="${BASH_SOURCE%/*}/completions"
fi

if [[ -d $completions_directory ]]; then
  while IFS= read -r completion_file
  do
    source "$completion_file"
  done < <(find -- "$completions_directory" -maxdepth 1 -mindepth 1 -type f)
fi

unset completions_directory
unset completion_file
```

上面代码中的 while 语句会使用 source 命令执行 completions 目录下的所有 shell 脚本。

将 bash-completion/bash_completion 文件写入 ~/.bashrc 之后，所有的补全文件就会在启动 bash 时被自动读取（代码清单 13.10）。

**代码清单 13.10 在 bash 启动时读取所有补全文件（~/.bashrc）**

```
if [[ -f ~/bash-completion/bash_completion ]]; then
  source ~/bash-completion/bash_completion
fi
```

如果之后再有新的补全文件，将其直接放到 bash-completion/completions 目录下，就可以自动读取该补全文件了。

另外，该脚本使用的 BASH_SOURCE 是 bash 中一个数组类型的变量，保存的是使用 source 命令读取的文件路径。如果在使用 source 命令读取的文件中再次使用 source 命令读取其他文件，那么被 source 命令读取的文件路径就会被添加到这个数组的开头。因此该数组的第 1 个元素保存的就是最后使用 source 命令读取的文件的路径，也就是 bash_completion 文件的路径。使用这个变量就可以获取与 bash_completion 同目录下的 completions 目录的路径。用于读取数组第 1 个元素的方法有 ${BASH_SOURCE[0]} 和 $BASH_SOURCE 两种，这里使用了后者。

# 13.6 bash-completion 软件包

前面介绍了编写 bash 的补全文件的方法。基于那些知识，我们可以为任意命令编写补全文件，添加命令补全功能，但是为所有的命令单独编写补全文件非常麻烦。

这时，使用 `bash-completion` 这个软件包就会非常方便。这个软件包是 bash 补全文件的集合，在 Linux 下可以通过 `yum` 或者 `apt-get` 命令安装。

▼ 安装 bash-completion 软件包（CentOS）

```
$ sudo yum install bash-completion
```

▼ 安装 bash-completion 软件包（Ubuntu）

```
$ sudo apt-get install bash-completion
```

安装之后启动 bash，就可以在很多命令下使用命令补全功能了。这些命令的补全文件保存在 `/usr/share/bash-completion/completions` 目录下。

▼ bash-completion 软件包中包含的补全文件

```
$ ls /usr/share/bash-completion/completions/
addpart       fsck.cramfs   lvextend     quotaon         tuned-adm
blkdiscard    fsck.minix    lvm          raw             udevadm
blkid         fsfreeze      lvmdiskscan  readprofile     ul
blockdev      fstrim        lvreduce     rename          umount
……以下省略……
```

大家在编写补全文件时，也可以参考这些补全文件。

**小 结**

本章介绍了如何在 bash 中应用 shell 脚本。Linux 系统中内置了 shell 脚本功能，所以熟练掌握阅读和编写 shell 脚本的技能，也有利于理解和运用 Linux 系统。希望各位读者参考本书内容，充分使用 shell 脚本。

# Chapter 14

# shell 脚本的测试和调试

shell 脚本也是软件的一种，我们需要对其进行充分的测试，检查它是否在正常工作。此外，bash 有其独特的语法特点，因此有些缺陷只有在 shell 脚本中才会发生。本章将讲解如何测试和调试 shell 脚本。如果想编写高质量的 shell 脚本，那么一定要参考本章的内容。

# 14.1 静态代码解析

首先来介绍对 shell 脚本进行静态代码解析的方法。所谓静态代码解析，就是在不运行软件本身的情况下，检查软件是否有缺陷。在编码的同时对代码进行静态解析，可以编写出缺陷较少的 shell 脚本。

## noexec 选项

bash 有一个 `noexec` 选项。开启这个选项后，bash 只会读取脚本文件的内容，但不会运行。在读取脚本内容时，bash 会进行代码检查，该选项可以用于确认是否有语法错误。

我们可以使用 `set -o noexec` 或者 `set -n` 命令开启 noexec 选项。代码清单 14.1 的脚本在一开始就开启了 `noexec` 选项。

**代码清单 14.1　开启了 noexec 选项的 shell 脚本（noexec.sh）**

```
#!/bin/bash

set -o noexec

echo 'noexec test'
if [[ $1 == YES ]]; then
  echo 'YES'
else
  echo 'NO'
fi
```

即使运行了这个脚本文件，它也不会真正执行里面的命令，当然也不会输出任何结果。

▼ 运行结果

```
$ ./noexec.sh
$
```

但是，它会进行语法检查。我们试着故意改错代码来看一下这个功能，比如像代码清单 14.2 这样删除 `if` 语句后面的 `then`。

代码清单 14.2 有语法错误的 shell 脚本（noexec_error.sh）

```
#!/bin/bash

set -o noexec

echo 'noexec test'
if [[ $1 == YES ]];     ←—— 这里有语法错误
  echo 'YES'
else
  echo 'NO'
fi
```

运行脚本，就会输出下面的语法错误。

▼ 运行结果

```
$ ./noexec_error.sh
./noexec_error.sh: 行 8: 未预期的符号 `else' 附近有语法错误
./noexec_error.sh: 行 8: `else'
```

此外，set 命令的单字符选项也可以在 bash 命令行中指定。也就是说，在使用 bash -o noexec 或 bash -n 启动 bash 时，运行的脚本会开启 noexec 选项。使用这种方式，即使脚本源文件中没有直接开启 noexec 选项的命令，也可以使用 noexec 选项，所以这种方式常被用于检查脚本语法。

▼ 通过命令行选项开启语法检查

```
$ bash -n ./noexec_error.sh
./noexec_error.sh: 行 8: 未预期的符号 `else' 附近有语法错误
./noexec_error.sh: 行 8: `else'
```

这样一来，我们就可以在 shell 脚本正常运行的情况下，在自己需要的时候检查脚本中是否有语法错误。如果脚本里包含删除文件等危险操作，或者运行起来非常耗时，那么使用这种方法来检查再合适不过了。

## ShellCheck

上面介绍的 noexec 选项只能检查语法上的错误，但有时即使语法没有错误，脚本也可能存在缺陷。这里，再来介绍一个功能更强的静态代码解析工具——ShellCheck（图 14.1）。

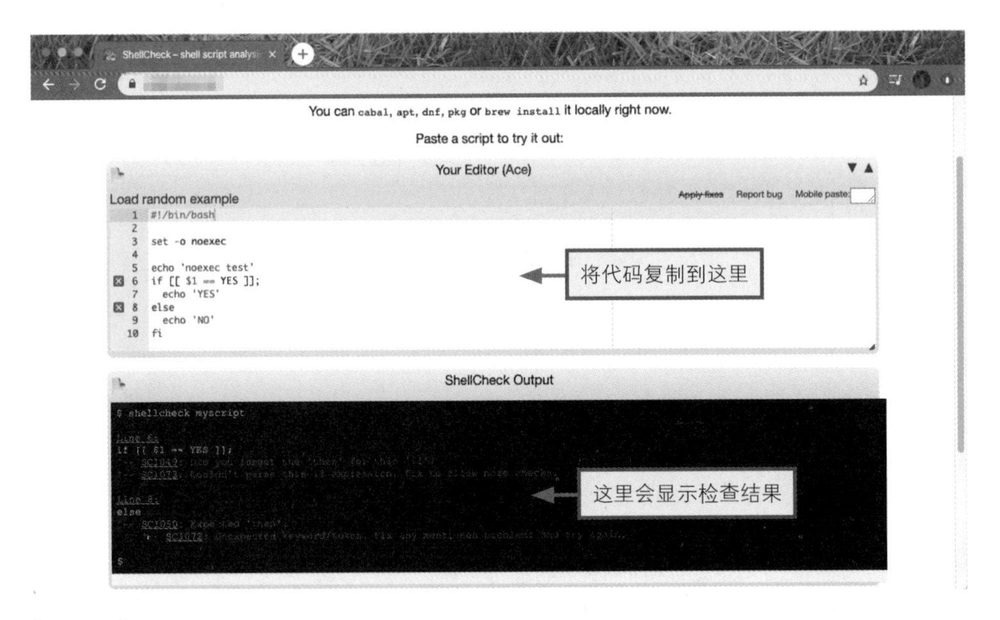


图 14.1 ShellCheck 官方网站

这个工具不仅能检查语法上是否有错误，还能检查是否引用了没有定义的变量，或是否存在没有使用 "" 括起来的变量引用等可能导致缺陷产生的内容。

在浏览器中打开 ShellCheck 的网站后可以看到一个输入框，在里面输入要检查的脚本的源代码，就可以在线解析代码。此外，还可以在本地使用 `shellcheck` 命令解析代码。如果想正式使用 ShellCheck，那么推荐在本地使用。

## shellcheck 命令

在 CentOS 中可以通过安装 ShellCheck 软件包使用 `shellcheck` 命令。但是，ShellCheck 软件包在 `EPEL` 扩展包仓库中，因此需要事先安装软件包 `epel-release`。

▼ 安装 ShellCheck 软件包（CentOS）

```
$ sudo yum install epel-release
$ sudo yum install ShellCheck
```

Ubuntu 系统中的 `shellcheck` 命令在同名的 `shellcheck` 软件包中，可以通过 `apt-get` 命令直接安装。

▼ 安装 ShellCheck 软件包（Ubuntu）

```
$ sudo apt-get install shellcheck
```

可以像下面这样使用 `--version` 选项启动 `shellcheck` 命令，以此来检查安装是否成功。

▼ 输出 shellcheck 命令的版本信息（部分）

```
$ shellcheck --version
ShellCheck - shell script analysis tool
version: 0.3.5
license: GNU Affero General Public License, version 3
```

我们可以看到 `shellcheck` 命令的版本信息，这说明安装一切正常。要想使用 `shellcheck` 解析代码，只需要像下面这样，将脚本的文件名作为参数传递给 `shellcheck` 命令即可。

语法 shellcheck 命令

```
shellcheck 脚本文件 ...
```

举个例子，请看代码清单 14.3 的 shell 脚本。

代码清单 14.3 要使用 ShellCheck 检查的 shell 脚本（check.sh）

```
#!/bin/bash

ls $1
```

以这个文件为参数运行的 `shellcheck` 命令将解析这个文件。如果发现了问题，就会输出下面这样的错误信息。

▼ 使用 shellcheck 命令检查

```
$ shellcheck check.sh

In check.sh line 3:
ls $1
   ^-- SC2086: Double quote to prevent globbing and word splitting.
```

上面的检查指出了 `$1` 部分的内容可能会被单词拆分功能分割的问题。ShellCheck 会为每种检查出来的错误分配一个唯一的错误编号。在这个示例中，错误编号就是 `SC2086`。如果像 `"$1"` 这样使用双引号将变量引起来，这个问题就会消失（代码清单 14.4）。

代码清单 14.4 根据检查结果修改后的 shell 脚本（check_fix.sh）

```
#!/bin/bash

ls "$1"
```

▼ 再次检查

```
$ shellcheck check_fix.sh
$            ◀———没有任何输出
```

再次检查的结果说明这次静态检查没有再发现任何错误。

但是，ShellCheck 也不是万能的。比如，使用 `shellcheck` 检查代码清单 14.5 的代码时就会输出错误。

代码清单 14.5 单引号中包含 $ 字符的示例（check_singlequote.sh）

```
#!/bin/bash

echo '$100 USD'
```

▼ 单引号中包含 $ 字符会报错

```
$ shellcheck check_singlequote.sh

In check_singlequote.sh line 3:
echo '$100 USD'
     ^-- SC2016: Expressions don't expand in single quotes, use double quotes for that.
```

这个错误的意思是，在进行变量展开时应该使用双引号，这里却使用了单引号。但是，有时候实际想输出的并不是一个变量的值，而是字符串 `$100`。在这种情况下，这个错误就属于误报了。

为了解决这种误报问题，我们可以让 ShellCheck 忽略某些指定的错误。像代码清单 14.6 这样以“`shellcheck disable=` 错误编号”的形式添加指令，在检查时指定的错误就会被忽略。

代码清单 14.6 忽略 SC2016 错误（check_singlequote.sh）

```
#!/bin/bash

# shellcheck disable=SC2016
echo '$100 USD'
```

▼ 不会再报告 SC2016 错误

```
$ shellcheck check_param.sh
$          ◄------没有任何输出--
```

ShellCheck 的分析功能非常强大，它可以检查出鲜为人知的错误，以及通过目视检查很难发现的错误。另外，它的 wiki 页面上的说明也非常详细，通过阅读这些文档也可以学到 shell 脚本的知识。要想编写出在非常规情况下也能稳定运行的 shell 脚本，使用 ShellCheck 进行静态分析是一个不错的选择。

# 14.2 使用 Bats 进行测试

在编写完 shell 脚本之后，需要对它进行测试。测试是为了发现软件中的缺陷并检查软件在实现上和需求文档是否存在偏差。前面介绍的静态代码解析在广义上也属于测试工作，不过本节要讲解的是动态测试，即在 shell 脚本实际运行的同时进行的测试。

我们可以实际启动 shell 脚本，通过目视检查的方式测试，但是如果测试用例增加，这种方式就会耗费更多的时间和精力。因此在正式的开发中，我们需要使用各种工具或框架进行自动化测试。

shell 脚本也有一些专门的测试工具。作为示例，这里将介绍一个称为 Bats 的工具。Bats 是 bash 专用的测试框架。我们可以使用 bash 编写测试代码，然后使用 Bats 进行自动化测试和结果检查。

## 安装 Bats

要想使用 Bats 进行测试，需要先安装 `bats` 命令。该命令可以通过 `yum` 或者 `apt-get` 命令安装。

如果使用的是 CentOS，可以使用 `yum` 命令安装 `bats` 软件包。在安装 `bats` 之前，需要先安装 `epel-release` 软件包。

▼ 安装 bats 软件包（CentOS）

```
$ sudo yum install epel-release
$ sudo yum install bats
```

如果使用的是 Ubuntu，可以使用 apt-get 命令直接安装 bats 软件包。

▼ 安装 bats 软件包（Ubuntu）

```
$ sudo apt-get install bats
```

这样就完成了 bats 命令的安装。可以像下面这样使用 --version 选项尝试运行该命令。如果能正常输出版本信息，那么说明 bats 命令的安装一切正常。

▼ 输出 bats 命令的版本信息

```
$ bats --version
Bats 0.4.0
```

## 编写 Bats 的测试代码

接着来看一下如何使用 Bats 进行测试。Bats 的测试代码的语法如下所示。

语 法 Bats 的测试用例

```
@test 测试内容说明 {
  测试代码 1
  测试代码 2
  ...
}
```

以 @test 开头的代码块是一个测试用例。“测试内容说明”既可以使用英文编写，也可以使用中文。

{ } 中是使用 bash 编写的代码。从上往下执行其中的命令，如果所有命令的退出状态码都是 0，则表示测试成功；如果有任意一条命令的退出状态码不是 0，则表示测试失败。

可以根据实际情况编写所需的测试用例，并将其保存到文件中。Bats 规定，用于保存测试用例的文件必须使用 .bats 作为扩展名。比如代码清单 14.7 的文件就是一个包含两个测试用例的 Bats 测试文件。

**代码清单 14.7 算术表达式展开的测试文件（arithmetic.bats）**

```
@test 'addition using arithmetic expansion' {
  value=$((5 + 3))
  [[ $value -eq 8 ]]
}

@test 'addition negative value using arithmetic expansion' {
  value=$((5 + -7))
  [[ $value -eq -2 ]]
}
```

要想执行上面的测试文件，可以使用 bats 命令。此时，要将文件名指定为该命令的参数。

▼ 使用 bats 命令进行测试

```
$ bats arithmetic.bats
 ✓ addition using arithmetic expansion
 ✓ addition negative value using arithmetic expansion

2 tests, 0 failures
```

最后输出了 2 tests, 0 failures，表示执行了两个测试用例，而且两个都成功了。

下面，我们故意增加一个会出错的测试用例，来看一下测试失败的情况（代码清单 14.8）。

**代码清单 14.8 包含错误测试用例的测试文件（arithmetic_fail.bats）**

```
@test 'addition using arithmetic expansion' {
  value=$((5 + 3))
  [[ $value -eq 8 ]]
}

@test 'addition negative value using arithmetic expansion' {
  value=$((5 + -7))
  [[ $value -eq -2 ]]
}

@test 'addition zero using arithmetic expansion' {
  value=$((3 + 0))
  [[ $value -eq 4 ]]
}
```

执行上面的测试可知，最后一个测试用例的测试失败了。

▼ 使用 bats 命令进行的测试失败的情况

```
$ bats arithmetic_fail.bats
 ✓ addition using arithmetic expansion
 ✓ addition negative value using arithmetic expansion
 ✗ addition zero using arithmetic expansion
   (in test file arithmetic_fail.bats, line 13)
     `[[ $value -eq 4 ]]' failed

3 tests, 1 failure
```

使用 Bats 就可以像上面那样，使用文件保存用于测试的代码并进行测试和验证。

bats 命令可以指定多个测试文件作为参数。它会执行所有被指定文件中的测试用例。如果测试用例越来越多，那么可以以文件为单位保存，这样管理起来会非常方便。

而且，bats 命令还可以接受目录作为输入参数，它会将目录下面所有以 .bats 结尾的文件当作测试文件进行测试。

假设 test 目录下有 arithmetic.bats 和 string.bats 两个测试文件。

▼ test 目录下有两个测试文件

```
$ ls test
arithmetic.bats  string.bats
```

前面介绍过，arithmetic.bats 文件包含两个测试用例。string.bats 文件如代码清单 14.9 所示，包含一个测试用例。

代码清单 14.9 对字符串连接进行测试（string.bats）

```
@test 'string concatenation' {
  value=aaa
  value+=bbb
  [[ $value == aaabbb ]]
}
```

将 test 目录指定为 bats 命令的参数并运行后，这两个测试文件中的所有测试用例都会被执行。

▼ 使用 bats 命令执行目录下的测试用例

```
$ bats test
 ✓ addition using arithmetic expansion
 ✓ addition negative value using arithmetic expansion
```

```
✓ string concatenation

3 tests, 0 failures
```

当测试文件越来越多时，像这样按目录分别管理会方便很多。

## 使用 Bats 测试 shell 脚本

Bats 还支持对 shell 脚本文件的测试，即在执行脚本后，对其运行结果进行确认。作为示例，我们创建一个名为 `add.sh` 的 shell 脚本文件，其内容如代码清单 14.10 所示。

**代码清单 14.10** 实现加法计算的脚本（add.sh）

```
#!/bin/bash

echo $(($1 + $2))
```

指定两个参数后执行这个脚本，它会计算并输出这两个参数的和。

▼ 使用 add.sh 进行加法计算并输出结果

```
$ ./add.sh 5 8
13
```

接着，我们编写 Bats 的测试文件，用来验证上面的 shell 脚本能否正常工作。在 `add.sh` 所在的目录下，创建一个名为 `add.bats` 的文件，内容如代码清单 14.11 所示。

**代码清单 14.11** add.sh 的测试文件（add.bats）

```
@test 'addition using add.sh command' {
  run ./add.sh 8 7
  [[ $status -eq 0 ]]
  [[ $output == 15 ]]
}

@test 'addition negative value using add.sh command' {
  run ./add.sh 2 -9
  [[ $status -eq 0 ]]
  [[ $output == -7 ]]
}
```

这个测试中使用的 `run` 是 Bats 提供的函数。这个函数的第 1 个参数是要执行的命令，第 2

个及其之后的参数都会作为输入参数再传递给要执行的命令。run 函数可以调用的对象除了 shell 脚本，还有可以在命令行中调用的所有命令。

调用 run 函数之后，第 1 个参数中的命令会被执行，然后该命令返回的结果被保存到特殊的变量中。前面示例中的 status 和 output 等就是特殊的变量。调用 run 函数之后可以引用的变量如表 14.1 所示。

表 14.1 调用 run 函数之后可以引用的变量

| 变量名 | 含　义 |
|---|---|
| status | 命令退出时的状态码 |
| output | 命令输出的字符串 |
| lines | 使用换行符对 output 分割后的数组 |

一般来说，可以根据变量 status 判断命令是否正常结束，根据变量 output 判断输出的内容是否和预期一样。此外，变量 output 混合了标准输出和标准错误输出的内容，在处理时需要注意。

执行上面的测试，可以得到如下所示的成功信息。

▼ 对 add.bats 进行测试

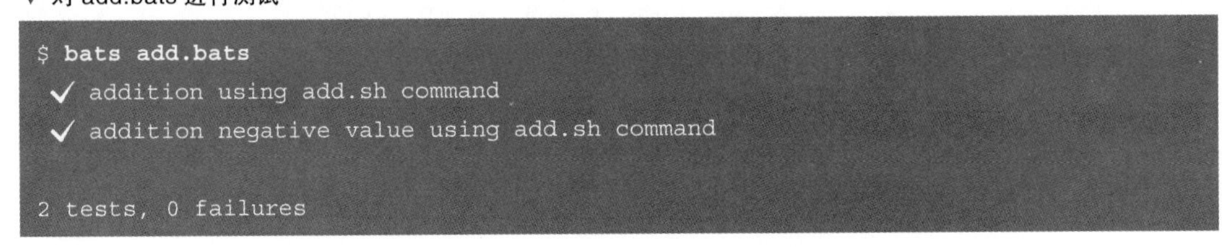


按照前面的方法，就可以通过自动化测试检查编写的 shell 脚本是否存在缺陷。

但是，执行上面的测试有一个前提：需要保证测试文件和 add.sh 文件在同一目录之下。如果当前测试文件所在目录下没有 add.sh 这个脚本文件，那么就不能启动 run ./add.sh 8 7 的 ./add.sh，因此测试会失败。

为了解决这个问题，我们需要确保测试不依赖于当前目录就能正常运行。为此，可以在测试文件中使用 BATS_TEST_DIRNAME。这是 Bats 的一个变量，它的值被设置为测试文件所在目录的绝对路径。我们可以使用这个变量对测试文件进行如代码清单 14.12 所示的修改。

代码清单 14.12 可以不依赖当前目录运行的测试文件（add.bats）

```
PATH="${BATS_TEST_DIRNAME}:$PATH"

@test 'addition using add.sh command' {
  run add.sh 8 7
  [[ $status -eq 0 ]]
  [[ $output == 15 ]]
}

@test 'addition negative value using add.sh command' {
  run add.sh 2 -9
  [[ $status -eq 0 ]]
  [[ $output == -7 ]]
}
```

第 1 行将 `${BATS_TEST_DIRNAME}` 添加到了命令查找路径，所以在该测试文件中，直接指定文件名即可运行与其在同一目录下的命令。由于脚本文件 `add.sh` 和测试文件保存在同一目录下，所以不需要使用相对路径，只需要指定 `run add.sh 8 7` 就可以运行该命令。这样一来，测试就不再依赖于当前路径，可以在任意位置运行。

使用 Bats 就可以进行全面、稳定的测试，shell 脚本的质量也会提高。在编写复杂的 shell 脚本时，大家可以参考一下本章的内容。

## 14.3 调试

在测试编写的 shell 脚本时，有可能发现一些缺陷。为了软件能正常使用，需要找到产生这些缺陷的原因并进行修正。我们称这样的工作为调试（debug）。

最简单的调试方法就是在脚本中增加代码，让 `echo` 命令输出变量值。但是，使用这种方法进行调试需要添加大量的 `echo` 命令，非常麻烦。而且，原本的代码和调试代码混在一起，也不方便阅读和理解代码。

幸运的是，bash 具备一些有助于调试的功能。那就是表 14.2 中列出的 bash 的选项。灵活使用下面的选项进行调试，会比使用 `echo` 命令高效得多。

表 14.2 bash 中有助于调试的选项

| set -o的选项 | 单字符选项 | 说　明 |
|---|---|---|
| verbose | -v | 在命令执行前输出命令行的内容 |
| xtrace | -x | 输出命令行展开后的内容 |
| nounset | -u | 使用未定义的变量时返回错误 |
| errexit | -e | 当命令退出时的状态码为非0时，立即停止shell的运行 |

如同其他选项一样，我们可以使用第 9 章中介绍的 set 命令（→第 169 页）开启上面的这些选项。比如，要想开启 verbose 选项，可以在 shell 脚本中添加 set -o verbose 或者 set -v。此外，也可以在启动 bash 时使用 bash -o verbose 或 bash -v。

下面介绍如何使用这些选项进行调试。

## verbose 选项

verbose 选项会输出所要执行的命令行的内容。开启这一选项之后，要执行的那一行的内容会被输出到标准错误输出中。

比如我们可以编写代码清单 14.13 这样的 shell 脚本，用来移动目录并输出该目录下的文件列表。

代码清单 14.13 输出 /usr 和 $HOME 目录下的文件列表的脚本（list.sh）

```
#!/bin/bash

cd /usr
ls
cd "$HOME"
ls
```

执行该脚本后，两次执行 ls 命令的结果会被输出到一起，很难分辨出哪些文件属于 /usr 目录，哪些文件属于 $HOME 目录。

▼ 两次执行 ls 命令的结果一起输出

```
$ ./list.sh
bin  games    lib    libexec  sbin   src
etc  include  lib64  local    share  tmp
bash-completion  bin  local  tmp  work
```

在这种情况下，verbose 选项就可以派上用场（代码清单 14.14）。

代码清单 14.14 开启 verbose 选项（list_verbose.sh）

```
#!/bin/bash

set -o verbose
cd /usr
ls
cd "$HOME"
ls
```

这样一来，所执行的命令也会与结果一起被输出，因此很容易就能看出执行结果是哪一条命令输出的。

▼ 开启 verbose 选项之后，同时输出命令行的内容

```
$ ./list_verbose.sh
cd /usr
ls
bin  games    lib    libexec  sbin   src
etc  include  lib64  local    share  tmp
cd "$HOME"
ls
bash-completion  bin  local  tmp  work
```

开启 verbose 之后输出的命令行内容

开启 verbose 之后输出的命令行内容

此外，verbose 还可以与其他的选项组合起来使用。后面会介绍这种使用方法。

## xtrace 选项

xtrace 是一个比 verbose 功能更强大的选项。开启这个选项之后，脚本会先将命令行中的变量等展开再输出。参数展开或算术表达式展开等已经在第 5 章中介绍过了，这些展开都是在开启 xtrace 选项后被展开的。此外，命令行的内容会被输出到标准错误输出。

代码清单 14.15 的示例会先开启 xtrace 选项，然后输出两个目录下面的所有文件。

代码清单 14.15 开启 xtrace 选项（list_xtrace.sh）

```
#!/bin/bash

set -o xtrace
cd /usr
ls
cd "$HOME"
ls
```

执行上面的脚本后，输出如下所示。以 + 开头的行就是开启 xtrace 选项之后的输出。

▼ 开启 xtrace 选项后，输出被展开后的命令行内容

```
$ ./list_xtrace.sh
+ cd /usr
+ ls
bin  games    lib    libexec  sbin   src
etc  include  lib64  local    share  tmp
+ cd /home/okita
+ ls
bash-completion  bin  local  tmp  work
```

与开启 verbose 选项时输出的 cd "$HOME" 不同，开启 xtrace 选项后的输出内容变成了展开之后的 + cd /home/okita。

如果脚本中包含 for 循环，那么在开启 xtrace 选项之后，循环次数是多少，命令行的内容就会输出多少次。代码清单 14.16 的 shell 脚本是一个用于计算给定参数的合计值的脚本。为了调试，我们在第 3 行中开启了 xtrace 选项。

代码清单 14.16 在使用 for 循环的 shell 脚本中开启 xtrace 选项（sum_xtrace.sh）

```
#!/bin/bash

set -o xtrace

result=0

for number in "$@"
do
  result=$(expr "$result" + "$number")
done

printf '%s\n' "$result"
```

由于开启了 xtrace 选项，所以运行这个脚本后，输出的是展开后的 for 循环语句。

▼ 开启 xtrace 选项后 for 语句的循环也会被展开

```
$ ./sum_xtrace.sh 4 -9 2
+ result=0
+ for number in '"$@"'   ←—— 第 1 次循环
++ expr 0 + 4
+ result=4
+ for number in '"$@"'   ←—— 第 2 次循环
```

```
++ expr 4 + -9
+ result=-5
+ for number in '"$@"'  ◄——第 3 次循环
++ expr -5 + 2
+ result=-3
+ printf '%s\n' -3
-3  ◄——shell 脚本原本的输出
```

而且在命令替换 `$()` 中，以嵌套方式运行的命令的命令行内容在输出时，行首的标记会变为 `++`，层次更深入一层。

同时使用 `xtrace` 选项和 `verbose` 选项，就能同时显示原来的代码和展开后的结果，更便于理解被执行的内容。下面的示例先通过添加 bash 的 `-v` 选项开启了 shell 的 `verbose` 选项，然后才执行了刚才的 `sum_xtrace.sh` 脚本。

▼ 同时开启 verbose 选项和 xtrace 选项

```
$ bash -v ./sum_xtrace.sh 4 -9 2
#!/bin/bash

set -o xtrace

result=0
+ result=0

for number in "$@"
do
  result=$(expr "$result" + "$number")
done
+ for number in '"$@"'
++ expr 0 + 4
+ result=4
+ for number in '"$@"'
++ expr 4 + -9
+ result=-5
+ for number in '"$@"'
++ expr -5 + 2
+ result=-3

printf '%s\n' "$result"
+ printf '%s\n' -3
-3
```

xtrace 选项输出的行首的符号 + 可以通过环境变量 PS4 修改。环境变量 PS4 用来设置在开启 xtrace 选项开启后，在输出结果的行首添加什么样的字符串。比如，像下面这样编写就可以将行首的字符串改为 ->。

▼ 使用环境变量 PS4 修改 xtrace 输出的行首字符串

```
$ export PS4='-> '
```

如果在这时运行 sum_xtrace.sh 脚本，xtrace 选项的输出结果则如下所示，行首是 -> 字符串。

▼ 修改了 xtrace 的行首字符串

```
$ ./sum_xtrace.sh 4 -9 2
-> result=0
-> for number in '"$@"'
--> expr 0 + 4
-> result=4
-> for number in '"$@"'
--> expr 4 + -9
-> result=-5
-> for number in '"$@"'
--> expr -5 + 2
-> result=-3
-> printf '%s\n' -3
-3
```

当命令替换 $() 中嵌套执行的命令加深一层时，则像 --> 这样重复一下环境变量 PS4 的第 1 个字符。

我们还可以将在第 36 页介绍的变量 LINENO 嵌套到环境变量 PS4 中，这样就能知道该命令是在脚本中的哪一行执行的。

▼ 将变量 LINENO 添加到环境变量 PS4 中

```
$ export PS4='-> $LINENO: '
```

需要注意的是，右边使用了单引号来引用。这是因为，bash 在使用 xtrace 选项输出字符串时，不到真正的输出时机，是不会对变量进行展开（替换）操作的。每当 bash 基于 xtrace 选项输出字符串时，就使用实际的值对环境变量 PS4 中嵌套的其他变量进行展开。这样一来，在开启 xtrace 选项后运行 shell 脚本时，就能得到所执行的命令对应的代码中的行号。

▼ 通过环境变量 LINENO 输出命令所在行号

```
$ ./sum_xtrace.sh 4 -9 2
-> 5: result=0
-> 7: for number in '"$@"'
--> 9: expr 0 + 4
-> 9: result=4
-> 7: for number in '"$@"'
--> 9: expr 4 + -9
-> 9: result=-5
-> 7: for number in '"$@"'
--> 9: expr -5 + 2
-> 9: result=-3
-> 12: printf '%s\n' -3
-3
```

使用 xtrace 选项可以方便地知道脚本调用了哪些命令，使用的参数的具体值是什么。

## nounset 选项

nounset 选项会在使用未定义的变量时出错。在默认情况下，bash 脚本中如果引用没有赋值过的变量，那么该变量会被展开为空字符串（代码清单 14.17）。

代码清单 14.17　引用未定义变量的 shell 脚本（unset.sh）

```
#!/bin/bash

echo 'start'
echo "[$var]"    ← 未定义的变量
echo 'stop'
```

这个 shell 脚本引用了变量 var。这个变量没有设置过任何值，因此被替换为了空字符串。

▼ 未定义变量会展开为空字符串

```
$ ./unset.sh
start
[]    ← 不会报错
stop
```

下面开启 nounset 选项，请看代码清单 14.18。

**代码清单 14.18 开启 nounset 选项（nounset.sh）**

```
#!/bin/bash

set -o nounset

echo 'start'
echo "[$var]"
echo 'stop'
```

如果在开启该选项之后访问未定义的变量，就会出错。

**▼ 访问未定义的变量会出错**

```
$ ./nounset.sh
start
./nounset.sh: 行 6: var: 未定义的变量
```

在这种情况下，如果命令使用未定义变量作为参数，则该命令本身不会被执行，而且在出错的同时处理就会结束，所以后面的命令也不会被继续执行。

这个选项可以有效地发现变量名错误等缺陷。比如，在代码清单 14.19 的示例中，grep 命令的参数原本是要使用 $user，结果写成了 $usr。

**代码清单 14.19 变量名错误（finduser.sh）**

```
#!/bin/bash

set -o nounset

user=$1
grep "$usr" /etc/passwd    ←—— 将 user 写成了 usr
```

在默认情况下，错写成 $usr 的变量部分会被替换为空字符串，并不会报错，grep 命令也会被继续执行，但是这里开启了 nounset 选项，所以可以发现变量名错误的问题。

**▼ 错误的变量名会被认为是没有定义的变量**

```
$ ./finduser.sh root
./finduser.sh: 行 6: usr: 未定义的变量
```

通常，我们不会访问没有定义的变量，更多的可能是笔误将变量名写错。因此，nounset 选项不仅可以用于调查缺陷，还可以在编写 shell 脚本时用于检查拼写错误。

## errexit 选项

errexit 是一个与命令的退出状态码有关的选项。开启 errexit 选项之后，如果 shell 脚本中调用的命令返回的退出状态码不是 0，那么 shell 脚本就会报错，并结束脚本的运行。

比如有代码清单 14.20 这样一个脚本文件，它用于创建保存日记的目录和文件。$HOME/diary 用于保存日记，脚本会在该目录下按日期创建目录，并在新目录下创建新文件。

代码清单 14.20 用于创建保存日记的目录和文件的 shell 脚本（diary.sh）

```
#!/bin/bash

set -o errexit

date_string=$(date '+%Y-%m-%d')

echo 'create diary directory'
mkdir "$HOME/diary/$date_string"
echo 'create diary file'
touch "$HOME/diary/$date_string/1.txt"
```

这个脚本中调用的命令，特别是用于创建目录或者文件的命令可能会失败。当 $HOME/diary 目录不存在，或者虽然存在但是没有写入的权限时，mkdir "$HOME/diary/$date_string" 命令会失败，它返回的退出状态码也会是 0 之外的值。

在默认情况下，即使命令失败了，该命令后面的处理内容也会继续被执行，但是这个脚本中开启了 errexit 选项，所以在其中一条命令返回非 0 的退出状态码时，shell 脚本就会停止执行。

▼ 如果在开启 errexit 选项后出现错误，则结束 shell 脚本的执行

```
$ ./diary.sh
create diary directory
mkdir: 无法创建目录 `/home/okita/diary/2018-11-16': 没有那个文件或目录
                    ◀———之后的 echo 命令没有被执行
```

而且，如果与 verbose 选项组合使用，那么在脚本退出之前执行过的命令都会被输出。我们可以非常清楚地知道脚本执行到了哪里，哪条命令出现了错误。

▼ 开启 errexit 选项和 verbose 选项后执行脚本

```
$ bash -v ./diary.sh
#!/bin/bash
```

```
set -o errexit

date_string=$(date '+%Y-%m-%d')

echo 'create diary directory'
create diary directory
mkdir "$HOME/diary/$date_string"
mkdir: 无法创建目录`/home/okita/diary/2018-11-16' : 没有那个文件或目录
```

但是，有一种情况需要注意，那就是命令并没有出错，errexit 选项却报错的情况。

比如，grep 命令会根据能否在输入文件中按照匹配模式找到匹配项，来决定返回的退出状态码，找到匹配项时返回 0，找不到时返回 1。如果开启了 errexit 选项，并且 grep 命令又没有匹配到任何内容，那么脚本就会立即终止运行。但是，在大多数情况下，我们并不认为找不到匹配项是一个错误。

除此之外，使用算术表达式求值 (( )) 时也可能出现问题。如第 5 章所述，如果算术表达式求值的计算结果是 0，则命令返回的退出状态码为 1（→第 80 页）。如果此时 errexit 处于有效状态，那么脚本会就此退出。

比如在代码清单 14.21 的 shell 脚本中，变量 number 会被初始化为 2，之后每次减 1。

代码清单 14.21 对数值进行减法计算（arithmetic_evaluation.sh）

```
#!/bin/bash

set -o errexit

number=2
((number -= 1))
echo "number = $number"

((number -= 1))    ← 虽然计算结果正确，但是命令的退出状态码会为 1
echo "number = $number"
```

在第 2 次执行 ((number -= 1)) 计算之前，number 的值已经变成 1 了，所以经过此次计算之后，number 的值会变为 0。因此，(( )) 内部的计算值会变为 0，然后该命令返回的退出状态码就会为 1。由于在这个脚本中 errexit 选项处于启用状态，所以 shell 脚本也会停止运行。

▼ 即使代码正确，脚本也会在中途停止运行

```
$ ./arithmetic_evaluation.sh
number = 1
   ←———第 2 个 echo 命令将不会被执行
```

还有相反的情况，就是即使 errexit 处于开启状态，而且命令退出的状态码是 0 以外的值，脚本也不会就此停止运行。

比如代码清单 14.22 这个示例，第 7 行的 ls --unknown 中使用了实际不存在的 --unknown 选项。因此，ls 命令将在执行后返回非 0 的退出状态码。

代码清单 14.22 为 ls 命令指定了一个非法选项（local.sh）

```
#!/bin/bash

set -o errexit

list()
{
  local files=$(ls --unknown)    ←———设置为局部变量
  echo "files = $files"
}

list
```

虽然开启了 errexit 选项，但是实际运行这个脚本会发现，这一行之后的 echo 命令也会被执行。

▼ errexit 选项有效而且发生了错误，但是 shell 脚本不立即停止

```
$ ./local.sh
ls: unrecognized option '--unknown'
Try 'ls --help' for more information.
files =  ←———echo 命令在错误发生后被执行
```

这是因为在该脚本的第 7 行中，files 被定义为局部变量了。

如 8.2 节所述，要想定义局部变量，需要使用 local 命令，而上面的示例将 local 命令和命令替换 $() 写在了同一行。这样一来，即使 $() 内部的执行出现错误，最终也会使用 local 命令返回的退出状态码 0。这时，由于 local 命令的退出状态码会被优先使用，所以这一行的退出状态码就是 0。然后，bash 就会认为这一行没有发生任何错误，继续执行之后的 echo 命令。

虽然 errexit 选项对调试来说非常有用，但是在使用时需要特别小心，关于 shell 什么时候

会继续运行什么时候会退出，有时会出现如前所述的与直觉不太一样的结果。

## 部分开启选项

如第 9 章所述，通过 set 命令设定的选项都可以使用“set +o 选项名”或者“set +单字符的选项缩写”关闭。使用这种方式，我们可以只在部分 shell 脚本中开启选项。比如，代码清单 14.23 的示例就是只在脚本输出 $HOME 目录下的文件列表时开启 xtrace 选项。

代码清单 14.23 部分开启 xtrace 选项（list_debug.sh）

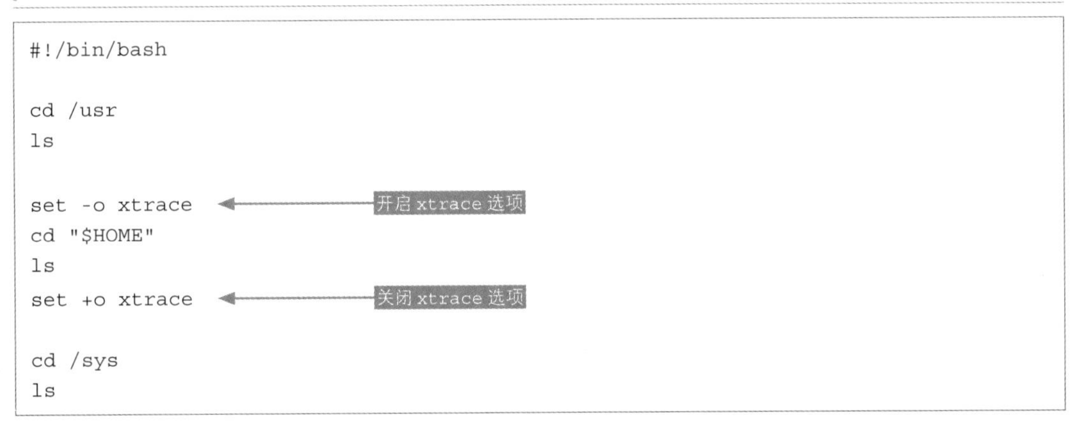

```
#!/bin/bash

cd /usr
ls

set -o xtrace
cd "$HOME"
ls
set +o xtrace

cd /sys
ls
```



执行上面的代码后，只有开启了 xtrace 选项的部分代码会输出相应命令行的内容。

▼ 只有开启了 xtrace 选项的部分代码会输出调试信息

```
$ ./list_debug.sh
bin  etc  games  include  lib  lib64  libexec  local  sbin  share  src  tmp
+ cd /home/okita
+ ls
bash-completion  bin  local  tmp  work
+ set +o xtrace
block  bus  class  dev  devices  firmware  fs  hypervisor  kernel  module  power
```

如果已经知道了缺陷原因所在的大概位置，那么使用这种方法调试可能更高效一些。

至此，我们已经介绍了很多对调试有用的选项。灵活使用这些选项，就可以在调试时获得更详细的信息，也会更容易发现出现缺陷的原因。希望各位读者能够参考本章中的示例，学会在实际工作中灵活运用这些选项。

# 14.4 shell 脚本中的常见错误

下面介绍 shell 脚本中的常见错误。如果程序不能正常工作，可以确认一下是否出现了这里介绍的问题。

## 变量未定义

在大多数编程语言中，弄错变量名会导致语法错误，程序也就不能运行了；但是在 bash 的脚本中，即使变量名不正确，脚本也不会报错，只是错误的变量会被替换为空字符串而已。

在代码清单 14.24 的示例中，本来要引用的变量 `message` 被误写为 `messag` 了。

**代码清单 14.24**　引用了错误的变量名

```
#!/bin/bash

message=hello
echo "[$messag]"
```

`$messag` 部分不会出错，这个变量会被替换为空字符串，所以输出的结果为 `[]`。

根据所执行的命令种类不同，有的时候变量名出错会带来非常严重的后果。比如 `rm -rf "$dir/$file"` 命令中的两个变量名都是错的，那么最终会执行 `rm -rf /`。可见，变量名出错可能会导致意想不到的结果发生，所以需要格外注意。开启 `nounset` 选项就可以发现这些变量名的错误。

## 变量赋值

在 shell 脚本中为变量赋值时，使用的是 =（等号）操作符。需要注意，这个 = 的前后都不能有空格。

在代码清单 14.25 的示例中，= 前后都有空格，所以这个脚本会运行失败。

**代码清单 14.25**　在 = 前后加入空格（hello_error.sh）

```
#!/bin/bash

message = hello
echo "$message"
```

▼ 在为变量赋值时出错

```
$ ./hello_error.sh
./hello_error.sh: 行 3: message: 未找到命令
```

从 bash 的语法上来说，上面的 shell 脚本并没有错误。bash 会将这条命令解释为“以 = 和 hello 为参数执行 message 命令”，但是通常并没有 message 这条命令，因此脚本会出错。如果真的有 message 这条命令，那么 bash 将执行它。

再来看另一个示例。在下面的示例中，= 前后没有空格，所以 bash 将这条语句解释为“将 /etc/crontab 赋值给变量 grep”。

```
grep=/etc/crontab      ←将字符串赋值给变量 grep
```

在下面的示例中，= 前后都有空格，所以这一行会被解释为“通过执行 grep 命令，在 /etc/crontab 文件中查找字符串 =”。

```
grep = /etc/crontab      ←执行 grep 命令
```

可以看出，在 bash 脚本中，是否有空格也会影响处理方式。如果没有空格，就解释为在为变量赋值，否则解释为命令并执行。习惯了其他编程语言的人非常容易在这里出错，需要格外注意。

## if 语句

如果使用 [（测试命令）作为 if 语句的条件，那么该字符前后都必须留有空格或者制表符（代码清单 14.26）。

代码清单 14.26 if 语句的正确使用示例

```
if [ "$1" == "" ]; then
  echo empty
else
  echo 'not empty'
fi
```

像下面这样将 if 和 [ 连起来写就会出错。

```
if[ "$1" == "" ]; then
```

在输入 if 时，需要在其前后留有空格。if 是 bash 的保留字，单独出现时会被解释为条件语句。如果连起来写成 if[，那么 bash 就会认为这一行代码要执行的是名为 if[ 的命令，而不是 if 保留字。

此外，[ 和后面的参数也不能像下面这样连起来写。

```
if ["$1" == "" ]; then
```

[ 和后面的条件参数也需要使用空格分隔。这里可以将条件看作一条命令。比如 [ "$1" == "" ] 表示的是执行 [ 命令，后面是参数 "$1"、==、"" 和 ]。由于是执行一条命令，所以命令和参数之间都需要使用空格分隔。

使用 [[ 时的写法和 [ 是一样的。[ 和 [[ 与其他编程语言里的括号有着不一样的意义，所以容易出错，需要特别注意。

## 单词拆分

bash 提供了单词拆分的功能。该功能经常带来问题，所以这里具体介绍一下。

如第 6 章所述，使用参数展开、命令替换 $() 和算术表达式展开 $(()) 等功能展开后的字符串会被空格、制表符或换行符拆分为单词（→第 105 页）。这一功能称为单词拆分。

在下面的示例中，变量 file 的值中包含空格。在引用变量 $file 时，单词拆分功能会将这个变量拆分为 My 和 File.txt 两个单词。因此，touch 命令会认为接收到了两个参数，也就会创建两个文件。

▼ 参数展开后的结果被单词拆分功能拆分为单词

```
$ file='My File.txt'
$ touch $file
$ ls -1
File.txt
My
```

同理，经过命令替换 $() 和算术表达式展开 $(()) 处理后的结果中如果包含空格、制表符或者换行符，也都会被拆分。

如果不想进行单词拆分，而是想将结果作为一个字符串处理，需要使用 "" 将变量引起来。

▼ 不进行单词拆分

```
$ file='My File.txt'
$ touch "$file"
```

```
$ ls -1
My File.txt
```

单词拆分功能曾经很常用，但是现在没有那么大的用处了。特别是在 bash 中可以使用数组之后，很少再有使用单词拆分的机会。而且在很多情况下，使用单词拆分会发生意料之外的对字符串的处理，导致出现缺陷。

因此我们建议，在引用变量名或者使用命令替换 `$()` 和算术表达式展开 `$(())` 时，如果没有特殊理由，就使用 `""` 将变量引起来。

## 路径展开

与单词拆分一样，在使用路径展开（→第 60 页）功能时也需要注意一些问题。如第 5 章所述，如果参数展开、命令替换 `$()` 或算术表达式展开 `$(())` 的结果中包含 `*` 或 `?` 等，那么这些字符会作为路径展开符号被展开为文件路径。

比如在下面的示例中，变量 `pattern` 的值中包含 `*` 符号。

**▼ 变量 pattern 的值中包含路径展开的标记符号**

```
$ pattern='*'
```

如果将这个变量指定为 echo 命令的参数，那么 echo 命令会输出当前目录下所有文件的文件名。

**▼ 输出当前目录下的文件名**

```
$ ls
file1  file2  file3
$ echo $pattern
file1 file2 file3
```

变量 `$pattern` 将在执行 `echo  $pattern` 命令之前被替换为实际的值，也就是说，要执行的命令会被替换为 `echo  *`。之后 `*` 会作为路径展开符号，被替换为当前目录下所有文件的文件名。最终执行的命令为 `echo  file1  file2  file3`，也就是将当前路径下的所有文件的文件名输出到标准输出。

如果使用 `""` 将变量名引起来，那么 `*` 将被解释为 `*` 本身，而不会被当作路径展开符号。

**▼ 使用 "" 将变量引起来就不会进行路径展开**

```
$ echo "$pattern"
*
```

这种路径展开功能便于进行交互式 shell 操作，但是在 shell 脚本中，一般没有什么大的用处。甚至可以说，意料之外的路径展开操作，反而有可能导致不好的后果。因此，安全的做法是，使用 `""` 把变量名、命令替换 `$()` 和算术表达式展开 `$(())` 等引起来。

## 子 shell

在 shell 中以子进程方式启动的 shell 称为子 shell（→第 138 页）。比如在 shell 脚本中显式执行 bash 命令，bash 命令就会以子 shell 的形式运行。除此之外，`()` 或者 `$()` 中的内容也会在子 shell 中运行，使用 |（管道符）相连接的命令也都在相应的子 shell 中运行。

需要注意的是，在子 shell 中修改的值不会对父 shell 中的值有任何影响。这里以 12.2 节中介绍过的 `sumlines.sh` 脚本为例进行说明（代码清单 14.27）。

**代码清单 14.27 计算给定数值列表的合计值（sumlines.sh）**

```
#!/bin/bash

result=0

while IFS= read -r number
do
  ((result+=number))
done

printf '%s\n' "$result"
```

这个 shell 脚本会从标准输入中读取数值列表，然后计算并输出这些数值的合计值。假设 `numbers.txt` 文件中保存了如代码清单 14.28 所示的 3 个数值。

**代码清单 14.28 保存数值列表的文件（numbers.txt）**

```
5
8
3
```

将这个文件作为标准输出运行 `sumlines.sh` 脚本，则脚本将输出这些数值的合计值。

**▼ 输出给定数值的合计值**

```
$ ./sumlines.sh < numbers.txt
16
```

为了方便处理，我们修改原来的脚本，让它能忽略标准输入中以 # 开头的行。为此，我们像代码清单 14.29 这样增加了一条 grep 命令。

**代码清单 14.29 忽略以 # 开头的行（sumlines_comment.sh）**

```
#!/bin/bash

result=0

grep -v '^#' \     ◀── 将 grep 命令的结果发送给 while 语句
  | while IFS= read -r number
    do
      ((result+=number))
    done

printf '%s\n' "$result"
```

但是，这个脚本并不能计算出正确的结果。

▼ **输出的是 0 而不是正确的合计值**

```
$ ./sumlines_comment.sh < numbers.txt
0
```

这个问题和子 shell 有关。使用 |（管道符）将不同的命令连接起来，被连接的命令就会在不同的子 shell 中运行。while 语句内部的 ((result+=number)) 语句就是在子 shell 中执行的。虽然子 shell 中对变量 result 进行了修改，但是修改后的值并不会传到父 shell。因此在父 shell 中，变量 result 的值依旧保持为 0，这导致了脚本没能输出正确的计算结果。

这时，可以使用进程替换（→第 83 页）解决这个问题（代码清单 14.30）。

**代码清单 14.30 使用进程替换（sumlines_comment2.sh）**

```
#!/bin/bash

result=0

while IFS= read -r number
do
  ((result+=number))
done < <(grep -v '^#')

printf '%s\n' "$result"
```

像这样修改代码，while 语句就不再是管道的一部分，因此它也就不是在子 shell 中，而是在父 shell 中运行。这样就能输出正确的计算结果。

▼ 输出计算结果

```
$ ./sumlines_comment2.sh < numbers.txt
16
```

shell 脚本有时会隐式使用子 shell。在子 shell 中执行有副作用的操作也不会对父 shell 有任何影响。如果使用 |（管道符）连接或者使用 () 括起来时脚本执行发生变化，那么这有可能是子 shell 中的执行带来的影响，需要特别注意。

**小 结**

本章讲解了测试和调试 shell 脚本的方法。老实说，shell 脚本的语法并不是很容易理解。在还没有习惯它的时候，我们甚至会因为一些意想不到的运行而感到烦恼。在遇到这种烦恼时，可以参考一下本章介绍的内容。只要能够静下心来做好测试或调试，即使是使用 shell 脚本，也能编写出高质量的软件。

Chapter 15

# 如何编写易用的 shell 脚本

在编写 shell 脚本时，需要精心设计输入参数和命令行选项。此外，要想向 shell 脚本中添加新功能或者修改其中的缺陷，需要阅读源代码。为了编写出不仅能满足用户在功能上的要求，还便于用户使用和维护的 shell 脚本，有很多技巧和需要注意的地方。本章将介绍如何编写易于使用且易于阅读的 shell 脚本。

# 15.1 什么是易于使用的 shell 脚本

这里所说的“易于使用”意味着用户很容易就能理解这个 shell 脚本，并能按照自己预想的方式使用。因此在编写新的 shell 脚本时，最好沿用已有的命令或工具的使用方式。如果使用自己想出来的独特方法，就需要强迫用户学习，而且用户在使用时出错的可能性也会更大。

例如，在 Linux 中，命令的选项使用的是以 -（连字符）开头的字符串。如果将此更改为 +（加号）或 /（分隔号）等字符，用户就会感到混乱。

Linux 系统中包含许多命令，因此也有一些命令并没有遵循这种惯例。比如，`tar` 命令的选项既可以像 `tar -czf` 这样带 -，也可以像 `tar czf` 这样只提供名称，运行结果是一样的。这是没有遵循标准规则而让人感到混乱的例子，大家最好不要模仿这种做法。

## 命令行选项

命令行选项是用于更改命令行为的标志或参数，通常使用以 - 开头的单个字符指定，也有命令支持以 -- 开头的长参数形式。

单字符的选项需要输入的字符很少，因此对于非常熟悉命令的用户来说，这是他们的首选。特别是经常使用的选项，应该以单字符选项实现。长参数形式的优点是在阅读时容易理解选项的含义。因此，如果一个选项能同时支持单字符和长参数两种形式，用户使用起来将非常方便。

例如，`grep` 命令有一个 `-n` 选项。这个选项用于在输出结果的同时输出行号。因为在命令行上经常使用它，所以有了 `-n` 这种简写形式。这个选项还还可以用 `--line-number` 来指定。这个名称较长，不适合在命令行中使用，但是该名称说明了该选项的含义，所以在 shell 脚本中使用这种长参数形式的名称有助于其他用户理解。

在为选项选择名称时，建议各位读者参考一下相似的命令。假如要编写一个对输入文件进行转换并输出的脚本，那么 `cat` 或 `head` 等命令是非常好的范例。

Linux 系统中使用的标准命令至少是支持 `--help` 选项和 `--version` 选项的。

`--help` 选项用于输出命令的概要、调用方法，以及各种命令行选项的说明。另外，有些命令也会输出遇到问题之后的联系方式。这主要用于让用户快速了解命令的使用方法，因此通常使用简短的语句说明。

`--version` 选项用于输出命令的版本信息并退出。它有时也会输出命令的许可证信息。

为了让用户能够轻松熟悉我们编写的 shell 脚本，最好让脚本支持这两个选项。

### 错误信息

在 shell 脚本处理中可能发生错误。参数或输入文件错误、读取文件失败等都是典型的错误示例。

在发生错误时，需要输出错误信息并立即终止处理。一般来说，错误信息中会包括 shell 脚本的名称以及发生错误的原因。为了让用户能够改正这个错误，我们要在 shell 脚本中输出一些具体内容，比如它正在尝试做什么，失败的原因是什么，等等。例如在用户尝试打开文件失败时，输出的错误信息中除了文件读取失败的信息之外，还要有想要读取的文件路径。

错误是不可避免的。如果在出错时能够输出恰当的错误信息，用户就可以了解发生的问题，这会让 shell 脚本变得更易于使用。

## 15.2 什么是易于阅读的 shell 脚本

通常来说，阅读源代码的次数会多于编写源代码的次数，这不仅限于 shell 脚本。shell 脚本特别吸引人的一个地方，就是用它可以非常轻松地重写代码，改变程序。如果对当前程序的处理感到不满，只要能够理解源代码就能进行改造，而且在发现缺陷时，如果 shell 脚本易读，用户在调查原因或修正时也会非常轻松。因此要想编写易用的 shell 脚本，也需要提高源代码的可读性。

编写易于阅读的 shell 脚本对自己也有很重要的意义。在编写阶段，代码的实现在大脑中已经成型，因此即使有一些晦涩的写法也并不是什么大问题。但是，过一段时间再来阅读自己编写的代码，就和阅读别人的代码没有什么区别了。对于已经编写好的软件，我们会在使用过程中发现缺陷，这时也会想要改造现有软件。编写代码的人往往是该脚本的重度用户，所以就算为了自己考虑，也需要编写易于阅读的代码。

### 如何编写注释

shell 脚本的代码中包含许多其他编程语言中没有的独特写法。尤其是第 5 章介绍的参数展开和进程替换等功能使用了很多特殊符号，这些特殊符号往往会导致代码难以阅读。因此，通过编写合适的注释提高代码的可读性是一个非常好的习惯。

假设我们正在编写如代码清单 15.1 所示的代码。

**代码清单 15.1 参数展开的代码示例**

```
cat "${file:--}"
```

对于不熟悉 shell 脚本的人来说，这个参数展开的语法可能有些难以理解。按照代码清单 15.2 的方式添加注释对代码进行说明，可以使代码更容易理解。

**代码清单 15.2 为参数展开添加注释**

```
# 输出 file 中的内容
# 如果没有指定 file，则输出 -（标准输入）的内容
cat "${file:--}"
```

在注释中标明为什么采用了这种实现方式，或者为什么没有采用其他的实现方式，也可以有效提高代码的可读性。代码清单 15.3 中是第 13 章中用于读取程序自动补全配置文件的代码。

**代码清单 15.3 组合使用 while 语句和进程替换的代码示例**

```
while IFS= read -r completion_file
do
  source "$completion_file"
done < <(find -- "$completions_directory" -maxdepth 1 -mindepth 1 -type f)
```

通常的做法是使用 |（管道符）将 `find` 命令的输出结果传递给 `while` 语句，然后让它进行顺序处理，但是这里使用了进程替换 <(　)。这是有原因的，但是如果阅读代码的人不熟悉 shell 脚本，就不明白为什么没有使用管道符。因此，可以像代码清单 15.4 这样在注释中标明使用进程替换的原因。

**代码清单 15.4 通过注释记录使用进程替换的原因**

```
# 如果使用 |（管道符）将命令连接起来，那么命令会在子 shell 中执行
# 在子 shell 中使用 source 命令读取文件不会对父 shell 有任何影响
# 这里我们希望在父 shell 的进程中读取文件，因此使用了进程替换而不是 |（管道符）
while IFS= read -r completion_file
do
  source "$completion_file"
done < <(find -- "$completions_directory" -maxdepth 1 -mindepth 1 -type f)
```

这段注释可以消除不明原因的程序员使用 |（管道符）对此处进行替换的危险。

通过注释可以提高代码的可读性，但是为非常简单的处理添加注释则属于画蛇添足。比如代码清单 15.5 中的注释仅仅是在说明所调用的命令本身。

**代码清单 15.5 无意义的注释示例**

```
# 在用户主目录下创建一个 tmp 目录
mkdir "$HOME/tmp"
```

这样的注释没有任何价值，因此请不要添加这样的注释。

## 变量名和函数名

在 shell 脚本中，变量名和函数名都使用小写字母。如果名称由多个单词组成，则以 _ 为分隔符连接多个单词。比如，我们可以选择以 `current_directory` 作为变量名或者函数名，而 `currentDirectory` 或 `CurrentDirectory` 就不合适了。不过要注意，按照惯例，环境变量要全部使用大写字母。另外，用于定义配置参数或者边界值的只读变量也使用大写字母。

变量名是重要的信息之一。我们需要使用变量名本身说明变量的用途。函数名也一样，我们需要给函数取一个看了就能知道这个函数将要做哪些工作的名称。

`conf` 和 `del_flg` 是不容易理解的变量名的例子，但是 `config_file` 或 `should_delete` 则能让我们根据变量名大体了解该变量的含义，代码也就更易于阅读了。

## 缩进样式

使用 `if` 语句和 `for` 语句时的缩进样式有很多种。至于哪一种样式更好，不可一概而论。比如在本书中，`if` 语句都使用如代码清单 15.6 所示的样式编写。

**代码清单 15.6 本书中采用的 if 语句的样式**

```
if [[ -f ~/.bashrc ]]; then
  source ~/.bashrc
fi
```

另外，有的样式会像代码清单 15.7 这样在 `then` 之前换行。不管使用哪种样式都没有问题。

**代码清单 15.7 在 then 之前换行**

```
if [[ -f ~/.bashrc ]]
then
  source ~/.bashrc
fi
```

但是，在同一个 shell 脚本中，样式需要保持统一。不同的样式混杂在一起会降低可读性，还可能招致误解，让人误以为是故意使用不同样式的。

如果需要在已有的 shell 脚本中添加新的代码，这时尽量不要坚持自己的编码方式，而要注意采用与已有代码一致的方式。我们要优先考虑整体的一致性，而不是个人偏好。

## 功能分割

在 shell 脚本中执行各种处理时，要尽量考虑一下能否以函数为单位分割。人类并不擅长同时思考大量内容。如果将处理按照不同的内容分割成不同的函数，整个处理流程就会变得清晰明了，每个函数要完成的工作也可以得到简化，代码也就更容易理解。

而且，如果按函数分割，函数名将有助于用户理解处理过程。因此，要为函数起一些能够反映处理内容的名称。比如，`find_html_files` 或 `delete_comment` 等就是比较容易理解的名称。如果一时难以想到易于理解的名称，那也许是因为函数中的处理太多了。在这种情况下，还需要进行更细致的函数分割。

此外，为了不在 shell 脚本中实现过于复杂的处理，要尽量精简 shell 脚本。如果一个 shell 脚本实现了多个功能，那么其使用方法就会变复杂。而且，源代码的规模也会变大，代码将变得难以理解，且更容易出现缺陷。

要想解决多个问题，可以为每个问题分别编写解决工具。Linux 中提供了使用 |（管道符）连接多条命令的功能。一个 shell 脚本只实现一个功能，在需要的时候，可以将它与其他命令组合起来使用，这也是 Linux 的作风。

比如，即使一个 shell 脚本的输出内容过长，该脚本也不需要像 `less` 命令那样具备对输出内容进行分页的功能。脚本不需要关心输出内容的长度，只需要将内容输出即可。因为用户可以根据需要，使用 |（管道符）组合合适的分页工具并进行分页显示。保持 shell 脚本的简洁也是编写易读易用脚本的技巧。

## shell 脚本不是万能的

我们有时会遇到这样的情况：想要解决的问题太困难，无法使用 shell 脚本成功实现，或者尽管使用 shell 脚本实现了，但是代码太过复杂。

此时，可以考虑使用其他编程语言实现。bash 脚本并不是唯一的实现方式。每种编程语言都有其擅长的专业领域。重要的不是编写 shell 脚本，而是解决问题。

在这种情况下，掌握多种方法和多种编程语言非常重要。如果有多个选择，就可以在其中选择最优的一种，这就是解决问题的技巧。

Column

## 关于 bashdb

第 14 章讲解了 shell 脚本的调试方法，不过很多编程语言也会提供称为调试器的工具。调试器是帮助调试的工具，它可以通过设置断点让程序临时停止执行处理，然后通过单步执行跟踪整个处理流程。bashdb 是可以在 bash 中使用的调试器，下面我们简单介绍一下它的使用方法。

在一般的 Linux 发行版中，标准安装不包含 bashdb 软件包。在 CentOS 中，可以通过源代码的方式安装 bashdb。bashdb 的源代码可以从 sourceforge 下载，这里假设你已经下载了 4.4-0.92 版本的 bashdb，下面是编译和安装 bashdb 的步骤。

▼ 从源代码安装 bashdb（CentOS）

```
$ tar xzf bashdb-4.4-0.92.tar.gz
$ cd bashdb-4.4-0.92
$ ./configure
$ make
$ sudo make install
```

执行上面的命令，bashdb 就会被安装到 /usr/bin 目录下。

如果使用的是 Ubuntu，可以使用 apt-get 命令安装 bashdb 软件包。

▼ 安装 bashdb 软件包（Ubuntu）

```
$ sudo apt-get install bashdb
```

安装完成之后，可以使用 --version 选项确认 bashdb 是否已经安装完成。这里安装的是 4.4-0.92 版本。

▼ 查看 bashdb 的版本信息

```
$ bashdb --version
bashdb, release 4.4-0.92
```

下面看一下如何使用 bashdb。为了进行调试，这里创建了代码清单 15.8 这样的脚本。这个脚本会计算从 1 开始到输入参数为止的所有数的和。

**代码清单 15.8 脚本示例（total.sh）**

```
#!/bin/bash

result_number=0
i=1

while [[ $i -le $1 ]]
do
  ((result_number+=i))
  ((i++))
done

echo "$result_number"
```

要想使用 bashdb 的命令调试这个脚本，需要像下面这样设置 shell 脚本运行时的输入参数。在 shell 脚本自身也使用参数时，需要使用 -- 分隔要调试的脚本的参数。

▼ 启动 bashdb

```
$ bashdb total.sh -- 4
bash debugger, bashdb, release 4.4-0.92

Copyright 2002, 2003, 2004, 2006-2012, 2014, 2016 Rocky Bernstein
This is free software, covered by the GNU General Public License, and you are
welcome to change it and/or distribute copies of it under certain conditions.

(/home/okita/work/total.sh:3):
3:      result_number=0
bashdb<0>
```

启动 bashdb 后，脚本的第 1 行将暂停运行。我们可以在该状态下输入 bashdb 的命令进行调试。bashdb 的命令有很多，经常使用的有 step 命令和 print 命令。

step 是用于单步执行的命令。运行 step 命令后，脚本中的一行代码将被执行。

▼ 使用 step 命令单步执行

```
bashdb<0> step
(/home/okita/work/total.sh:4):
4:      i=1
bashdb<1>
```

print 是用于输出字符串内容的命令。我们可以使用“print $变量名”的方式输出变量的值。

▼ 使用 print 命令输出变量值

```
bashdb<3> print $result_number
0
bashdb<4>
```

bashdb 的基本使用方式就是一边单步执行，一边确认变量的值。

另外，在 bashdb 中也可以使用断点。使用断点时需要使用 break 命令和 continue 命令。使用“break 行号”执行命令，就可以在指定的行内设置断点。

▼ 设置断点

```
bashdb<1> break 9
Breakpoint 1 set in file /home/okita/work/total.sh, line 9.
```

执行 continue 命令，脚本就会一直执行，直到下一个断点。

▼ 执行到下一个断点

```
bashdb<2> continue
Breakpoint 1 hit (1 times).
(/home/okita/work/total.sh:9):
9:          ((i++))
bashdb<3>
```

如果源代码太长，使用单步执行会非常麻烦，这时可以通过设置断点进行多步执行，让脚本直接执行到断点的位置。这样一来，调试也会轻松很多。

在调试结束后退出 bashdb 命令时，使用 quit 命令。

▼ 退出 bashdb 命令

```
bashdb<5> quit
bashdb: That's all, folks...
```

除了上面介绍的这些命令，bashdb 命令中还经常使用如表 15.1 所示的命令。

表 15.1 bashdb 中常用的命令

| 命　令 | 别　名 | 说　明 |
|---|---|---|
| step | s | 进行单步执行 |
| print $变量名 | pr $变量名 | 输出变量值 |
| break 行号 | b 行号 | 在指定行上设置断点 |
| clear 行号 | d 行号 | 删除指定行上设置的断点 |
| info breakpoints | ib | 输出已经设置的断点列表 |
| continue | c | 执行到下一个断点处 |
| list | l | 显示源代码 |
| quit | q或者exit | 退出bashdb |
| help | h | 显示帮助信息 |

除了上面介绍的这些内容，bashdb 还有很多其他功能。具体可以查看 `man bashdb` 命令、`info bashdb` 命令输出的使用说明，或者查看 bashdb 的官方网站。

## 小 结

本章介绍的注意事项适用于任何编程语言。除 shell 脚本以外，各位读者还应该学习其他语言，并将它们当成自己的工具。如果能够理解并充分利用 shell 脚本的特性，那么 shell 脚本将成为一个强大的工具，可在很多场景中大显身手。衷心希望本书能够帮助各位读者学好 shell 脚本。

# 参考文献

●ブルース・ブリン . 入門 UNIX シェルプログラミング 改定第 2 版 [M]. 山下哲典，訳 . 東京：ソフトバンク クリエイティブ，2003.

● Cameron Newham，Bill Rosenblatt. 入門 bash 第 3 版 [M]. 株式会社クイープ，訳 . 東京：オライリー・ジャパン，2005.

●山森丈範 . WEB+DB PRESS plus シリーズ [ 改訂第 3 版 ] シェルスクリプト基本リファレンス——#!/bin/sh で、ここまでできる [M]. 東京：技術評論社，2017.

●大角祐介 . UNIX シェルスクリプトマスターピース 132 [M]. 東京：SB クリエイティブ，2014.

● Eric S.Raymond. UNIX 编程艺术 [M]. 姜宏，何源，蔡晓骏，译 . 北京：电子工业出版社，2012.

● Mike Gancarz. Linux/Unix 设计思想 [M]. 漆犇，译 . 北京：人民邮电出版社，2012.

● Jeffrey E.F. Friedl. 精通正则表达式（第 3 版）[M]. 余晟，译 . 北京：电子工业出版社，2007.

● Dustin Boswell，Trevor Foucher. 编写可读代码的艺术 [M]. 尹哲，郑秀雯，译 . 北京：机械工业出版社，2012.

● Yugui. Ruby 语言入门 [M]. 丁明，吕嘉，译 . 南京：东南大学出版社，2010.

# 版权声明

TURING
图灵教育
站在巨人的肩上
Standing on the Shoulders of Giants

TURING
图灵教育
站在巨人的肩上
Standing on the Shoulders of Giants